Untersuchungsverfahren für feste Brennstoffe

VON

HORST BRÜCKNER

VERLAG von R. OLDENBOURG
MÜNCHEN

HANDBUCH DER GASINDUSTRIE
in Einzeldarstellungen herausgegeben von
HORST BRÜCKNER

Die Drucklegung der Arbeit erfolgte 1943.
Satz, Druck und Buchbinder R. Oldenbourg
Graphische Betriebe G.m.b.H., München

Inhaltsverzeichnis

— V —

A. Einleitung.

Forschung und Technik auf dem Gebiet der Brennstoffgewinnung, -veredelung und -verwendung sind eng mit den entsprechenden analytischen Prüf- und Bestimmungsverfahren verknüpft. Erst die Ergebnisse der letzteren liefern die notwendigen Unterlagen für die Beurteilung wissenschaftlicher und technischer Leistungen und ermöglichen ihre Weiterentwicklung. Daher müssen vor allem die technischen Untersuchungsverfahren den Bedürfnissen der Praxis angepaßt sein.

Das Schrifttum über Brennstoffuntersuchungsverfahren ist vor allem in den letzten Jahren in außerordentlich umfangreichem Maße angestiegen. Bei einer kritischen Sichtung ist ein großer Teil desselben jedoch nur von bedingtem Wert. Andererseits sind aber auch Verfahren entwickelt worden, die grundsätzliche Fortschritte bedeuten und entweder neuartige Prüfmöglichkeiten erschließen oder bisher angewendete Verfahren vereinfachen oder verbessern.

Feste Brennstoffe sind keine einheitlich zusammengesetzten Stoffe. Ebenso ist ihr molekularer Aufbau im wesentlichen noch unbekannt. Dies erschwert ihre analytische Untersuchung und in vielen Fällen werden nur Anhaltszahlen erhalten. Daraus ergibt sich, daß gerade auf diesem Gebiet von den verschiedenen Bearbeitern gleiche Verfahren angewendet werden müssen, um vergleichbare Ergebnisse zu erhalten. Wertvolle Arbeiten für einzelne Untersuchungsverfahren hat der Deutsche Verband für die Materialprüfungen der Technik (DVM) in der Vorbereitung und Herausgabe entsprechender Normblätter für die wichtigsten Untersuchungsverfahren durch seine Arbeitsausschüsse geleistet, an denen der Verfasser Gelegenheit hat, seit Beginn mitzuarbeiten. Gleiche Verdienste haben sich ferner der Kokerei- und Chemikerausschuß des Vereins zur Wahrung der bergbaulichen Interessen, Essen und des Vereins Deutscher Eisenhüttenleute, Düsseldorf, durch die Aufstellung der »Laboratoriumsvorschriften des Kokereiausschusses« sowie entsprechende Arbeitsausschüsse der Chemiker der Gaswerke im Auftrag des Deutschen Vereins von Gas- und Wasserfachmännern, Berlin, erworben.

Die Ergebnisse dieser Arbeitsgruppen haben weitgehend Berücksichtigung erfahren. Gleichzeitig war es dadurch möglich, auf den Hinweis zahlreicher sonstiger Einzelarbeiten aus dem Schrifttum zu verzichten.

1*

Erstmalig sind die petrographischen Untersuchungsverfahren für Steinkohle in einem Werk dieser Art berücksichtigt worden, die in Zukunft eine immer größere Bedeutung vor allem auf den Gebieten der Aufbereitung, Schwelung und Verkokung von Steinkohle erlangen werden. Ihre Bearbeitung erfolgte in dankenswerter Weise durch Herrn Bergassessor a. D. Dr.-Ing. habil. F. L. Kühlwein, Essen.

B. Entnahme und Aufbereitung der Brennstoffproben.

1. Allgemeines.

Grundlegende Voraussetzung für den Wert von Brennstoffuntersuchungen bildet eine sorgfältig durchgeführte einwandfreie Probenahme und Probeaufbereitung. Für diese lassen sich jedoch keine allgemein gültige Vorschriften angeben, so daß vor allem die Probenahme neben großer Sachkenntnis und Erfahrungen in jedem Fall das richtige Gefühl für die Anwendung der geeignetsten Maßnahmen durch den verantwortlichen Probenehmer erfordert. Die »Kunst der Probenahme« beginnt daher bereits mit der Betreuung eines wirklich geeigneten Sachbearbeiters, der den Anforderungen gewachsen ist und den notwendigen Überblick besitzt. Bei einer unsachgemäß durchgeführten Probenahme sind die Ergebnisse der nachfolgenden analytischen Untersuchungen, die häufig sehr viel Kosten und Zeit beanspruchen, von nur bedingtem Wert. Zudem würde ihre Auswertung im Betrieb unter Umständen sogar zu Fehlschlüssen führen. Im Gegensatz zum Erzbergbau und der Hüttenindustrie, in denen sich die Entnahme von Durchschnittsproben zum Zweck der Betriebsüberwachung und des Verkaufs beinahe zu einem besonderen Fachgebiet mit einem reichhaltigen Schrifttum entwickelt hat, wird der Probenahme von festen Brennstoffen zuweilen nicht die ihr zukommende Bedeutung beigemessen.

Es hat nicht an wertvollen Arbeiten gefehlt, Richtlinien für die Probenahme und Probeaufbereitung zu schaffen, die die Schwierigkeiten auf das geringstmögliche Ausmaß beschränken sollen[1]). Sie haben schließlich sogar zur Ausarbeitung eines Normblattes[2]) geführt. Durch diese Erleichterungen darf jedoch die Aufmerksamkeit des Probe-

---

[1]) Zusammenfassendes Schrifttum: K. Bunte, »Probenahme von Kohlen, Koks und anderen Brennstoffen sowie von Schlacken und Aschen«, Berichte der Intern. Tagung f. d. Materialprüfungen der Technik, Zürich 1931, S. 304; Marcard, »Anleitung für Probenahme und Untersuchung von festen Brennstoffen bei Abnahmeversuchen an Dampfkesseln«, Arch. f. Wärmewirtschaft u. Dampfkesselwesen 17 (1935), S. 253, Chem.-Fabr. 8 (1935), S. 338; W. R. Chapman u. R. A. Mott. Fuel 6 (1927), S. 397; E. Lewien, Glückauf 71 (1935), S. 279; P. Rzezacs, Glückauf 71 (1935), S. 701.

[2]) DIN DVM 3711; vgl. ferner als Ergänzung hierzu »Richtlinien zur Probenahme von Kohlen auf Gaswerken«, Gas- u. Wasserfach 78 (1935), S. 304.

nehmers nicht vernachlässigt werden, da einfache, in jedem Fall gültige Vorschriften für die Probenahme und Probeaufbereitung nicht gegeben werden können. Allgemein gilt, daß die Probenahme in der Art durchgeführt werden muß, daß die Beschaffenheit der entnommenen Probe der gesamten zu bemusternden Menge entspricht, unabhängig davon, ob es sich um feuchte oder trockene, um bergefreie oder bergehaltige Kohle, um Fein- oder Stückkohle handelt, wobei im einzelnen der Grad der erforderlichen Genauigkeit von der Art der nachfolgenden Untersuchungen bestimmt wird.

2. Probenahme.

a) Grundlagen der Probenahme.

Die Durchführung der Probenahme richtet sich gemäß der von K. Bunte (s. o) erstmalig gegebenen Unterteilung nach

1. den Eigenschaften, die durch die Probenahme erfaßt werden sollen,
2. der erforderlichen Genauigkeit,
3. der Art der Bewegung oder Lagerung,
4. der Art und Stückigkeit des Brennstoffs,
5. den verfügbaren Betriebseinrichtungen, die zur Probenahme herangezogen werden können.

Bei der Prüfung der Brennstoffproben handelt es sich zumeist um die Ermittlung der Rohzusammensetzung, des Heizwertes und bei Backkohlen um den Gehalt an flüchtigen Bestandteilen sowie um die Beschaffenheit des Versuchskokses.

So können einzelne der bei der Probenahme entnommenen Stücke aus reinen Mineralstoffen bestehen. Die Probemenge ist in diesem Fall derart zu bemessen, daß der Gewichtsanteil dieses größten Stückes so gering bleibt, daß er den Aschegehalt der Gesamtprobe nur innerhalb der zulässigen Fehlergrenze beeinflußt (vgl. S. 9). Bei Frost können die gleichen Schwierigkeiten durch Eisstücke hervorgerufen werden. Auf die Möglichkeit, artfremde Stücke aus der Gesamtprobe auszulesen und ihren Mengenanteil im Versuchsbericht getrennt anzugeben, wird an anderer Stelle (vgl. S. 16) hingewiesen.

Namentlich bei Koks ist der Asche- und Wassergehalt sehr ungleich auf die einzelnen Körnungen verteilt. Wenn daher starke Unterschiede zu erwarten sind, empfiehlt sich eine Trennung der einzelnen Körnungen und die Ermittlung der Menge und Eigenschaften von jeder der einzelnen Teilproben. Das gleiche Verfahren ist ferner bei der Probenahme von melierten Kohlen, bei der Möglichkeit des Vorliegens von Kohlengemischen verschiedener Körnungen (Nuß- und Feinkohle) und bei Schlacken (vgl. hierzu S. 15) zweckmäßig.

Bei gelagerten Kohlen ist darauf zu achten, daß durch die Einwirkung des Luftsauerstoffs während der Lagerung die Elementarzusammensetzung des Brennstoffs zwar nahezu völlig gleich bleibt, daß
in der obersten Schicht jedoch der Wasser- und Aschegehalt (z. B.
durch Oxydation von Pyrit- zu Sulfatschwefel) merklichen Änderungen
unterliegt und vor allem das Verkokungsvermögen von Backkohlen in
sehr starkem Maße zurückgeht.

Bei einer Probenahme von Lagern, Kähnen oder Eisenbahnwagen
müssen diese Veränderungen der Brennstoffbeschaffenheit besonders
beachtet werden. In den meisten Fällen ist es daher erforderlich, Ober-
flächenschichten von der Probenahme völlig auszuschließen oder für
die Prüfung der Alterung des Brennstoffs zudem eine besondere Teilprobe von der Oberflächenschicht zu entnehmen.

Die erforderliche Genauigkeit ist verschieden je nach den Anforderungen, die an das Durchschnittsmuster gestellt werden. So sind die
Anforderungen bei Probenahmen im laufenden Betrieb, z. B. aus den
täglich eingehenden Eisenbahnwagen, wesentlich geringer als bei Probenahmen für den Nachweis von Gewährleistungen oder für Schiedsuntersuchungen.

b) Durchführung der Probenahme.

Die Probe wird für Betriebsuntersuchungen von einem geeigneten
Betriebsangehörigen, der neben der erforderlichen Zuverlässigkeit über
den notwendigen Überblick verfügt, entnommen. Dabei ist jedoch zu
beachten, daß die Kosten der Probenahmen und der nachfolgenden
Laboratoriumsuntersuchungen den wirtschaftlichen Wert der feststell-
baren Unterschiede nicht überschreiten dürfen. Ein gutes Beispiel für
die Kosten einer gröberen und feineren Probenahme im Betrieb und
deren Einfluß auf die Genauigkeit der Untersuchungsergebnisse zeigen
folgende Vergleichswerte, die bei Studien der Berliner Städtischen Gaswerke A. G. erhalten worden sind:

Art der Kohle	Gasförderkohle Lambdon 90 % < 30 mm 10 % Stücke bis 200 mm (weiche Kohle)			Gaswürfelkohle Königin Luise, Körnung 300—500 mm (harte Kohle)		
1 kg Einzelprobe aus jedem x-ten Hängebahnwagen	20 ten	5 ten	2 ten	20 ten	5 ten	2 ten
Probemenge . . . . . . %	0,01	0,03	0,08	0,01	0,03	0,08
Zeit für Probenahme und Aufbereitung . . . . min	12	36	72	50	62	110
Kosten . . . . RM.	0,27	0,81	1,62	1,12	1,40	2,48
Ermittelt						
Aschegehalt . . . . . %	3,4	3,4	3,2	3,5	3,5	3,4
Wassergehalt . . . . %	7,7	8,0	7,4	5,4	4,6	5,3
Koksrückstand . . . %	68,5	68,8	68,5	67,3	67,2	66,8

In beiden Fällen reichte also eine scheinbar sehr grobe Probenahme aus jedem zwanzigsten Wagen so weit aus, als sie die laufende Betriebsüberwachung erfordert, und die aufgewendeten Kosten blieben sehr gering.

Die gleichen wirtschaftlichen Gesichtspunkte gelten für die laufende Feststellung der Einhaltung von Lieferungsbedingungen.

Als Durchschnittsregel gilt, daß in den obengenannten Fällen bei der Probenahme aus bewegter Ladung die Teilproben

an der Hängebahn aus jedem 5. oder 10. Wagen,
am Becherwerk etwa aus jedem 10. Becher,
am Förderband nach je 1 bis 2 min,
bei Schiffs- oder Zugentladung aus jedem Greifer oder Kübel

entnommen werden sollen.

Probenahmen für Schiedsuntersuchungen erfolgen

a) entweder durch einen Probenehmer, der von einer oder beiden beteiligten Parteien bestimmt wird und die Verantwortung für ihre Durchführung übernimmt;

b) oder durch zwei Probenehmer, von denen je einer von den beteiligten Parteien bestellt wird. Diese Sachverständigen sind einzeln für die Durchführung der Probenahme verantwortlich;

c) oder im Beisein von Vertretern der beiden Parteien durch einen Probenehmer. Dieser ist allein für die Art der Probenahme verantwortlich und darf sich durch sonstige Anwesende nicht beeinflussen lassen.

Bei Schiedsanalysen handelt es sich um die Feststellung, ob die gegebenen Gewährleistungen einschließlich der abgegebenen Toleranz eingehalten worden sind. Die letztere schließt gleichzeitig die Genauigkeit ein, mit der die Prüfungen der Brennstoffprobe durchgeführt werden können. Jede auch nur geringe Überschreitung der Toleranzgrenze muß als Nichterfüllung der Gewährleistungen gewertet werden. Der Einwand, daß die Überschreitung innerhalb der Fehlergrenzen der Probenahme und angewendeten Untersuchungsmethoden liege, ist abzulehnen.

Die Kosten der Probenahme und nachfolgenden Untersuchungen werden zumeist gemäß vertraglicher Vereinbarung, und zwar unabhängig von ihrem Ergebnis, geteilt. Ihre Übernahme durch den unterliegenden Teil ist abwegig, da sie gegebenenfalls in keinem Verhältnis zu der Wertminderung stehen. Eine Nichterfüllung abgegebener Gewährleistungen soll vielmehr die Bezahlung einer Konventionalstrafe zur Folge haben, deren Höhe der Wertminderung entspricht. Hinzu kommt, daß die Geschäftsbeziehungen zwischen dem Lieferanten und dem Abnehmer eine Einbuße erfahren. In Zukunft ist allgemein anzustreben, daß in vermehrtem Maße die Kosten für feste Brennstoffe in Abhängigkeit gebracht werden von ihrem Reinkohlegehalt und bei ihrer Verwendung als Brennstoff von ihrem Heizwert, wie dies bei nahezu sämtlichen anderen Rohstoffen von wechselnder Beschaffenheit (Erzen usw.) seit langem üblich ist.

Die Durchführung und Genauigkeit der Probenahme wird zunächst bestimmt von der Art und Stückigkeit des Brennstoffs. Die Reihenfolge für die Schwierigkeit der Probenahme, in die andere Brennstoffe sinngemäß einzugliedern sind, hat K. Bunte (s. o.) wie folgt aufgestellt:

gesiebte Kohlen < 15 mm,
gewaschene Feinkohlen,
gesiebte Kohlen > 15 mm,
Stückkohlen,
Förderkohlen und melierte Kohlen.

Für die Durchführung der Probenahme gilt ferner grundsätzlich, daß sie, wenn irgend angängig, bei bewegtem Gut, also beim Entladen, Beladen oder Umladen vorgenommen wird, da nur in diesem Fall jeder Teil der Gesamtmenge zugängig ist. Wenn hierbei die Kohle noch gebrochen wird, soll die Probenahme möglichst hinter der Zerkleinerungsanlage erfolgen.

Die Größe der Einzelproben und ihre Zahl ist abhängig von der Korngröße, der Gleichmäßigkeit des Brennstoffs (Abweichungen in der Zusammensetzung der Teilproben) und der erforderlichen Genauigkeit. Eine brauchbare Grundlage zur Beurteilung der wahrscheinlichen Un-

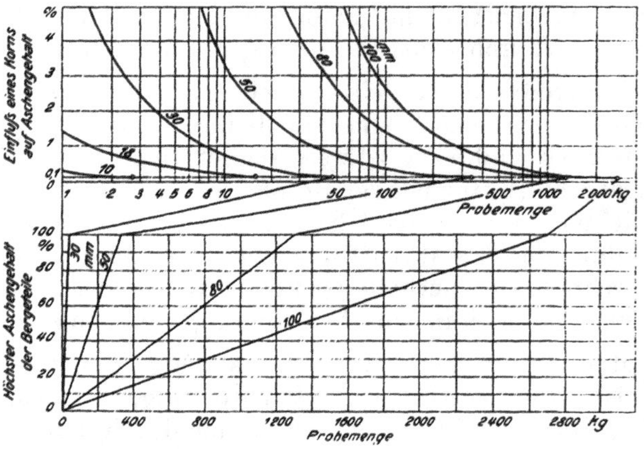

Abb. 1. Die durch ein Korn um nicht mehr als 0,1 % beeinflußte Probemenge (nach E. Lewien).

gleichmäßigkeit der Proben bildet der Aschegehalt, worauf an anderer Stelle (vgl. S. 9) ausführlich eingegangen wird.

Die kleinste Probemenge, die die Gewinnung einer einwandfreien Probe gewährleistet, ohne daß die erforderliche Genauigkeitsgrenze unter Berücksichtigung der möglichen Zufälligkeiten überschritten wird, ist abhängig von der größten Verunreinigung, die z. B. aus reinen Bergen oder bei Frost auch aus einem Eisstück bestehen kann. E. Lewien[1]) hat auf graphischem Wege den Unterschied im Aschegehalt einer Probe dargestellt, der sich ergibt, wenn ein Teil reinen Schiefers (mit 100% Aschegehalt) verschiedenen Probemengen zusätzlich zugeführt wird (Abb. 1). Daraus ergibt sich, daß bei Feinkohle < 10 mm ein Stück Schiefer von 10 mm Kantenlänge den Aschegehalt einer Probemenge von 2 kg um 0,1% erhöht. Bei Nußkohle III von 18 bis 30 mm beträgt die erforderliche Probemenge bereits 50 kg, damit ein Stück Schiefer von 30 mm Kantenlänge den Aschegehalt nur um 0,1% erhöht. Als Faustregel ergibt sich daraus, daß die Probemenge bei einem Aschegehalt der Berge von mehr als 80% mindestens 3000 Körner enthalten muß, damit ein zusätzlich zugeführtes Korn den Aschegehalt der Probe um höchstens 0,1% erhöht.

Die im allgemeinen erforderliche Gesamtmenge der Probe und die Gewichte der Einzelproben in Abhängigkeit vom mittleren Aschegehalt nach DIN DVM 3711 ist in der Abbildung 2 wiedergegeben. Die Zahl der notwendigen Einzelproben ergibt sich durch Teilung des Gewichtes der Gesamtprobe durch das Gewicht der Teilproben. Unter erschwerten Umständen ist selbstverständlich die Zahl der Teilproben entsprechend zu erhöhen. Unter Zugrundelegung dieser Angaben ist die Wahrscheinlichkeit eines Fehlers von

± 1,4% 1:100
± 0,9% 1:10
± 0,4% . . . . . 1:2.

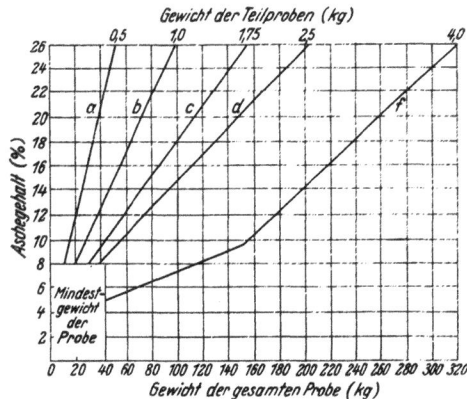

Abb. 2. Abhängigkeit des erforderlichen Gewichts der Teilproben und der gesamten Probemenge vom Aschegehalt des Brennstoffs (nach DIN DVM 3711).

Die Probenahme in Bewegung wird immer schwieriger und ungenauer bei folgenden Arten der Brennstoffbeförderung:

Handentladung,
Abwurf- oder Umladestelle,
Transportbänder,
Kratzer- und Becherwerke,
Greifer, Transportkübel und Loren.

Zusätzliche Erschwerungen können noch eintreten bei nasser Feinkohle, die zum Teil im Becherwerk kleben bleibt, ebenso wenn die

[1]) Glückauf 71 (1935), S. 279.

Becher unterbrochen beaufschlagt werden, so daß auf diese zunächst Feinkohle und erst später grobstückige Kohle gelangt oder wenn vor der Probenahme eine teilweise Entmischung der Brennstoffkörnungen stattgefunden hat. Bei einer Verladung der Kohle mittels eines geneigten Rohres oder bei Transportbändern ist darauf zu achten, daß die Teilprobe in ihrem Körnungsverhältnis dem des gesamten Kohlenstromes entspricht. Der Probenehmer hat diesen Schwierigkeiten durch eine vermehrte Entnahme von Einzelproben zu begegnen.

Besondere Beachtung erfordert die Probenahme aus ruhendem Gut. Bei gewaschener Feinkohle oder trockener abgesiebter Kohle < 15 mm ist häufig die Verwendung eines Probestechers zweckmäßig. Voraussetzung hierfür ist jedoch, daß die Schütthöhe etwa zwei Drittel der Länge des Probestechers nicht überschreitet, so daß dieser bis zum Grund durchgestoßen werden kann. Ein hierfür geeignetes Gerät zeigt die Abbildung 3.

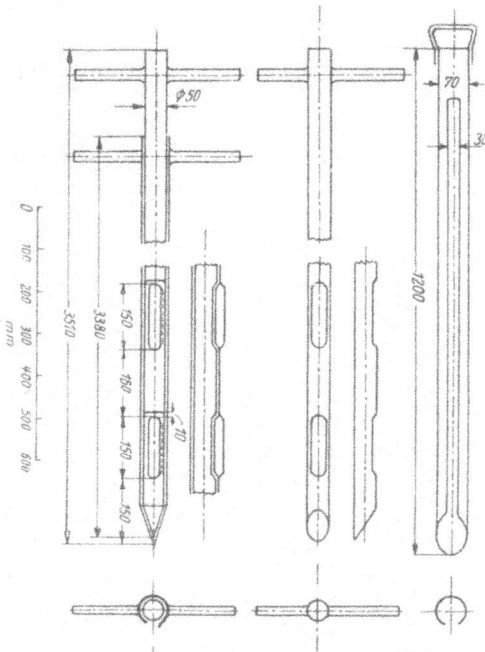

Abb. 3. Probestecher.

Die einzelnen Stellen für die Probenahme mit dem Stechgerät müssen netzartig gleichmäßig über die Oberfläche des Eisenbahnwagens, des Kahnes oder Lagers verteilt werden. Bei einer Probenahme aus mehreren einzeln abgegrenzten Räumen empfiehlt es sich, die Lage der einzelnen Anbohrungen zu wechseln.

In neuerer Zeit ist ferner ein Stechheber für Nußkohlen entwickelt worden[1].

Ein Probenahmegerät nach Vezin[2], das für sämtliche, insbesondere auch ungleich-

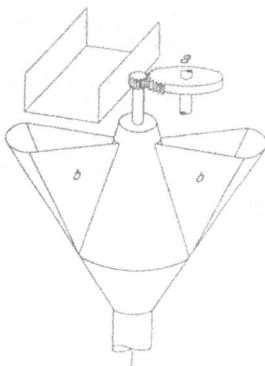

Abb. 4. Probenehmer nach Vezin.

[1]) Hersteller Fa. W. Feddeler, Essen, Michaelstr. 24 a.
[2]) Glückauf 71 (1935), S. 282.

mäßige Brennstoffkörnungen anwendbar ist, ist vorstehend ab-
gebildet (Abb. 4). Es besteht aus zwei Taschen *b*, die mittels eines
Antriebs *a* zeitweise durch den gesamten Kohlestrom geschwenkt
werden und aus diesem eine Teilmenge entnehmen, die daraufhin nach
unten in einen Probebehälter fällt. Der zeitliche Abstand der einzelnen
Probenahmen läßt sich durch einen entsprechenden Wechsel der Übersetzung in beliebigen Grenzen verändern. Die Neigung der Seitenwände
der Taschen soll so flach sein, daß die Probe bei ihrer Entleerung nur
abrutscht und ein freier Fall vermieden wird. Dadurch ist es möglich,
von der gesammelten Durchschnittsprobe auch Siebuntersuchungen
durchzuführen.

Für die Probenahme aus Eisenbahnwagen wird nach K. Bunte
(s. o.) von den Oberschlesischen Kokswerken und chemischen Fabriken
folgendes Verfahren empfohlen (vgl. Abb. 5):

a) bei gewaschener Feinkohle, die gröbere Anteile enthält und daher
nicht mit dem Probestecher erfaßt werden kann, wird quer durch den

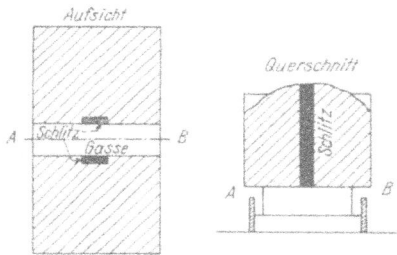

Abb. 5. Probenahme von feuchter Feinkohle
aus Eisenbahnwagen.

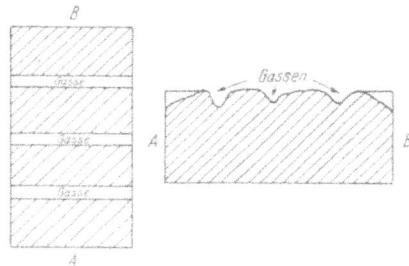

Abb. 6. Probenahme von trockener Kohle
aus Eisenbahnwagen.

Wagen von der einen zur anderen Tür ein Graben von 1 m Breite bis
auf den Boden durchgeschaufelt und auf jeder Seite eine Schlitzprobe
gezogen.

b) Bei trockenen Kohlen ist die Ausschaufelung einer solchen Gasse
nicht möglich. In diesem Fall werden in gleichen Abständen voneinander
drei Gräben etwa 50 cm tief gezogen und in jedem Graben vier Proben
mittels einer Handschaufel entnommen (vgl. Abb. 6).

c) Für Schnellproben genügt die Aushebung von Furchen von 20 cm
Tiefe, wenn die Kohle nicht über längere Zeit Regen oder Schnee ausgesetzt war.

Wesentlich größere Schwierigkeiten bietet eine einwandfreie Proben-
nahme aus Kohlenhalden. Sie ist überhaupt nur möglich bei einer
Lagerung von Kohlen einheitlicher Zusammensetzung und Körnung.
Wenn das Lager in seiner gesamten Ausdehnung von einem Greifer bestrichen werden kann, so wird es an mehreren gleichmäßig verteilten

Stellen möglichst tief aufgeschlossen und aus den entstandenen Böschungen werden an den verschiedenen Seiten und in verschiedener Höhe Proben mittels einer Handschaufel entnommen. Wenn für diesen Zweck kein Greifer zur Verfügung steht, müssen diese Arbeiten durch Handarbeit vorgenommen werden.

Nach den von den Oberschlesischen Kokswerken gesammelten Erfahrungen soll die Zahl der Einzelproben wie folgt bemessen werden:

Größe der Halde t	Zahl der Entnahmestellen	Probemenge je Entnahmestelle kg	Menge der Gesamtprobe kg
100	10	5	50
250	15	5	75
500	20	5	100
1000	40	5	200

In den Fällen, in denen auf einem Lager jedoch Kohlen verschiedener Herkunft gemeinsam gelagert werden, besteht überhaupt keine Möglichkeit für eine vollgültige Probenahme. In diesem Fall müßte das gesamte Lager mittels eines Greifers umgesetzt werden. Das gleiche gilt für Lager von Stück- oder von melierten Kohlen, die sich bei der Aufbringung auf das Lager weitgehend entmischen. Eine gewisse Annäherung an die wirkliche Durchschnittszusammensetzung kann nur erreicht werden durch eine möglichst große Anzahl von Einzelproben und eine möglichst große Gesamtprobemenge. Wenn die Kohle viel Korn <80 mm enthält, das nicht vernachlässigt werden darf, und dabei die Probenahme derartig erschwert wird, daß man keinen Durchschnitt zwischen dem groben und dem feinen Korn erhalten kann, so sind für beide Körnungen getrennte Proben zu entnehmen. Das Gewicht der Einzelproben und ihr Gesamtgewicht ergibt sich wiederum aus der Abbildung 2. Die für die grobe und feine Kohle getrennt entnommenen Proben werden daraufhin entweder einzeln aufgearbeitet oder besser nach entsprechender Zerkleinerung in dem gleichen Verhältnis gemischt, das durch Schätzung oder durch Messung für das gesamte Lager festgestellt worden ist. Ohne Greifer- oder Elevatorbaggerhilfe bleibt die Bemusterung ziemlich aussichtslos, aber selbst dann unter Umständen noch ungenau.

Bei Schiffsladungen sind aus jeder Abteilung des Schiffsraumes (nach Entfernung einer so großen Kohlenmenge, daß der Boden freigelegt ist) von jeder Böschung mindestens 4 Proben von je 5 kg Gewicht zu entnehmen. Die Probenahme erfolgt gleichmäßig über die ganze Höhe der Böschung in der Art, daß die Proben von allen verschiedenen Bestandteilen Mengen enthalten entsprechend der wirklichen Zusammensetzung der Lieferung an der Stelle der Probenahme. Die Böschungen müssen sich von der obersten Schicht bis zum Boden des Schiffsraumes erstrecken. — Wenn es unmöglich erscheint, den Boden zu erreichen, ohne die oberste Kohlenschicht zu entfernen, so würde es angebracht sein, die Probenahme in zwei verschiedenen Abschnitten durchzuführen, indem man zuerst eine Probe von der Böschung nimmt, wenn die oberste Schicht noch vorhanden ist, und darauf von der Seitenfläche der gebildeten Böschung, wenn der Boden sichtbar wird. — Wenn eine Schiffsladung Kohle unter verschiedene Käufer verteilt werden soll, so muß man nach Möglichkeit die Probenahme für jeden Teil getrennt durchführen. Dies gilt auch für Leichter- und Kahnladungen, die für verschiedene Käufer bestimmt sind. — Wenn diese Unterteilung der Probenahme sich nicht durchführen läßt, dann hat die Durchschnittsprobe der Schiffsladung nur in dem Falle einen Wert, wenn die verschiedenen Sorten der gesamten Ladung auf die Käufer anteilmäßig verteilt werden.

Bei nassen Kohlen, die Wasser abgeben, ist in besonderem Maße darauf zu achten, daß die Proben gleichmäßig über die gesamte Höhe der Brennstoffschicht verteilt sind.

Brennstoffmengen über 500 t sind für die Probeentnahme in Gruppen von möglichst nicht über 300 t zu unterteilen.

Die Schwierigkeiten, die eine sorgfältige Probenahme von Hand mit sich bringen, um eine wirklich einwandfreie Probe zu erhalten, haben zur Ausführung verschiedener Geräte für eine selbsttätige Probenahme geführt. Damit sollen subjektive Fehler ausgeschlossen werden. Derartige Geräte haben sich bisher jedoch nur für die Abtrennung von Teilmengen aus Feinkohle, Nußkohle IV und V, Koksstaub, Koksgrus und Brechkoks < 40 mm bewährt.

Bei der Anwendung selbsttätig arbeitender Probenahmegeräte zur richtigen Erfassung des Probegutes müssen folgende Bedingungen erfüllt werden[1]:

a) Jegliche Betrugsmöglichkeit muß ausgeschlossen, die gesamte Anordnung zur Probenahme deshalb eingekapselt sein. Antriebsriemen oder Ketten bzw. elektrischer Antrieb, Schalter, Sicherungen müssen unzugänglich sein.

b) Das Probegefäß muß so groß sein bzw. so rasch durch den Materialstrom gehen, daß es während der Probenahme nicht überläuft. Andernfalls besteht bei der Ungleichmäßigkeit der Kohle die Gefahr, daß der gröbere oder leichtere Anteil der Probenahme entgeht.

c) Das Probegefäß darf sich mit Schlamm o. dgl. nicht zusetzen. Löffelförmige Probenehmer sind deshalb zu vermeiden. In Frage kommen Schlitze und Röhren.

d) Der Probenehmer muß den ganzen Querschnitt des Materials bestreichen. Kreisende Probenehmer erfüllen diese Bedingungen schlechter als hin- und hergehende.

[1] Chemikerausschuß des Ver. Dtsch. Eisenhüttenleute; Handbuch für das Eisenhüttenlaboratorium. Bd. I, S. 220, Düsseldorf 1939.

e) Der Probenehmer muß den Materialstrom mit gleichmäßiger Geschwindigkeit durchfahren, damit aus dem ungleichmäßig zusammengesetzten Strom nicht an der einen Stelle viel und an der anderen Stelle wenig Probegut entnommen wird.

Aus der Abb. 7 ist die Bauart eines solchen selbsttätigen mechanischen Probenehmers zu ersehen. An der Abwurfstelle des zu probenden Gutes vom Förderband oder Becherwerk hängt ein röhrenförmiges Probegefäß mit einem Auffangschlitz a und offenem Boden. Alle Abmessungen des Probenehmers richten sich nach dem Probegut und der

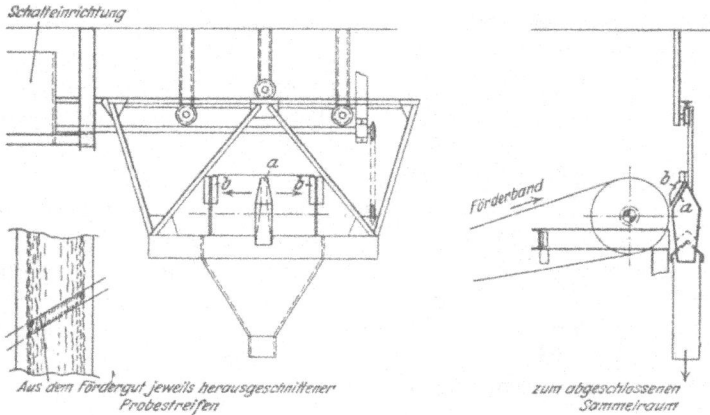

Abb. 7. Selbsttätig arbeitende Anordnung zur Probenahme.

Bandbreite. Das Probegefäß, das an der Förderbandtrommel hin- und herbewegt wird, ist an einem Schlitten aus Eisenträgern befestigt, der auf mehreren Rollen ruht und so leicht längs der Förderbandtrommel gezogen werden kann. Der Antrieb des Schlittens erfolgt in Abhängigkeit von der Förderbandgeschwindigkeit über eine beliebige mechanische Schalteinrichtung oder ein elektrisches Zählwerk mit Druckluftkolben, und zwar soll der Antrieb so erfolgen, daß in beliebig einstellbaren Zeiträumen, z. B. nach je 10 min, mit gleichbleibender Geschwindigkeit (meist wohl nach je 5 bis 8 s) der Auffangschlitz a von einer Endstelle b in die andere gezogen wird. Dabei fällt das Probegut durch das Probegefäß und durch einen anschließenden Trichter, dessen Auslauf durch ein Rohr mit einem abschließbaren Sammelgefäß verbunden ist.

Ein weiteres, einwandfrei arbeitendes Gerät dieser Art für Feinkohle oder Brennstoffe von gleichmäßigem Korn, das von R. L. Cawley[1] entwickelt worden ist, beruht auf folgender Grundlage. Dieses besteht (vgl. Abb. 8) aus drei Rohrstücken, deren Durchmesser sich nach der Korngröße des zu teilenden Gutes richtet, die in der Längsrichtung je-

---

[1] W. R. Chapman u. R. R. Mott, Fuel 6 (1927), S. 397.

weils um den Wert des Rohrdurchmessers voneinander entfernt und seitlich um den halben Durchmesser versetzt sind. Die den halben Rohr-
umfang umfassenden Verbindungsstücke sollen verhindern, daß in die
unteren beiden Rohre von oben her Brennstoff hineinfällt, der das obere
Rohr nicht durchlaufen hat. Die Vorrichtung wird so unter einer Aus-
tragöffnung angeordnet, daß das ober-
ste Rohr einen Teil des anfallenden
Brennstoffs auffängt. Die dadurch ab-
gezweigte Teilmenge läßt sich durch
entsprechendes Neigen des Gerätes
beliebig verringern.

Für die Probenahme bestimmter
Brennstoffarten ist nach K. Bunte
(s. o.) noch auf folgendes hinzuweisen:

Bei Koks ist eine Probenahme unmittelbar nach dem Löschen zu vermeiden. Der Wassergehalt nimmt nach
dem Löschen sehr rasch ab, namentlich solange der Koks noch warm ist.

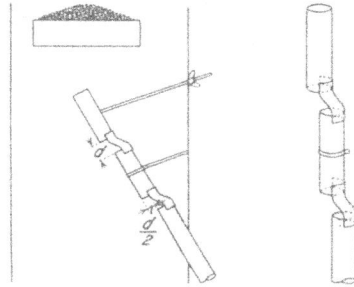

Abb. 8. Probenahmegerät von Cawley.

Die Probenahme soll vielmehr tunlichst erst hinter der Separation
erfolgen. Dabei ist zu beachten, daß Koksgrus unter Umständen 22 bis
25%, der Grobkoks dagegen unter 5% Wasser enthält.

Bei Garantieproben kann vorgeschrieben werden, daß der Probenehmer eine dunkelgefärbte Brille trägt (deren Farbe nach einer Vorschrift sogar zu wechseln ist), damit Auswahl nach hellen, garen und
trockenen, und dunklen, ungaren und feuchten Stücken verhindert wird.

Bei der Probenahme von Verbrennungsrückständen muß
es als Regel gelten, daß die Grobschlacken von der Asche zunächst
durch Absieben über ein 20-mm-Sieb getrennt und daß die Gewichte
und die Beschaffenheit beider Anteile für sich bestimmt werden. Vor
allem die aus Drehrostgeneratoren ausgetragenen Rückstände weisen
so große Ungleichheiten von Grob- und Feinkorn im Gehalt an Wasser
und Verbrennlichem auf, daß von einer Probenahme ohne Absieben
abzuraten ist.

c) Probenahme von Brennstaub.

Für die Probenahme von Brennstaub ist vom Deutschen Normen-
ausschuß gemeinsam mit dem Deutschen Verband für die Materialprüfungen der Technik das Normblatt DIN DVM 3712 ausgearbeitet
worden, das folgende wesentliche Unterscheidungen trifft:

Zunächst wird darauf hingewiesen, daß bei jeder Förderung von
Brennstaub eine Entmischung und Schichtung nach der Korngröße eintritt. Die Probenahme ist also im Gegensatz zu körnigen Brennstoffen
am genauesten aus ruhenden Staubmengen ausführbar.

Dabei wird die Tiefenprobenahme angewandt, bei der an gleichmäßig verteilten Stellen eine Säule des Staubes mit einem großen Stechrohr herausgehoben wird. Dieses ist ein glattes Rohr (vergl. Abb. 3 auf S. 10,) und hat eine Vorrichtung, mit der das Rohr beim Herausziehen verschlossen werden kann.

Die Probenahme aus bewegten Staubmengen ist stets möglichst nahe hinter der Erzeugungsstelle (Mühle, Windsichter) anzuordnen. Im einzelnen bestehen für die Probenahme folgende Möglichkeiten:

Entnahme aus Verbindungs- oder Ausfallstutzen mit einem Schöpfer.

Entnahme aus Druckförderanlagen. Zu diesem Zweck wird in ein gerades senkrechtes Rohrstück ein Absaugrohr eingesetzt und an verschiedenen Punkten über dem Querschnitt verteilt abgesaugt. Dieses Verfahren ist weniger zu empfehlen, es bleibt aber bei Einblasemühlen häufig die einzige Möglichkeit.

Entnahme mittels eines Schöpfers beim Füllen oder Entleeren von Transportbehältern.

Entnahme mittels eines Stechrohres aus dem Wiegebehälter.

Die Einengung der Vorproben von Brennstaub kann nicht nach dem bei körnigen Brennstoffen üblichen Diagonalverfahren (vgl. S. 17) vorgenommen werden. Sie muß vielmehr mittels eines Stechrohres erfolgen.

3. Probeaufbereitung.

a) Vorbehandlung der Probe.

Im Anschluß an die Entnahme der Einzelproben und deren Sammlung folgt die Aufbereitung und Einengung der Gesamtprobe, um eine den Erfordernissen der chemischen und physikalischen Prüfung entsprechende Menge abzuzweigen, deren Zusammensetzung der der Gesamtprobe gleich sein soll.

Die Trommeln oder sonstigen Behälter, die die Durchschnittsprobe enthalten, werden in einen vor Zugluft geschützten kühlen Raum gebracht. Ihr Inhalt wird in flacher Schicht auf einer reinen festen Unterlage von entsprechender Größe, die durch Holzbohlen o. ä. abgegrenzt und frei von Unebenheiten ist, ausgebreitet. Der Boden soll aus einer glatten Eisenplatte bestehen, für die Zerkleinerung von Koks ist sogar eine Hartgußplatte erforderlich. Als Behelf können auch Unterlagen aus Steinfliesen, Holz oder Zement dienen, bei denen jedoch darauf zu achten ist, daß die Brennstoffprobe keinen Verlust an Nässe erleidet (Anfeuchten der Unterlage). Nunmehr wird die Probe mittels eines Stampfers oder Hammers bis etwa auf Walnußgröße (12 bis 15 mm) zerkleinert. Fremdkörper, wie Holz, Metallstücke u. a., die dem Brennstoff nicht eigen sind, werden entfernt, ihre Art und Menge sind im Prüfbericht anzugeben. Schieferstücke müssen dagegen in der Probe verbleiben. Da sie wesentlich härter als Kohle sind, ist ihre sorgfältige Zerkleinerung besonders zu beachten. Um sicher zu sein, daß die Zerkleinerung genügend ist, empfiehlt es sich, das Gut durch ein Sieb mit einer Maschenweite von 15 mm zu geben und den Siebrückstand nochmals zu zerkleinern, da dieser die aschereicheren Anteile enthält.

Daraufhin wird die Probe durch wiederholtes Umschaufeln gut durchgemischt und zu einem Haufen aufgeworfen. Dabei ist es wichtig, daß das Gut jeweils senkrecht von oben auf die Kegelspitze aufgeschüttet wird. Wenn es dagegen durch einen seitlichen Schwung der Schaufel eine Beschleunigung in waagerechter Richtung erfährt, so entsteht in dieser Richtung eine einseitige Anhäufung der größeren Teile, die beim Vierteln Unregelmäßigkeiten zur Folge hat. Der Umfang der Trennung von grobem und feinem Korn, wobei das erstere sich am äußeren seitlichen Rand anreichert, ist abhängig von dem mengenmäßigen Verhältnis von Grob- und Feinkorn, der Abrollhöhe und der Geschwindigkeit, mit der die gröberen Körner auf der Kegelflanke hinabrollen. Bei größeren Probemengen ist daher die Kegelspitze von Zeit zu Zeit mit der Schaufel abzuplatten, damit der Haufen nicht zu hoch ansteigt. Bei sehr ungleichmäßigem Korn ist der Haufen ferner nochmals zu einem zweiten umzuschaufeln.

b) Einengung der Probe.

Der Haufen wird daraufhin gleichmäßig nach sämtlichen Richtungen zu einer quadratischen oder kreisrunden Schicht von rd. 5 bis 8 cm Höhe auseinandergezogen und durch zwei durch die Mitte verlaufende diagonale Einschnitte in vier gleiche Felder geteilt. Das Gut von zwei gegenüberliegenden Teilen wird verworfen. Die verbleibenden Teile werden auf etwa Haselnußgröße weiter zerkleinert, nochmals vermischt, in der gleichen Weise eingeengt und dies solange fortgesetzt, bis etwa 1 bis 5 kg des Probegutes übrigbleiben, die bei Kohle durch ein 5-mm-Sieb, bei Koks durch ein solches von 10 mm Maschenweite hindurchfallen müssen. Vor jeder Teilung muß das Probegut so weit zerkleinert sein, daß bei der Untersuchung der Probe deren Ergebnis auch dann nicht beeinflußt wird, wenn das größte Stück ein Stein wäre und ungeteilt in die Laboratoriumsprobe gelangen würde (vgl. S. 9).

Zur Einengung der zerkleinerten Probe läßt sich auch das unter der Bezeichnung »Riffler« (»riffle«) bekanntgewordene Gerät verwenden (vgl. Abb. 9), das in jedem Betrieb selbst hergestellt werden kann. Dieses besteht aus einer größeren Anzahl immer geradzahlig nebeneinanderliegender riffelartiger Kästen, die abwechselnd nach rechts und nach links austragen. Der obere Rand des Probeteilers ist als Fülltrichter ausgebildet und schließt den Aufgaberaum konisch ab. Unter jeder Riffelreihe ist ein Sammelkasten angeordnet. Ein dritter Kasten dieser Art dient zum Einschütten der Probe in den Aufgabetrichter.

Dessen Schlitzbreiten sollen mindestens dem zweifachen, besser noch dem dreifachen Durchmesser des größten durchzusetzenden Kornes entsprechen. Zur Durchführung einer Teilung wird die Probe gleichmäßig in den Aufgaberaum des Rifflers eingeschüttet. Nach der Trennung in zwei Hälften wird die eingeengte Probe aus diesem Sammelkasten erneut aufgegeben und geteilt. Der zweite Teil der Proben wird jeweils verworfen. Dies wird solange fortgesetzt, bis die Mindestprobemenge erhalten wird, die entsprechend den Erfordernissen zur weiteren Aufarbeitung gelangt.

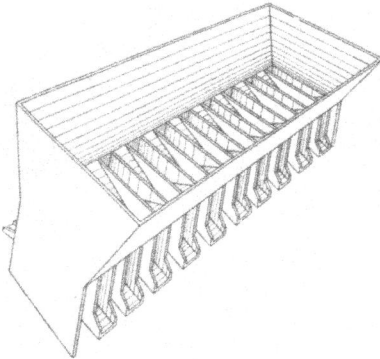

Wenn die Brennstoffprobe nicht sehr wasserreich und daher auch kein Verlust an Nässe bei der Zerkleinerung zu befürchten ist, wird an dieser Stelle eine getrennte Probe zur Bestimmung des gesamten Wassergehaltes abgezweigt und sofort entsprechend aufgearbeitet.

Abb. 9.
Gerät zur Probeeinengung (Riffler).

c) Herrichtung der Laboratoriumsprobe.

Im allgemeinen genügt im Anschluß an die Probeneinengung die Entnahme einer einzigen Probe von etwa 1000 bis 2000 g. Andernfalls, wie bei Verkaufsuntersuchungen, Abnahmeversuchen usw. wird die entsprechend größer entnommene Probe in drei gleiche Teile unterteilt. Zur Aufbewahrung und Beförderung der Proben dürfen nur luftdicht schließende, nichtrostende Gefäße, wie z. B. mit einem rostsicheren Anstrich versehene, verbleite oder verzinkte Blechbüchsen oder solche aus Steinzeug verwendet werden. Diese sind völlig mit der Probe zu füllen und müssen verlötet oder ihre Deckel müssen mit einem Gummiring abgedichtet werden können. Behelfsmäßig genügen auch rostsichere Büchsen mit übergreifendem Deckel, die mit Isolierband abgedichtet werden. Die Probegefäße sind zunächst auf der Außenseite deutlich und ausreichend zu bezeichnen, am besten mit Ölfarbe. Ferner ist in die Probe ein Zettel einzulegen, der Angaben über Zeit der Probenahme sowie über Herkunft und Bezeichnung der Probe enthält und während der Weiterverarbeitung bei der Probe verbleiben muß. Schließlich werden die Proben von dem Probenehmer versiegelt. Getrennt von der Probe ist neben den obigen Angaben das Gewicht der gefüllten Büchse (auf 1 g genau) zu vermerken, und falls Witterungseinflüsse, wie Regen, Schnee, trockenes Wetter oder sonstige Umstände die Probe beeinflußt haben können, ist dies zu vermerken. Diese Angaben sind, mit der Unterschrift des Probenehmers versehen, getrennt zu versenden und aufzubewahren. Die Probebüchsen sind in einem kühlen Keller zu lagern; für den Ver-

·sand werden sie zum Schutz gegen Verletzung mit einer Schutzpackung versehen. Diese muß deutlich sichtbar den Vermerk tragen, daß die Sendung kühl aufzubewahren und vor allem von der Einwirkung von Sonnenstrahlen oder der Wärmestrahlung von Heizanlagen zu schützen ist.

Bei dem Versand von Kohleproben für wissenschaftliche Untersuchungen ist zu beachten, daß infolge der Einwirkung des Luftsauerstoffs das Verkokungsverhalten sich bereits in kurzer Zeit zu verändern beginnt. In diesen Fällen muß die gefüllte Probebüchse mit Stickstoff ausgespült oder bei Nußgröße die Probe unter Wasser versendet werden.

Für die Herstellung der Laboratoriumsprobe wird das Probegut zunächst lufttrocken gemacht. Zu diesem Zweck wird es zu annähernd gleichen Teilen auf zwei oder drei Probeblechen von etwa 50 × 35 cm Grundfläche und 5 cm Höhe der Seitenwand verteilt und bis zu gleichbleibendem Gewicht an Luft getrocknet (vgl. S. 50).

Die lufttrockene Probe wird weiter zerkleinert, wobei darauf zu achten ist, daß das Gut sich nicht erwärmt oder durch Fremdstoffe verunreinigt werden kann. Gefährlich ist vor allem die Absplitterung von Eisenhammerschlag, der das Schmelzverhalten der Asche bereits in geringen Mengen wesentlich zu verändern vermag.

Von dem vorgemahlenen Gut wird eine Probemenge von 0,5 bis 1 kg abgezweigt und mittels einer Kugelmühle mit Hartporzellankugeln oder besser in einem Mörser oder in einer Walzeinrichtung so fein gemahlen, daß sie restlos durch ein Prüfsieb Nr. 30 DIN 1171 (900-Maschensieb) hindurchgeht.

Die vorgebrochenen oder vorgestampften Brennstoffproben werden, soweit sie weich oder nur mäßig hart sind, zweckmäßig in Retschmühlen, Kokse und sonstige harte Stoffe, wie Waschberge, Pyritanreicherungen usw., mittels Walzen auf die erforderliche Kornfeinheit <0,20 mm zerkleinert.

Die Retschmühle besteht aus einer mittels eines Elektromotors angetriebenen Mörserschale und einem ausschwenkbaren Pistill. Die Schale hat einen oberen Durchmesser von 24,5 cm und einen unteren von 19 cm, ihre lichte Höhe beträgt 9 cm. Das Pistill ist exzentrisch in der Schale angebracht; es steht auf dem Boden der Schale auf, und zwar so, daß es von der inneren Schalenwandung und dem eingefüllten Mahlgut mitbewegt wird. Der Mahlkopf des Pistills ist 11 cm hoch, sein Durchmesser beträgt ebenfalls 11 cm. Die Mörserschale und ebenso das Pistill bestehen aus Hartporzellan, das sich im Dauerbetrieb bestens bewährt hat. Zum Antrieb der Mörserschale dient ein Elektromotor mit einer Leistungsaufnahme von 0,3 kW, die Kraftübertragung erfolgt über ein Getriebe, so daß die Mörserschale 90 U/min hat.

Vor dem Einfüllen des zu zerkleinernden Mahlgutes wird es von dem Anteil, der bereits die gewünschte Kornfeinheit aufweist, durch Absiebung befreit. Die Mühle faßt bis zu 500 g Mahlgut. In dem Mörser befindet sich ferner ein mit einer Gummiplatte belegter Schaber, der die Innenwandung des Mörsers von anklebenden Kohlenteilchen befreit und blank hält. Besonders Briketts und Fettkohlen neigen dazu, an den Seitenwandungen der Mörserschale haften zu bleiben und andernfalls der weiteren Zerkleinerung durch das Pistill zu entgehen. Nach Beendigung der Mahlung wird das Pistill ausgeschwenkt und sorgsam mittels eines Pinsels gereinigt. Die Mörserschale ist abnehmbar und daher bequem zu entleeren und zu reinigen.

Um 200 g Fettkohle auf eine Kornfeinheit von 900 Maschen/cm² zu mahlen, werden durchschnittlich 20 min benötigt. Bei Anthrazit und Gaskohlen dauert die Zerkleinerung gleicher Mengen etwa 25 bis 30 min. Um die gleiche Menge Fettkohlen auf die Kornfeinheit von 2500 Maschen/cm² zu bringen, ist der Zeitbedarf etwa 60 bis 70 min.

Der Verschleiß der Mühlen ist, wenn nur weiche Brennstoffe darin gemahlen werden, sehr gering. Die Mörserschalen werden trotz täglich starker Inanspruchnahme nur unbedeutend verschlissen. Das Mahlgut zeigt dementsprechend keine Beeinflussung durch Fremdstoffe, die von der Mühle stammen könnten.

Die Walzeinrichtung besteht aus einer Walze mit zugehöriger Walzbahn aus Chromnickelstahl, der eine besonders hohe Verschleißfestigkeit besitzt. Die Walzbahn ist 115 cm lang und 44 cm breit; die Seitenleisten, die das Abgleiten des Mahlgutes von der Walzbahn verhindern sollen, sind 6,5 cm hoch. Die Walze hat einen Durchmesser von 56 cm und eine Breite von 35 cm, das Gewicht der Walze einschließlich der Schubstange beträgt etwa 0,7 t. Der Antrieb der Walze erfolgt durch einen Elektromotor, der durch eine Kurbelwelle und Schubstange mit der Walze gekuppelt ist. Die Laufbahn der Walze beträgt 80 cm. Der Kraftbedarf für die elektrisch über ein Getriebe betriebene Walze (25 Hin- und Zurückbewegungen je min) beträgt 1,1 kW.

Das zu zerkleinernde Gut (bis 500 g) wird auf die Walzbahn gegeben; es soll in einer möglichst dicken Schicht liegen, wodurch eine schonende und doch schnelle Zerkleinerung desselben ermöglicht ist. Von Zeit zu Zeit muß das Mahlgut, welches durch das Gewicht der Walze zu den Seiten gequetscht wird, mittels eines Holzschabers zur Mitte der Laufbahn geschaufelt werden. Gegen Ende der erfahrungsgemäßen Mahldauer wird das Mahlgut abgesiebt und lediglich das noch zu grobe Korn weiter gewalzt. 200 g Koks (Kokereikoks) werden innerhalb von 30 min restlos auf eine Kornfeinheit von 900 Maschen/cm² gemahlen. Für die Zerkleinerung der gleichen Menge auf eine Feinheit von 2500 Maschen/cm² werden etwa 60 bis 80 min benötigt. Harte Steinkohlen, wie Anthrazit und Gasflammkohlen, lassen sich ebenfalls gut mit der Walze zerkleinern. Die Mahldauer für die Zerkleinerung dieser Kohlen auf 900 Maschen/cm² Kornfeinheit beträgt je nach der Härte etwa 20 bis 30 min. Weiche Brennstoffe, besonders Fettkohlen und Briketts, lassen sich nicht mittels der Walze zerkleinern, da diese Kohlen leicht kleben und u. U. die Walze verschmieren. Derartige Brennstoffe müssen ausschließlich in Retschmühlen zerkleinert werden. Anderseits werden die Restmengen von faserigen Brennstoffen, wie von jungen Braunkohlen, Torf usw., nachdem die Hauptmengen davon in der Retschmühle gemahlen und abgetrennt wurden, zweckmäßig mit der Walze restlos gemahlen.

Eine merkliche Verunreinigung der Proben durch den Verschleiß der Walzen und Absplitterung von Metallteilchen erfolgt selbst bei langer Mahldauer nicht.

Der Rest der ungemahlenen Probe wird zweckmäßig drei Monate lang in der zugehörigen Büchse mit Isolierband abgedichtet aufbewahrt.

Der Laboratoriumsbericht über die Aufbereitung der Brennstoffprobe bis zum Erhalt der lufttrockenen Laboratoriumsprobe hat beispielsweise folgenden Wortlaut:

Probe Nr. ......
Bezeichnung: gewaschene Koksfeinkohle,
Herkunft: Zeche...
Einsender: ....
Eingang der Probe: am .... (lt. Eingangsbuch),
Verpackung und Gewicht der Probe: dicht verlötete Blechbüchse, 4620 g,
Verarbeitung der Probe: am .... (lt. Laboratoriumsbuch),
Beschaffenheit: feuchte Feinkohle, 2 Holzstücke (Gewicht 18 g) als
            Fremdstoffe entfernt,

Bestimmung der Nässe:		Blech I	Blech II
Gewicht von Probe + Blech	g	2286	2322
Leergewicht der Bleche	g	1286	1322
Eingewogene Menge	g	1000	1000
		Blech I	Blech II
Nach 24stündigem Trocknen bei 50°	g	2160	2195
Nach 24stündigem Ausgleich an der Luft	g	2165	2208
Nässe	g	118	114
»	%	11,8	11,4
» im Mittel	%	11,6	

C. Physikalische Prüfverfahren.

1. Korngrößenbestimmung.

a) Allgemeines.

Die Bestimmung der Kornzusammensetzung von Nuß-, Erbs- oder Feinkohlen und von Koksen erfolgt entweder, um die Wirkungsweise von Siebanlagen nachzuprüfen oder zur Feststellung der Korngrößenverteilung in uneinheitlich zusammengesetzten Korngemischen.

In Deutschland dient zur Bestimmung der Kornzusammensetzung für Körnungen über 1 mm Dmr. der Rundloch-Siebsatz nach DIN 1170 (Zahlentafel 1).

Zahlentafel 1. **Deutscher Rundloch-Siebsatz (DIN 1170).**

| Lochdurchmesser | | Teilung[c] | Blechdicke[d] |
| Nennmaß | zulässige Abweichung | | |
mm	mm	mm	mm
100[a]	± 1	133	2,5
90[b]	± 1	120	2,5
80[b]	± 1	106	2,5
70[b]	± 1	93	2,5
60	± 1	80	2,5
50	± 1	70	2,5
40	± 0,5	60	1,5
30	± 0,5	45	1,5
25	± 0,5	38	1,5
20	± 0,5	30	1,5
18	± 0,5	27	1,5
15	± 0,4	23	1,5
12	± 0,4	18	1,5
10	± 0,4	15	1,5
9	± 0,4	14	1,5
8	± 0,3	12	1,5
7	± 0,3	10	1,5
6	± 0,3		1,5
5	± 0,2		1
4	± 0,2		1
3	± 0,2		1
2	± 0,1		1
1	± 0,1		0,75

a) Lochung in geraden Reihen.   b) Lochung in versetzten Reihen.
c) Abstand der Mittellinien der Lochreihen (bei versetzten Reihen jeweils Abstand bis zur übernächsten Reihe).
d) Werkstoffe: Stahlblech, Kupferblech. Messingblech, bei 1 mm Lochdurchmesser nur Messingblech.

Die Rundlochsiebung ist für die Prüfung von festen Brennstoffen zwar noch nicht verbindlich sie wird jedoch allgemein angewendet. Soweit in den einzelnen Kohlenrevieren noch unterschiedliche Korngrenzen erzeugt werden, sind die entsprechenden Siebe auszuwählen.

Im übrigen gelten seit 1941 folgende einheitliche Körnungen und Bezeichnungen:

Nuß I . . . . 50 bis 80 mm
» II . . . . 30 » 50 »
» III . . . . 18 » 30 »
» IV . . . . 10 » 18 »
» V . . . . 6 » 10 »
Feinkohle . . . . 0 » 6 »

Falls Nuß V nicht abgesiebt ist, erhöht sich die Körnung von Feinkohle zu 0 bis 10 mm.

Für Schiedsanalysen und die Prüfung der Wirksamkeit von Steinkohlen-Aufbereitungsanlagen (vgl. die Richtlinien des Vereins für die bergbaulichen Interessen, Essen, über die Vergebung und Abnahme von Steinkohlen-Aufbereitungsanlagen) ist das Durchsteckverfahren (s. S. 27) anzuwenden.

Für Körnungen von 0,04 bis 1,5 mm (Staubkohle) dient der Maschensiebsatz nach DIN 1171 (Zahlentafel 2):

Zahlentafel 2. **Deutscher Maschen-Siebsatz (DIN 1171).**

Gewebe Nr.	Maschenzahl je	Lichte Maschenweite	Drahtdurchmesser[1]
	cm²	mm	mm
4	16	1,5	1,00
5	25	1,2	0,80
6	36	1,02	0,65
8	64	0,75	0,50
10	100	0,60	0,40
11	121	0,54	0,37
12	144	0,49	0,34
14	196	0,43	0,28
16	256	0,385	0,24
20	400	0,300	0,20
24	576	0,250	0,17
30	900	0,200	0,13
40	1600	0,150	0,10
50	2500	0,120	0,08
60	3600	0,102	0,065
70	4900	0,088	0,055
80	6400	0,075	0,050
100	10000	0,060	0,040

[1] Zu verwenden ist nur Drahtgewebe von glatter Webart.

Zulässige Abweichungen.

		Durchschnittswert	größte Abweichung	Bereich der größten Abweichungen[1]	zulässige Anzahl[2]
		%	%	%	%
Drahtdicken	0,04—0,5 mm	5	10	—	6
	0,5 —0,9 mm	4	8	—	6
	über 0,9 mm	3	6	—	6
Lichte Maschenweiten	10000—3600 Maschens.	5	—	15—30	6
	2500—576 »	5	—	12—25	6
	400—64 »	5	—	10—20	6
	gröbere Siebe	5	—	5—10	6

[1] Die unter den angeführten Werten liegenden Abweichungen bleiben bei der Prüfung unberücksichtigt.

[2] Bezogen auf die größten Abweichungen der Drahtdicken bzw. den Bereich der größten Abweichungen der lichten Maschenweiten.

In den Vereinigten Staaten wird vorwiegend der ASTM-Siebsatz[1] verwendet, der ferner in den meisten anderen Ländern und früher zuweilen auch in Deutschland gebräuchlich war, und schließlich in England der Britische Standard-Siebsatz (Brit. Stand. Specification Nr. 410—1931) und I.M.M.-Siebsatz (der Inst. of Min.Metallurgy)[2]. Während der Siebsatz nach DIN 1171 und die ausländischen Sätze aus Maschensieben bestehen, ist der Siebsatz nach DIN 1170 ein Rundlochsieb. Darauf ist besonders zu achten.

Ebenso findet man im Betrieb häufig auch für Korngrößen von mehr als 1 mm Maschensiebe. Für Vergleichsbestimmungen ist dies nachteilig, da die Siebergebnisse auf Maschen- und Rundlochsieben nicht ohne weiteres vergleichbar sind. Nach eingehenden Messungen von G. Rotfuchs[3] gelten im praktischen Betrieb für das Verhältnis der Lochweiten von Rund- und Maschensieben folgende Werte:

Rundlochdurchmesser d	Lichte Maschenweite w	Verhältnis d : w
70 mm Dmr.	61,0 mm	1 : 0,87
60 » »	52,0 »	1 : 0,87
50 » »	43,0 »	1 : 0,86
40 » »	34,0 »	1 : 0,85
30 » »	25,2 »	1 : 0,84
25 » »	20,8 »	1 : 0,83
20 » »	16,4 »	1 : 0,82
15 » »	12,0 »	1 : 0,80
12 » »	9,5 »	1 : 0,79
10 » »	7,8 »	1 : 0,78
8 » »	6,2 »	1 : 0,77
7 » »	5,4 »	1 : 0,77
5 » »	3,8 »	1 : 0,76
3 » »	2,3 »	1 : 0,75
2 » »	1,5 »	1 : 0,74
1 » »	0,7 »	1 : 0,70

Die Ergebnisse von Untersuchungen über die Korngrößenverteilung werden am besten schaubildlich in Form von Sieblinien dargestellt. Zu diesem Zweck werden in einem rechtwinkeligen Schaugitter auf der Grundlinie die Sieblochweiten und senkrecht darüber die entsprechenden Siebdurchgänge in Gewichtsprozent aufgetragen.

b) Korngrößenbestimmung von Feinkohle und von Koksstaub.

Die Prüfung der Korngrößenverteilung von feinkörnigen Brennstoffen erfolgt zweckmäßig mittels genau nach DIN 1171 (vgl. S. 23)

[1] Vgl. Handb. d. Gasindustrie Bd. VI, 1, S. 141.
[2] Vgl. Handb. d. Gasindustrie Bd. VI, 1, S. 141.
[3] Bitumen 9 (1939), S. 88.

abgestufter Siebsätze, die staubdicht übereinander angeordnet werden. Das Prüfgut wird auf das oberste Sieb in abgewogener Menge aufgegeben und durch Schütteln eine Unterteilung des Gutes auf die nach unten zu eine immer engere Maschenweite aufweisenden Siebe erzielt. Die einzelnen Körnungen werden daraufhin gewogen und ihr Anteil am Gesamtgut wird in Gewichtsprozenten ausgedrückt.

An Stelle eines Schüttelns des Siebsatzes von Hand wird zweckmäßig eine Prüfsiebmaschine angewendet, bei der die Siebung durch

Abb. 10. Prüfsiebmaschine für feinkörnige Brennstoffe.

Rütteln oder Schwingung vorgenommen wird. Beispielsweise wird der Siebsatz[1] in einen als Haltegerüst ausgebildeten umgekehrten Dreifuß eingehängt (vgl. Abb. 10). Der Scheitelpunkt des Dreifußes ist exzentrisch in einer Antriebsscheibe gelagert. Die Enden des Dreifußes liegen auf biegsamen Holzstangen und werden durch starke Gummibänder festgespannt. Der Antrieb des Siebsystems erfolgt mit einem Handrad oder einem Elektromotor. Wird die Antriebsscheibe in Bewegung gesetzt, so macht der Siebsatz durch die exzentrische Lagerung horizontale Kreiselschwingungen, dem das nachgiebig eingespannte Holzgerüst folgt. Die Bespannung der Siebe kann in Seidengaze, Stahl, Messing, Kupfer, Phosphorbronze, Nickel, Silberdrahtgewebe und gelochten Blechen ausgeführt werden.

Als Siebgerät hat sich hierbei die Siebmasche »Lavib« (Größe 2, Siebtrommeldurchmesser 200 mm[2]) mit einer Schüttelzahl der Treib-

[1] Brennstoffchemie 19 (1938), S. N. 4.
[2] Zu beziehen von der Fa. Siebtechnik G. m. b. H., Mülheim-Ruhr.

scheibe von 250 U/min sehr gut bewährt. Zur Anwendung gelangen 200 g der eingeengten Probe.

Die Durchführung der Handsiebung geschieht zweckmäßigerweise wie folgt:

Nach Erfassen des mit einem Deckel verschlossenen, mit Auffangpfanne versehenen Prüfsiebes mit der einen Hand wird dieses schwach geneigt in der Sekunde rund zweimal (genau 125mal/min) gegen den Ballen der anderen Hand geschlagen. Nach je 25 Schlägen ist das Sieb etwas zu drehen (¼ Umdrehung) und dann dreimal mit der freien Hand kräftig gegen den Siebrahmen zu stoßen. Nach Ablauf der festgelegten Siebzeit bringt man den Siebrückstand zur Wägung.

Nicht in den vorgeschriebenen Siebzeiten inbegriffen ist das Abbürsten der unteren Seiten der Siebflächen mit einem Haarpinsel, das bei Schiedsanalysen nach 3, 5, 10 und 15 min wiederholt werden muß (beim 900er Maschensieb fällt das Abpinseln nach 3 min und das Klopfen mit der Hand nach je 25 Schlägen weg)[1].

Bei der Siebung von Kohlenstaub sind nach Angaben des Reichskohlenrates (s. o.) folgende Siebzeiten einzuhalten:

Maschenzahl je cm²	Lichte Maschenweite mm	Handsiebung min	Bei Maschensiebung angenäherte Zeit in min (durch Eichung nachzuprüfen)
10000	0,060	30	7
6400	0,075	20	6
4900	0,090	15	2
2500	0,120	10	2
1600	0,150	10	1,5
900	0,200	5	1,5
400	0,300	1,5	1,5

c) Richtlinien für die Prüfung von Kokskörnungen[2].

Die Richtlinien umfassen

a) Probenahme und Probengröße,
b) Bezeichnung und Abgrenzung der Korngrößen,
c) Prüfverfahren.

a) Probenahme und Probengröße:

1. Ort der Probenahme. Die Probe wird genommen
für Abnahme- oder Vergleichsversuche von Siebanlagen unmittelbar am Siebende,
für die Prüfung von Verkaufskoks an der Verladestelle.
Eine Probenahme von Lagerhaufen ist als unzuverlässig abzulehnen.

---

[1] Merkblatt des Reichskohlenrates, Tgb.-Nr. 73 (1927).
[2] Aufgestellt durch den Ausschuß Kokssieb-Normung der Arbeitsgemeinschaft der Chemiker der Gaswerke (1936/37); F. Wehrmann, Gas- u. Wasserfach **81** (1938), S. 164, 192.

Für die Probenahme von Lagerkoks, bei Verladung wird auf die nachstehenden Vorschriften verwiesen.

2. Art der Probenahme am Siebauslauf oder der Verladestelle: Mit einer Hand- oder Stielschaufel, die möglichst breit ist (am besten gleich der Breite des Siebes oder Bandes), werden während des Verladens in annähernd gleichen Zeitabständen Einzelproben von wenigen kg Gewicht genommen (Menge je nach Korngröße, aber eine möglichst große Zahl von Einzelproben) und in bereitgestellten Körben zu einer Hauptprobe vereinigt. Diese soll 0,5 bis 1,0% der Verlademenge betragen (bei grober Körnung 1%, bei kleinerer bis 0,5%), mindestens aber 150 bis 200 kg.

3. Aufarbeitung und Größe der Einzelproben:
Die Hauptprobe wird eingeengt (vgl. S. 17) und es werden zwei Einzelproben genommen, und zwar für

Nuß   I je 25 kg,
»   II je 25 bis 20 kg,
»   III je 15 » 10 kg.

Diese Einzelproben werden gemäß Ziffer c (s. unten) geprüft.

b) Bezeichnung und Abgrenzung der Korngrößen: Geprüft wird gemäß dem nachfolgenden Abschnitt c mit einem Rundlochblech-Kaliber, das der oberen und unteren Grenze der Handelsbezeichnung der zu prüfenden Körnung (Nuß I, II usw.) entspricht. Festgestellt werden:

1. Überkorn, bestehend aus a) Stücken, die in keiner Richtung durch das große Kaliber gehen; b) Stücken, die sich zwar in einer Richtung durch das größere Kaliber stecken lassen, aber mehr als das $1\frac{1}{2}$fache dieses Maßes lang sind (lange Säulenstücke);

2. Normalkorn, bestehend aus a) Stücken, die durch das große, aber nicht durch das kleine Kaliber gehen, also alle Zwischengrößen: b) Stücken, die sich zwar durch das kleinere Kaliber stecken lassen, aber mehr als das $1\frac{1}{2}$fache dieses Maßes lang sind (lange Stengelstücke);

3. Unterkorn, bestehend aus allen Stücken, die durch das kleinere Kaliber durchfallen oder sich durchstecken lassen und im letzteren Falle höchstens das $1\frac{1}{2}$fache dieses Maßes lang sind. Hierzu wird noch der Staub- und Wiegeverlust zugerechnet.

c) Richtlinien für die Durchführung der Prüfung von Kokskörnungen. Die Prüfung einer Kokskörnung wird mit Hilfe des »Durchsteckverfahrens« ausgeführt.

Das Prüfsieb besteht aus leichten Blechkästen. Jeder derselben ist oben und an einer Schmalseite offen, nahe der offenen Schmalseite hat jeder Kasten einige Kaliberlöcher von 90, 60, 40 bzw. 20 mm Rundloch eingearbeitet. An den Kästen ist, um sie aufeinandersetzen zu können, an beiden Längsseiten ein leichtes Winkeleisen schwach vorstehend angeheftet.

Die Kästen werden auf zwei leichten Böcken oder einem anderen Untersatz aufeinandergestellt, z. B. für die Prüfung von Nuß II oben der Kasten mit 60 mm Rundloch, darunter entgegengesetzt der Kasten mit 40 mm Rundloch und darunter ein dritter Kasten als Auffangkasten für Fehlkorn (vgl. Abb. 11).

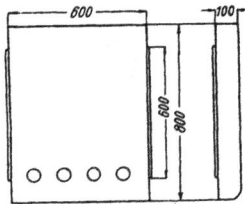

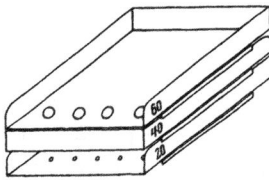

Abb. 11. Prüfung der Körnung von Koksproben.

Die Probe wird aus dem Korb, soweit Platz ist, auf den Vollblechteil des oberen Kastens aufgeschüttet und kann nun von zwei Mann am oberen Kaliber geprüft und in bereitstehende, ausgewogene Körbe für Über- und Normalkorn geworfen werden. Daraufhin wird der Rest der Probe aus dem Korb ebenso aufgegeben und geprüft. Hierauf wird der obere Siebkasten abgehoben und der auf dem mittleren Vollblechteil liegende Koks am kleineren Kaliber geprüft. Überkorn und Normalkorn werden in den Körben gewogen und das Unterkorn entweder ebenfalls mengenmäßig festgestellt oder bei kleiner Menge als Restunterschied ermittelt. Die Gewichte werden auf Prozente umgerechnet und von zwei ausgeführten Proben wird das Mittel genommen.

Für die Beurteilung der Körnungen von Koks hat H. Deringer[1] darauf hingewiesen, daß die Ausdrücke »würflig« und »stengelig« die verschiedenen möglichen Formen nur ungenügend umschreiben. Aus den drei Hauptmaßen (Länge a, Breite b und Höhe c) eines Koksstückes lassen sich zwei unabhängige Verhältniszahlen, Länge zu Breite (a/b) und Breite zu Höhe (b/c) ausrechnen. Diese Verhältniszahlen ergeben die Grundlage für folgende vier Grundformeln der Koksstücke:

	b/c kleiner als 1,5	b/c gleich oder größer als 1,5
a/b kleiner als 1,5	würfelig	plattig
b/c gleich oder größer als 1,5	stengelig	plattig-stengelig

Für die Auswertung der Prüfsiebungen gilt nach F. Wehrmann (s. o.) folgendes:

Fehlkorngehalt von 1 bis 2% ist sehr gut, 2 bis 5% je nach örtlichen Verhältnissen tragbar, wenn nicht viel Überkorn vorhanden ist.

[1] Monatsbull. Schweiz. Ver. Gas- u. Wasserfachm. **19** (1939), S. 90.

Mehr als 5% Fehlkorn sollte durch geeignete Maßnahmen verhindert werden. — 10 bis 15% Überkorn sind, wenn wenig Fehlkorn vorhanden, unbedenklich, örtliche Absatzverhältnisse gestatten unter Umständen auch noch mehr Überkorn.

Diese Grenzen sind betriebstechnisch erreichbar. Die Fehlkornabscheidung ist im Betrieb durch Stufensiebe oder bewegte Nachsiebe (schwingende oder vibrierende) oder Rollenroste gut möglich.

In Hinblick auf die große Bedeutung der Reinheit der einzelnen Kokskörnungen für deren Handelswert ist den obengenannten Anforderungen besondere Beachtung zuzumessen.

d) Berechnung der Oberflächenkennzahl aus der Siebanalyse.

Das Ergebnis einer Siebanalyse wird zunächst durch eine Zahlenreihe, nicht durch eine einzige Kennzahl festgelegt. Um zu einer solchen zu gelangen, besteht folgende Möglichkeit[1]).

Für jede durch die Siebanalyse bestimmte Kornklasse wird unter der vereinfachenden und für Vergleichszwecke durchaus genügenden Voraussetzung der Annahme eines kugelförmigen Korns die auf die Gewichtseinheit entfallende Gesamtoberfläche solcher Kugeln mittleren Korndurchmessers errechnet und in ein Schaubild (Abb. 12) eingetragen, dessen Senkrechte die Oberflächenkennzahl in cm²/g angibt und dessen Grundlinie die Hundertteile aufzusuchen erlaubt, die von jeder Fraktion im gesamten Siebgut vorhanden sind.

Das Schaubild enthält beispielsweise acht vom Nullpunkt ausgehende Strahlen. Gemäß dem Untersuchungsergebnis wird nunmehr für jede Kornklasse die Oberfläche abgelesen, die sich als Summenwert von den Kohlenteilchen ergibt. Auf diese Weise werden

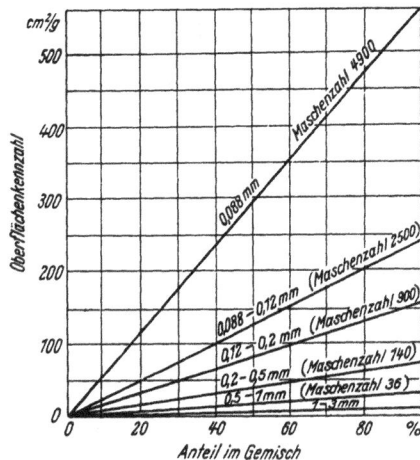

Abb. 12. Schaubild zur Errechnung der Oberflächenkennzahl aus der Siebanalyse.

nacheinander die Werte für die einzelnen Kornklassen der Prüfsiebung aufgesucht, sie ergeben nach Zusammenzählen die Oberflächenkennzahl der untersuchten Brennstoffprobe.

---

[1]) R. Stuchtey, Techn. Mitteilungen Krupp 2 (1934). S. 70.

2. Bestimmung des Schüttgewichts.

a) Allgemeines.

Unter dem Schüttgewicht versteht man im Gegensatz zu dem mit genauen Verfahren festzustellenden wahren Raumgewicht eines Stoffes sein scheinbares technisches Raumgewicht, das den wirklichen, praktisch erreichbaren Gewichtswert des geschütteten Stoffes (auf Lagerhaufen, in Bunkern oder in sonstigen Hohlräumen) darstellt.

Das Schüttgewicht wird bei einer gegebenen gleichbleibenden Einzelkohle zunächst beeinflußt von ihrer Kornzusammensetzung und dem Wassergehalt. Mit zunehmender Kornfeinheit tritt eine Erniedrigung des Schüttgewichtes ein. Ferner hat jede Kohle in Abhängigkeit von ihrer Körnung bei einem bestimmten Wassergehalt ein Schüttmindestgewicht (vgl. Abb. 13).

Es ist daher nicht möglich, das Schüttgewicht mit zuverlässiger Annäherung aus physikalischen Grundzahlen zu errechnen, es muß vielmehr jeweils durch einen Schüttversuch ermittelt werden. Das Verfahren ermöglicht die Ermittlung des Schüttgewichtes unter bestimmten festgelegten Bedingungen, bei denen Schwankungen zwischen mehreren Einzelversuchen innerhalb betriebsmäßig genügender Grenzen bleiben sollen. Die dabei erhaltenen Werte können mit den Betriebsschüttgewichten nicht grundsätzlich gleichgesetzt werden, da die Schüttbedingungen, die auf die Dichte der Lagerung einwirken, zu verschiedenartig sind. Man erhält jedoch Anhaltszahlen, die zu den Betriebszahlen in einem bestimmten Verhältnis stehen.

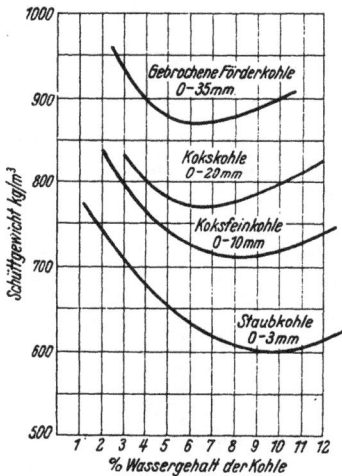

Abb. 13. Beispiel für das Schüttgewicht einer Kokskohle in Abhängigkeit von Korngröße und Feuchtigkeit.

b) Einheitsverfahren des DVGW.

Für die Bestimmung des Schüttgewichtes von Kohlen als Kennzahl für deren Füllung von Entgasungsräumen wurde von einem Ausschuß der Abteilung Gas/Wissenschaft und Forschung des DVGW durch zahlreiche vergleichende Untersuchungen das nachfolgende Einheitsverfahren[1]) ausgearbeitet:

Eine 1½ m³ Würfelkiste von 794 mm innerer Kantenlänge, mit geeigneten Handgriffen versehen, wird zunächst leer gewogen und in der Weise mit der Versuchskohle gefüllt, daß die Schaufel dicht über dem

[1]) Gas- u. Wasserfach 78 (1935), S. 107.

Kistenrand oder auf diesem leicht aufliegend gekippt wird. Der Brennstoff soll also weder geworfen noch gerüttelt werden. Die so gehäuft
gefüllte Kiste wird mit einer Holzlatte glatt abgestrichen. Wenn die
Kohle nachdem noch absackt, z. B. beim Aufsetzen auf die Waage, wird
nicht nachgefüllt, sondern nur diese ursprüngliche $\frac{1}{2}$-m³-Menge gewogen.

Bei groben Stück- und Förderkohlen sowie bei Koks mit einer
Kantenlänge von > 60 mm ist der Versuchsbehälter entsprechend größer
zu wählen. Mangels anderer Behälter kann hierzu ein Eisenbahnwagen
dienen, der nach Einebnung der Kohle ausgewogen wird.

Gegenüber anderen Bestimmungsverfahren hat diese Versuchsdurchführung die Vorteile, daß es durch persönliche Einflüsse nicht ge-
stört und daß bei der gleichen Kohle durchweg eine Übereinstimmung
der Ergebnisse auf $\pm 1,5$ bis $2,5\%$ erzielt wird. Durchschnittswerte der
Schüttgewichte von Kohlen verschiedener Körnung sind folgende:

Grobe Förder- und Stückkohle . . 890 bis 800 kg/m³
Gebrochene Förderkohle . . . . . 855 » 730 »
. zumeist . . . . 780 » 750 »
Mischkohle Grob und Fein . . . 780 » 750 »
Gewaschene Nußkohle . . . . . . 735 » 690 »
Feinkohle und gemahlene Kohle . 740 » 655 »

Bei der Angabe des ermittelten Schüttgewichtes oder bei der Fest-
legung eines Schüttgewichtes in Zusammenhang mit Garantie- und
Leistungsversuchen ist es zweckmäßig, den Gehalt der Kohle an grober
Feuchtigkeit gleichfalls anzugeben.

Die verhältnismäßig hohen Schwankungen der Schüttgewichts-
werte verschiedener Kohlen bei einer nahezu gleichen Korngröße lassen
trotzdem keine Zusammenhänge zwischen diesen und dem wahren Raumgewicht der Reinkohle sowie dem Asche- und dem Wassergehalt erkennen.
Nur besonders hohe Wassergehalte von mehr als 10%, wie sie bei Feinkohlen
vorkommen, können das Schüttgewicht über die oben angegebenen
Grenzwerte erhöhen.

Ferner ist zu beachten, daß bei der Füllung von Entgasungsöfen
verschiedener Bauart oder von Bunkern und Lagerplätzen das erhaltene
Schüttgewicht mit dem Kistenschüttgewicht nicht grundsätzlich gleich
zu sein braucht, da das erstere von anderen Einflüssen mitbestimmt wird.
Nach den Untersuchungen eines Ausschusses des DVGW war die Übereinstimmung verhältnismäßig gut bei Vertikalkammeröfen. Bei diesen
weicht durchschnittlich das Kammerschüttgewicht vom Kistenschüttgewicht um nur $\pm 2\%$, in Einzelfällen um $\pm 3,5\%$ ab. Größer waren
die Unterschiede bei Horizontal- und Schrägkammeröfen infolge des
Einflusses der mechanischen Füllung und der Einebnung der Oberfläche.

Bei sehr großen Entgasungsöfen ist das Schüttgewicht der Kohle
mehr oder weniger höher als der in der Versuchskiste erhaltene Wert,

der infolge der absichtlichen Vermeidung jeglicher Verdichtung durch Rütteln oder durch Druck gleichzeitig den unteren Grenzwert darstellt. Ebenso lagert die Kohle im Ofen nicht gleichmäßig[1]); senkrecht unterhalb der Füllöcher wird sie in größerem Ausmaß verdichtet als zwischen diesen und an den Türen. Mit zunehmender Ofenhöhe wächst infolge der größeren Fallhöhe die Verdichtung der Kohle gegen die Ofensohle hin und erreicht ihren Höchstwert etwa 1 m oberhalb der letzteren.

c) Bestimmung bei geringeren Probemengen.

Bei kleinen Mengen von Feinkohle oder von Koksstaub kann das Schüttgewicht wie folgt bestimmt werden. Ein Gefäß von bekanntem Fassungsvermögen, z. B. ein Meßzylinder von 250 oder 1000 cm³ Inhalt, wird mit dem Probegut gefüllt und das Gewicht des Brennstoffs entweder in lose eingefülltem oder in gerütteltem Zustand festgestellt. Ein loses Einfüllen ist stets mit Schwierigkeiten verbunden, da infolge der Fallhöhe je nach der Geschicklichkeit des Bearbeiters in jedem Fall eine gewisse Verdichtung stattfinden wird. Wesentlich besser übereinstimmende Ergebnisse erhält man unter diesen Bedingungen bei der Messung in gerütteltem Zustand. Zu diesem Zweck werden während der Füllung die Zylinder mehrfach mit dem Fuß auf einer Holzplatte aufgestoßen und mittels eines Holzstückes seitlich angeklopft. Bei der Angabe des Versuchsergebnisses ist ein Hinweis auf die Art der Messung unerläßlich.

Für die Bestimmung des Schüttgewichtes unter einem festgelegten Verdichtungsverhältnis, das durch eine bestimmte Fallhöhe gegeben ist, hat A. Thau[2]) folgende Arbeitsweise empfohlen.

Die Einrichtung besteht aus einem Blechgefäß von z. B. genau 2 l Inhalt, auf das ein Ofenrohr von 2 m Länge und etwa 12 cm Dmr. aufpaßt. Die Kohlenprobe wird aus einer Mulde in das senkrecht stehende Rohr hineingeschüttet, so daß die Fallhöhe rd. 2 m beträgt. Nachdem das Rohr abgenommen ist, wird die angehäuft über den Büchsenrand hinausragende Kohle abgestrichen und das Kohlegewicht durch Auswägung ermittelt. Das Schüttgewicht ergibt sich daraus durch Teilung durch zwei. Für die Bemessung des Auffangbehälters und der Schütthöhe können je nach den Betriebsverhältnissen auch andere Maße gewählt werden.

3. Bestimmung des Raumgewichtes und der Porosität von Brennstoffen.

a) Scheinbares und wahres Raumgewicht.

Die Ermittlung des wahren Raumgewichtes von festen Brennstoffen erfolgt zumeist entweder mittels eines Pyknometers oder nach der Verdrängungsmethode.

---

[1]) H. Hock u. M. Paschke, Stahl u. Eisen **49** (1929), S. 1311; H. Koppers u. A. Jenkner, Glückauf **66** (1930), S. 834.

[2]) Gas- u. Wasserfach **83** (1941), S. 206.

Bei dem Pyknometerverfahren verwendet man zweckmäßig ein doppelwandiges Pyknometer mit luftleerem Zwischenraum zwecks Vermeidung von Wärmeeinstrahlung von etwa 30 cm³ Fassungsraum, dessen Stopfen in eine verschließbare Kapillare, die mit einer Marke versehen ist, ausläuft. Nach Einfüllen einer feingepulverten ($< 0,2$ mm) Probe des Brennstoffs (etwa 1 bis 2 g) läßt man eine rasch netzende Flüssigkeit, wie Benzol, Toluol, Alkohol oder Schwefelkohlenstoff von genau bekannter Dichte (Prüfung mittels einer Spindel) zulaufen, bis das Pyknometer etwa zur Hälfte gefüllt ist. Zur Entfernung gebildeter Luftbläschen wird das Kölbchen geschwenkt und, falls diese hierbei noch nicht entfernt werden, mit einem dünnen Glasstab umgerührt. Daraufhin läßt man aus einer Bürette weitere Flüssigkeit zulaufen, bis diese den auf der Kapillare angegebenen Grenzstand erreicht hat. Nach Verschließen der Kapillare wird das Pyknometer, dessen Gewicht in leerem Zustand und bei Füllung mit der reinen Füllflüssigkeit bekannt ist, gewogen. Eine Berührung des Gefäßes mit der Hand ist wegen der damit verbundenen Erwärmung unstatthaft.

Die Berechnung des Raumgewichtes des Brennstoffs geschieht auf folgende Weise:

Leergewicht des Pyknometers . . . . A g
Gewicht des Pyknometers einschließlich der reinen Füllflüssigkeit . . . . B g
Gewicht des leeren Pyknometers einschließlich der Brennstoffprobe . . . . C g
Gewicht des Pyknometers einschließlich der Brennstoffprobe und der Füllflüssigkeit . . . . D g
Raumgewicht der Füllflüssigkeit . . . . a g/cm³

Raumgewicht der Brennstoffprobe
$$= \frac{C - A}{(B - A) - (D - C)} \cdot a.$$

Bei der Verdrängungsmethode gelangt ein langhalsiger Kolben von 50 cm³ Fassungsraum zur Anwendung, dessen Hals ein Volumen von 50 cm³ besitzen soll, das auf 0,1 cm³ unterteilt ist. Der Kolben wird zunächst mit der Verdrängungsflüssigkeit gefüllt, bis sein Spiegel die Meßteilung erreicht hat und der Flüssigkeitsstand wird abgelesen. Daraufhin werden etwa 30 g der gepulverten Brennstoffprobe zugegeben und durch gelindes Schütteln wird die Probe vollkommen benetzt, so daß sie am Boden absitzt. Durch langsames Neigen werden die im Hals hängengebliebenen Teilchen herabgespült. Die Volumenzunahme der Flüssigkeit ergibt unmittelbar das Volumen der Brennstoffprobe; durch Division der eingewogenen Menge durch dessen Volumen erhält man das wahre Raumgewicht des Brennstoffs.

Rechenbeispiel:

angewandt . . . . 28,5 g Kohle,

abgelesen . . . . 22,8 cm³

wahres Raumgewicht der Kohle . $\dfrac{28,5}{22,8} = 1,25$ g/cm³.

b) Porosität von Koks.

Die Porosität eines Kokses stellt das Verhältnis des durch die Poren eingenommenen Raumes zum Gesamtvolumen (Stoffvolumen + Porenraum) dar. Neben anderen Verfahren dient seine Bestimmung zur Beurteilung des Aufbaues des Koksgefüges und seiner Verwendbarkeit für metallurgische Zwecke.

Die Porigkeit der einzelnen Koksstücke ist ebenso wie ihre Verbrennlichkeit an der stärker ausgegarten Außenschicht eine andere als an der Teernaht und bei Stücken von der Sohle verschieden von denen aus dem obersten Teil des Verkokungsofens. Die Grenzschichten des Kokses vom Kopf, von der Sohle und an der Teernaht müssen daher bei der Entnahme von Probestücken ausgeschaltet werden. Als Proben sind Stücke etwa aus der Mitte des Ofens auszuwählen, die sich von der Teernaht bis zur Kammerwand erstrecken, ihre Zahl soll etwa 10 bis 12 betragen.

Die Porosität P (in Prozent) ergibt sich aus dem eigentlichen Stoffvolumen V_w und dem scheinbaren Gesamtvolumen V_s gemäß der Gleichung

$$P^0/_0 = \frac{V_s - V_w}{V_s} \cdot 100.$$

In dieser Formel für die Porosität können die Volumina durch das Gewicht G des Probestückes sowie durch das wahre und scheinbare Raumgewicht R_w bzw. R_s wie folgt ausgedrückt werden:

$$R_w = \frac{G}{V_w} \quad \text{und} \quad R_s = \frac{G}{V_s},$$

so daß sich die Porosität ergibt zu

$$P^0/_0 = \frac{R_w - R_s}{R_w} \cdot 100.$$

Für die zahlenmäßige Bestimmung der Porosität bestehen zwei Wege. So ist es möglich, den Anteil des Porenraumes direkt als solchen zu bestimmen. Ferner läßt er sich aus dem Unterschied des wahren und des scheinbaren Raumgewichtes errechnen[1]).

Unmittelbare Bestimmung des Porenraumes.

Eine einfache Methode von beschränkter Genauigkeit zur unmittelbaren Bestimmung des Porenraumes, die jedoch nur bei engporigen

---

[1]) Für eine Zusammenstellung des Schrifttums vgl. hierzu F. Roll, Brennstoffchemie **12** (1931), S. 1.

Koksstücken, die keine Schaumstruktur oder Klüftungen enthalten,
anwendbar ist, wird wie folgt durchgeführt. Koksstücke bis zu 15 mm
Korngröße und von bekanntem Gesamtgewicht in trockenem Zustand
werden 3 h lang in Wasser zum Sieden erhitzt und daraufhin erneut
gewogen. Während des Kochens dringt das Wasser in sämtliche Poren
ein und verdrängt daraus die Luft. Das Mehrgewicht der nassen Proben
gegenüber dem trockenen Zustand ergibt unmittelbar den Porenraum,
da Wasser das Raumgewicht *1* aufweist. Zur Bestimmung der Porosität ist daraufhin nur noch die Kenntnis des Gesamtvolumens von Koks-
masse + Porenraum notwendig, deren Bestimmung z. B. nach Tränken
der Koksstücke mit Paraffin durch Messung der Verdrängung von
Wasser vorgenommen werden kann[1]).

Die Porosität ergibt sich daraus nach der Gleichung

$$P^{\prime\prime}/_{0} = \frac{\text{Porenraum}}{\text{Gesamtvolumen}} \cdot 100.$$

Dieses Verfahren hat den Nachteil, daß während des Wägens bereits Wasser aus gröberen Poren auslaufen oder verdunsten kann. Dagegen hat es sich gut bewährt bei der Prüfung von porösen Baustoffen.

Die genaue Bestimmung der Porosität von Koks erfolgt über die
Ermittlung des wahren und scheinbaren Raumgewichtes. Hierfür ist
von R. Wasmuth[2]) ein geeignetes Volumenometer beschrieben worden.
Wie die Abb. 14 zeigt, besteht dieses aus einem Aufnahmegefäß *a* für
das zu untersuchende Probestück und einer unmittelbar anschließenden
Meßbürette. Das erstere wird durch einen Glasstopfen *d* verschlossen,
der wiederum durch eine in dem ausschwenkbaren Querhaupt *i* befindliche Stellschraube *e* fest aufgepreßt wird. An dem Aufnahmegefäß
befindet sich ferner ein Ablaufrohr mit Hahn *g* angeschmolzen. Die Meßbürette läuft in einem Hahn *c* aus. Das Gerät ist auf einem Brett angeordnet, das in einem Eisengestell um die Achse *h* drehbar gelagert ist
und durch eine Stellschraube *f* festgehalten wird.

Die Bestimmung des Volumens wird wie folgt durchgeführt:

In der Stellung 1 wird zunächst die Meßbürette und der größte
Teil des Aufnahmegefäßes mit der Meßflüssigkeit gefüllt. Nach sorgfältigem Schließen des Stopfens *d* und Anziehen der Schraube *e* wird
das Gerät in die umgekehrte Stellung 2 gedreht. Daraufhin läßt man
den Flüssigkeitsspiegel in der Bürette nach Öffnen des Hahns *c* durch *g*
bis zur Nullstellung ablaufen. Nach erneutem Schließen von *c* wird das
Gerät in die Stellung 1 zurückgedreht, die Schliffverbindung *d* geöffnet,
die Probe in das Aufnahmegefäß eingeführt und nach Verschließen
von *d* wird in der Meßstellung 2 das Volumen des Probestückes unmittelbar in cm³ abgelesen.

---

[1]) Vgl. hierzu F. G. Hoffmann, Brennstoffchemie **11** (1930), S. 297.
[2]) Chem. Fabrik **2** (1929), S. 520.

Für die Bestimmung des Gesamtvolumens (scheinbaren Volumens) verwendet man als Meßflüssigkeit Quecksilber, das infolge seiner hohen Oberflächenspannung nicht in die Poren einzudringen vermag. In Ein-

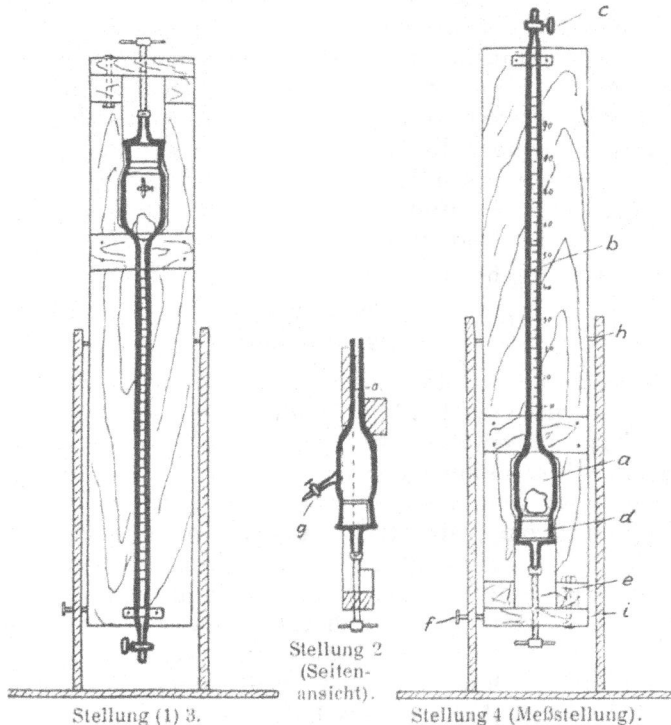

Abb. 14. Volumenometer zur Bestimmung des scheinbaren und wahren Raumgewichtes von Brennstoffen.

zelfällen ist es auch möglich, das Probestück zunächst in Wasser auszukochen und als Meßflüssigkeit Wasser zu verwenden, weil daraufhin die Poren des Probestückes vollkommen mit Wasser gefüllt sind (vgl. hierzu S. 35).

Die Bestimmung des wahren Volumens und damit des Raumgewichtes erfolgt mit dem gepulverten Brennstoff und einer gut benetzenden Flüssigkeit (Toluol, Alkohol usw.) zur Verdrängung. Dabei ist jedoch darauf zu achten, daß an der Probe keine Luftblasen hängen bleiben, die entweder durch Anwärmen des Glasgerätes im Wasserbad oder durch vorsichtiges Absaugen vom oberen Bürettenhahn aus entfernt werden können. Nach jeder Bestimmung muß das Gerät sorgfältig von anhaftenden Koksteilchen gereinigt werden. Wenn dies umgangen werden soll, kann die Bestimmung des wahren Raumgewichtes auch mittels eines Pyknometers (vgl. S. 33) vorgenommen werden.

Bei einem Versuchsgerät nach Hauttmann[1]) zur Bestimmung des scheinbaren Volumens wird ein Probestück durch eine Drahtbrücke in ein Quecksilberbad eingetaucht. Mit einer Mikrometerschraube, die bei Berührung der Quecksilberoberfläche einen Schwachstromkreis schließt und eine Glühlampe zum Aufleuchten bringt, wird die Höhenveränderung des Quecksilberbades und damit der Rauminhalt des Probestückes festgestellt.

Das wahre Raumgewicht von Hochtemperaturkoks beträgt bei Anwendung der üblichen Meßverfahren je nach dem Aschegehalt und dem Ausgarungsgrad (Graphitierungsgrad) 1,75 bis 1,85, im Mittel 1,80 kg/dm³. Aus den röntgenographischen Gitterkonstanten errechnen sich dagegen wirkliche Werte von 2,2 bis 2,25 kg/dm³. Dieser Unterschied hat seine Ursache darin, daß selbst in feingepulvertem Koks die Graphitkristalle nicht genau aufeinanderpassen, sondern zwischen diesen noch Hohlräume, Spalten und Poren freibleiben. Das Volumen dieser »Kryptoporen« beträgt nach Untersuchungen von K. Biastoch und U. Hofmann[2]) je g Koks 0,1 cm³.

c) Bildliche Darstellung der Porosität von Koks.

Die Struktur von Steinkohlen- und von Schwelkoks ist vor allem abhängig von dem Verkokungsverhalten der entgasten Kohle, ferner von den Entgasungsbedingungen, wie der Erhitzungsgeschwindigkeit und der Höhe der Koksendtemperatur, und schließlich von der Vorbehandlung des Kokses, dabei vor allem von der Art des Löschvorganges und der Koksaufbereitung.

Zahlenmäßige Werte für die Koksbeurteilung ergeben zunächst die Bestimmungen der Sturz-, Abrieb- und Druckfestigkeit (vgl. S. 39). Daneben ist es zuweilen erwünscht, den strukturellen Aufbau eines Kokses bildlich festzuhalten.

Für die Aufnahme der Makrostruktur eines Kokses hat F. Roll[3]) in Verbesserung früherer Vorschläge von I. Rose[4]) sowie von Sperr und Ramsburg[5]) folgende Verfahrensweise vorgeschlagen. Mehrere Handstücke des betreffenden Kokses werden, um die Zellenstruktur nicht zu zerstören, auf einer leicht federnden und langsam laufenden Schleifscheibe sehr vorsichtig angeschliffen; der in die Poren eingedrungene Schleifstaub wird nach Trocknung der Probestücke mittels eines schwachen Preßluftstromes ausgeblasen. Daraufhin werden die angeschliffenen Flächen mit Druckerschwärze, die gleichmäßig auf einer Walze aufgetragen ist, bestrichen und auf einem feuchten und etwas rauhen

---

[1]) Ber. Werkstoff-Ausschuß des Ver. Dtsch. Eisenhüttenleute 1924, Nr. 44, S. 6.
[2]) Angew. Chem. **53** (1940), S. 327.
[3]) Brennstoffchem. **12** (1931), S. 1.
[4]) Fuel **5** (1926), S. 57; vgl. auch J. D. W. Kreulen, Fuel **6** (1927), S. 171.
[5]) Journ. Frankl. Inst. 1917, S. 183, 391.

Papier, das auf einer schwach federnden Unterlage aufliegt, abgedrückt. Der erste Abdruck muß verworfen werden, da er die Porenverteilung nicht ganz eindeutig wiedergibt, indem die feineren Poren noch mit einer dünnen Haut von Druckfarbe überzogen sind. Der zweite und dritte Abdruck sind dagegen einwandfrei. Den Abdruck je eines ziemlich grobporigen und eines dichten Kokses zeigt die Abb. 15.

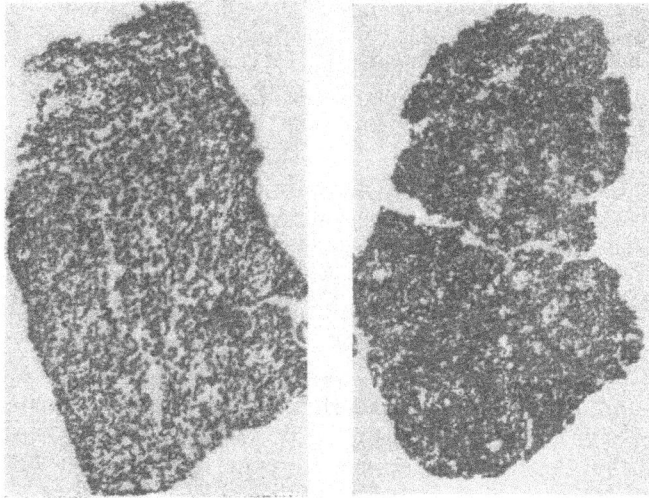

Abb. 15. Strukturbilder von zwei Koksproben.
links: Porenreicher Koks.
rechts: Dichter Koks mit Rißbildung.

Das Verfahren hat durch F. Roll (s. o.) vor allem für die bildmäßige Festhaltung der Struktur von Hüttenkoks Anwendung gefunden.

Eine Abänderung dieses Verfahrens der unmittelbaren Verwendung des Koksanschliffs durch vorhergehende Verkupferung ist von W. Zipperer und W. Lorenz[1]) angegeben worden. Bei dieser wird das angeschliffene Koksstück zunächst auf galvanischem Wege schwach verkupfert. Diese Hilfsmaßnahme dürfte für weichen Koks Vorteile bei der Herstellung von Drucken bieten, bei genügend festem Koks ist sie dagegen nicht erforderlich[2]).

d) Kapillarität von Steinkohle.

Steinkohle zeigt äußerlich ein homogenes Gefüge. Mikrophysikalische Untersuchungen von J. G. King[3]) haben jedoch gezeigt, daß je nach dem Inkokungsgrad Steinkohle zu 2 bis 20% ihres Volumens Kapil-

[1]) Gas- u. Wasserfach **73** (1930), S. 606.
[2]) Brennstoffchemie **12** (1931), S. 59.
[3]) Chem. & Industry (London) **58** (1939), S. 94.

laren mit einem mittleren Durchmesser von $50 \cdot 10^{-6}$ mm (bis herab zu 2 bis $3 \cdot 10^{-6}$ mm) enthält.

Die Kenntnis des mikrophysikalischen Gefüges einer Kohle ist in Einzelfällen bei wissenschaftlichen Untersuchungen wichtig, da es für die Adsorptionsfähigkeit von Wasserdampf, für die Abspaltung von Gasen bei ihrem Abbau, für die Verwitterungsbeständigkeit bei der Lagerung u. a. m. mitbestimmend ist.

4. Bestimmung der Koksfestigkeit.

a) Allgemeines.

Die Ermittlung der Festigkeit von Kohle ist nur von geringer Bedeutung. Um so wichtiger ist die Prüfung von Koksen auf deren Festigkeitseigenschaften, wofür im nachstehenden die gebräuchlichen Prüfverfahren besprochen werden. Wenn in Einzelfällen Koksproben auf ihre Festigkeit untersucht werden sollen, können die gleichen Verfahren angewendet werden.

Die Festigkeitseigenschaften von Koks bestimmen in weitgehendem Maße sein Verhalten bei der Beförderung und Lagerung und seine Eignung für metallurgische und sonstige Verwendungszwecke. Die Festigkeit ist nach den technischen Beanspruchungen zu trennen in Sturz-, Abrieb- und Druckfestigkeit. Die Prüfung eines Kokses auf seine Festigkeitseigenschaften bezweckt daher, sowohl Unterlagen für die Eignung eines Kokses als Brennstoff als auch für die Auswahl geeigneter Kohlen und Kohlemischungen zur Entgasung zu gewinnen[1]).

Die Sturzfestigkeit wird vornehmlich bedingt durch innere Risse oder Spannungen im Koksstück; sie wird im wesentlichen bestimmt durch die Vorgänge beim Schwinden des Kokses nach Durchschreiten der plastischen Zone. Einfluß hat vor allem die Zusammensetzung der Ausgangskohle oder des Kohlegemisches, daneben auch die Verkokungsgeschwindigkeit, die Kammerbreite, die Entgasungstemperatur und die Koksaufbereitung, vor allem die Art des Löschens. Bei einer zu schonenden Nachbehandlung des Kokses enthält dieser noch Klüftungen, die im Handel und bei der Verwendung bereits unter der Einwirkung sehr geringer Stöße zu einem Auseinanderbrechen des Stückes führen.

Die Abriebfestigkeit wird im wesentlichen bestimmt von der Feinstruktur des Kokses. Sie wird bedingt zunächst durch die während des Erweichungszustandes vonstatten gehenden Vorgänge, durch die Entgasungstemperatur und Entgasungsdauer, die zur Graphitierung des Kokskohlenstoffs führen. Wenn die Werte für die Abriebfestigkeit

---

[1]) F. G. Hoffmann, Brennstoffchem. **12** (1931), S. 61; G. Speckhardt, Stahl u. Eisen **52** (1932), S. 1066; K. Bunte u. H. Brückner, Gas- u. Wasserfach **82** (1939), S. 162.

nicht durch Zerkleinerung überlagert sein sollen, die auf eine mangelnde Sturzfestigkeit zurückzuführen sind, so muß der Teil der Zerkleinerung, der auf einem Zerfall nach noch vorhandenen Klüftungen beruht, vorweg durch Sturz ausgeschaltet werden. Ein Koks kann hart und schwer zerreiblich sein, aber stark geklüftet oder auch umgekehrt.

Die Sturz- und Abriebfestigkeit sind daher »zusammengesetzte Festigkeiten«, die von einer ganzen Anzahl von physikalischen und geometrischen Eigenschaften des Stoffes abhängen, wie dem Gefüge (Klüftungs- und Schrumpfrisse, Größe und Verteilung der Einlagerung von Fremdkörpern, Grenzflächenfestigkeiten petrographisch verschiedener Bestandteile, Porenverteilung, Gesamtporenanteil), der Härte, Sprödigkeit und Geschmeidigkeit.

Zur Bestimmung der Sturz- und Abriebfestigkeit ist es erforderlich, einheitliche Methoden anzuwenden, da eine physikalisch begründete maßrichtige Definition als Kraft je Volumen- oder Flächeneinheit für die Sturz- und Abriebfestigkeit von stückigen Stoffen nicht möglich ist.

Die Druckfestigkeit ist ebenso wie die Abriebfestigkeit vor allem von der Koksstruktur (Graphitierungsgrad und Dichte des Koksgefüges) abhängig. Sie ist als Bruchlast je Flächeneinheit physikalisch genau festgelegt. Da das Gefüge eines Kokses jedoch über die gesamte Breite des Entgasungsraumes nicht gleich ist, können unter sonst gleichen Bedingungen recht verschiedenartige Versuchswerte erhalten werden. Die Bestimmung der Druckfestigkeit von Koks wird daher nur in Sonderfällen durchgeführt.

Von der Bestimmung der Koksfestigkeit zu trennen und zu unterscheiden ist die unmittelbare Siebprüfung eines Kokses auf den prozentualen Anteil der einzelnen Körnungen, dessen Ermittlung auf S. 27 beschrieben ist.

Zur Beurteilung und Bewertung der allgemeinen Festigkeitseigenschaften von Grobkoks genügt es häufig, ihn allein der Trommelprobe zu unterwerfen. Der Koks wird unter bestimmten Bedingungen in einer Drehtrommel mechanischen Einwirkungen ausgesetzt; die hierdurch hervorgerufene Kornzerkleinerung wird durch Sieben ermittelt.

Dies gilt insbesondere für die Prüfung von Hochofen- und Kupolofenkoks. Ebenso genügt es vor allem für den laufenden Betrieb zumeist, eine Teilprobe des ungesiebten Rohkokses unmittelbar der Trommelprobe zuzuführen, wobei die Siebergebnisse einen Summenwert für ursprüngliche Stückigkeit und zugleich für die Sturz- und Abriebfestigkeit darstellen.

In neuester Zeit findet daneben das Druckabriebverfahren vermehrte Beachtung, da hierbei der Koks den gleichen Beanspruchungen unterworfen wird wie im Hochofen.

Für die Bewertung von Kohlen und insbesondere des Erfolges von Kohlenmischungen zur Erzeugung eines stückigen und festen Kokses müssen dagegen die Bestimmungen der Sturz- und Abriebfestigkeit nacheinander getrennt vorgenommen werden. Bei der Bestimmung der Sturzfestigkeit werden im wesentlichen die Klüftungen ausgelöst, so daß die Prüfung auf Abriebfestigkeit dann eine Zerreiblichkeitsbestimmung ist. Ferner werden zahlenmäßig vergleichbare Ergebnisse nur dann erhalten, wenn bei der Prüfung von Stücken möglichst gleicher Größe ausgegangen wird, als beispielsweise von 40/60 mm Brechkoks.

Schließlich wird zuweilen die Bestimmung der Sturz- und Abriebfestigkeit nach der amerikanischen Einheitsmethode, dem Shatter-Test durchgeführt.

Bei der Prüfung von Koks nach jeder dieser Methoden ist darauf zu achten, daß der Wassergehalt des Kokses rd. 6% nicht überschreitet. Andernfalls besteht die Möglichkeit des Klebens von Koksgrus an den größeren Stücken, so daß der Gehalt an Feinkorn im Versuchsergebnis zu niedrig erscheint.

Bisher hat die Bestimmung der Festigkeitseigenschaften im wesentlichen nur für Steinkohlenhochtemperaturkoks größere Bedeutung erlangt. Nachdem nunmehr für Schwelkoks seine Eignung als fester Kraftstoff in Hochleistungsgaserzeugern erwiesen ist, wird in Zukunft daneben auch dessen Festigkeitsprüfung in vermehrtem Umfang durchgeführt werden.

b) Prüfung der Festigkeitseigenschaften von Hochtemperaturkoks.

Bestimmung der Sturzfestigkeit.

100 kg Brechkoks der Körnung 40/60 mm werden aus 3,5 m Höhe auf eine glatte Betonfläche gestürzt, wobei darauf zu achten ist, daß bei jedem Wurf der Koks auf die glatte Unterlage und nicht auf bereits gestürzten Koks auftrifft. Die gestürzte Probe wird mit horizontal aufgehängten Rundlochschüttelsieben von etwa 0,6 bis 0,8 m² in die Korngrößen 40/60, 10/20 mm und Grus (<10 mm) unterteilt. Die Sturzfestigkeit des Kokses wird angegeben als Siebrückstand auf dem 40-mm-Rundlochsieb. Der Anteil an Korn <40 mm und die Trennung der Bruchstücke in die einzelnen Fraktionen ergibt Anhaltszahlen für die Splittrigkeit und die Klüftung des Kokses. Allgemein hat es sich bewährt, die Prüfung mit der obengenannten Körnung 40/60 mm durchzuführen. In Einzelfällen kann es daneben zweckmäßiger erscheinen, die Körnung 60/90 mm zu verwenden. Kleinere Korngrößen kommen nur in Ausnahmefällen, wie bei der Prüfung von Koks für Generatoren oder für gewerbliche und Haushaltzwecke, in Betracht. Bei der Auswertung der Siebergebnisse abweichender Ausgangskörnungen ist zu beachten, daß die dabei erhaltenen Ergebnisse nicht verhältnisgleich zu denen sind, die mit der Normalkörnung 40/60 mm erhalten werden.

Bestimmung der Abriebfestigkeit (Trommelprobe).

Prüfgerät. Die aus Eisenblech hergestellte Prüftrommel (s. Abb. 16) soll folgende Abmessungen haben:

lichter Durchmesser . . . . 990 mm
lichte Länge . . . . 900 »
Wandstärke des Trommelmantels . . 5 »

An der inneren Wandfläche der Trommel werden 4 unter 90⁰ versetzte 100-mm-Winkeleisen 50 × 100 × 10 mm (DIN 1029) aufgenietet oder aufgeschweißt. Sämtliche Nieten müssen im Inneren versenkt ange-

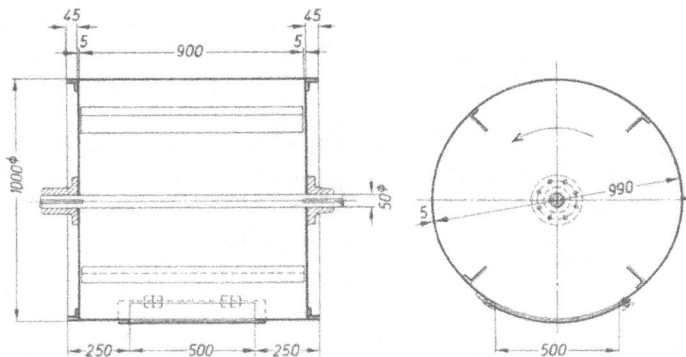

Abb. 16. Bauform der Trommel zur Bestimmung der Abriebfestigkeit von Koks.

bracht sein. Im Trommelmantel befindet sich eine mit einem gewölbten übergreifenden Deckel gut verschließbare Öffnung von 800 × 500 mm. Die Trommel wird auf einer durchgehenden 50 mm starken Achse befestigt, waagerecht gelagert und am besten durch einen Elektromotor mit Schneckenradvorgelege angetrieben. Die Drehzahl der Trommel soll 25 Umdrehungen je Minute betragen. Die Anbringung eines Umdrehungszählers ist erforderlich.

Ausführung der Bestimmung. Die für die Durchführung der Bestimmung erforderliche Probemenge beträgt bei gestürztem Koks von 40/60 mm Korngröße 1 bis 2 × 50 kg Koks, bei ausgegabeltem ungestürztem Rohkoks (Gabel von 50 mm Zinkenweite) 4 × 50 kg = 200 kg Koks. Im Bericht ist stets anzugeben, ob die Koksprobe als Brechkoks nach der Durchführung der Sturzprobe oder in ungestürztem Zustand, bei der Verladung, vom beladenen Waggon, bei der Entladung, von der Rampe usw. genommen wurde.

Die Prüfung wird mit lufttrockenem Koks durchgeführt. Nach Einbringen des Kokses in die Trommel und Schließen der Eintragsöffnung wird die Trommel 4 min lang mit 25 U/min in Bewegung gesetzt[1]). Nach 100 Umdrehungen wird die Trommel vorsichtig entleert und der Koks auf ein waagerecht angeordnetes Rundlochsieb von 40 mm Lochdurchmesser DIN 1170 mit einer Siebfläche von etwa 0,6 bis 0,8 m² gegeben. Die kleinen Stücke werden restlos abgesiebt und der Siebrückstand wird gewogen. Ein Durchstecken sog. Stengelstücke ist nicht zulässig.

Bei Anwendung von 50 kg Koks ergibt das verdoppelte Gewicht des Siebrückstandes auf dem 40-mm-Rundlochsieb die Trommelfestigkeit des Kokses in Prozent. Zur Beurteilung des Kokses dient der Mittelwert der Einzelversuche. Bei vorgebrochenem Koks genügen 1 bis 2 Bestimmungen.

In Einzelfällen ist es bei gesiebtem Koks erforderlich, die Trommelung mit geringeren Korngrößen als 40 × 60 mm vorzunehmen. Hierbei ist die Bildung von Unterkorn aus den entsprechenden Ausgangskörnungen zu ermitteln. Zur Durchführung derartiger Versuche werden jeweils 2 Proben von 50 kg der Trommelprobe unterworfen und daraufhin wird zur Bestimmung des gebildeten Unterkorns das untere Grenzsieb der geprüften Korngröße angewendet, also z. B. ein 20-mm-Rundlochsieb für die Korngröße 20/40 mm. Das doppelte Gewicht des Siebdurchganges ergibt die Unterkornbildung bei der Trommelung.

Bei ungestürztem und nicht vorgebrochenem Koks ist es in manchen Fällen zweckmäßig, den Koks nach der Trommelprobe durch einen Siebsatz mit folgenden übereinander angeordneten Rundlochsieben abzusieben:

Sieb 1 . . . 100 mm Dmr.
» 2 . . . 80 » »
» 3 . . . 60 » »
» 4 . . . 40 » »
» 5 . . . 20 » »
» 6 . . . 10 » »

Die Trommelfestigkeit ergibt sich bei der unterteilten Absiebung aus dem verdoppelten Gewicht des Siebrückstandes der Siebe 1 bis 4.

Neben der Trommelfestigkeit kann noch u. U. die Ermittlung der Stückigkeit des Kokses, wie sie für Großkoks in der »Ilseder Wertzahl« zum Ausdruck kommt, von Bedeutung sein. Zur Ermittlung dieser Kennziffer wird nach folgendem Beispiel verfahren:

Die getrommelte Probe wird auf den oben angegebenen Sieben 1 bis 6 in folgende Kornklassen zerlegt und das Ergebnis in Prozent umgerechnet:

---

[1] Für das Ergebnis maßgebend ist die Umdrehungszahl. Zeitänderungen, hervorgerufen durch Stromschwankungen, sollen 5% nicht überschreiten.

über 100 mm = % ⎫
100 bis 80 » = % ⎬ A
80 » 60 » = % ⎭
60 » 40 » = % } B
40 » 20 » = % ⎫
20 » 10 » = % ⎬ C.
unter 10 » = % ⎭

Unter Auslassung der Kornklasse B ergibt A — C die sog. »Ilseder Wertzahl«, die sich in vielen Fällen als eine sehr wertvolle Kennziffer erwiesen hat und vor allem in der Kokereiindustrie Anwendung findet.

Auswertung der Ergebnisse. Im Prüfbericht ist außer näheren Angaben über die Probenahme auch die Vorbehandlung, insbesondere die vorhergehende Durchführung der Sturzfestigkeit und die Ausgangskorngröße genau anzugeben.

Für die Auswertung der Ergebnisse der Prüfung eines Kokses (Körnung 40/60 mm) auf seine Sturz- und Abriebfestigkeit kann folgender Maßstab angewendet werden:

Anteil der Körnung > 40 mm,
im gestürzten Koks
$> 95\%$ sehr sturzfest
95 bis 90% sturzfest
90 » 80% mäßig sturzfest
$< 80\%$ wenig sturzfest.

Anteil der Körnung > 40 mm
im getrommelten Koks
$> 85\%$ sehr abriebfest,
85 bis 80% abriebfest,
80 » 70% mäßig abriebfest,
$< 70\%$ wenig abriebfest.

Bei der Verwendung von 40/60-Brechkoks genügt im allgemeinen eine einmalige Durchführung der beiden Bestimmungen; bei ungebrochenen oder grobstückigeren Koksen ist eine wesentlich größere Zahl von Einzelbestimmungen vorzunehmen, um vergleichbare Ergebnisse erhalten zu können.

Die Zweckmäßigkeit einer Durchführung der Wurfprobe vor der Trommelprobe, d. h. die Trommelung eines Kokses, dessen Klüftungen und Risse bereits ausgelöst sind, für genaue Untersuchungen zeigt die Abb. 17. In dieser sind für 29 verschiedene Kokse (von Gaswerken und Kokereien) die Werte für die Sturz- und Abriebfestigkeit, nach der ersteren geordnet, dargestellt und gleichzeitig die anteiligen Werte für Grus (< 10 mm) mit angeführt. Dieses Bild läßt klar erkennen, daß die Werte für die Sturzfestigkeit nicht in jedem Fall proportional der Abriebfestigkeit sind, und daß auch die gleichzeitig anfallenden Grusmengen verschiedene Werte ergeben.

Für die Bestimmung der Abriebfestigkeit von Hochofenkoks hat sich die »Hoesch-Probe«[1]) eingeführt, die den Vorgängen im Hochofen nachgebildet ist. Den grundsätzlichen Aufbau der Versuchsanordnung zeigt Abb. 18. 0,3 m³ des zu prüfenden Kokses werden in den Behälter A, der durch die Klappe B verschlossen ist, eingefüllt. Daraufhin wird der Koks durch den Kolben C zusammengepreßt und infolge der Verjüngung des unteren Auslaufs von A werden die einzelnen Stücke bei ihrem

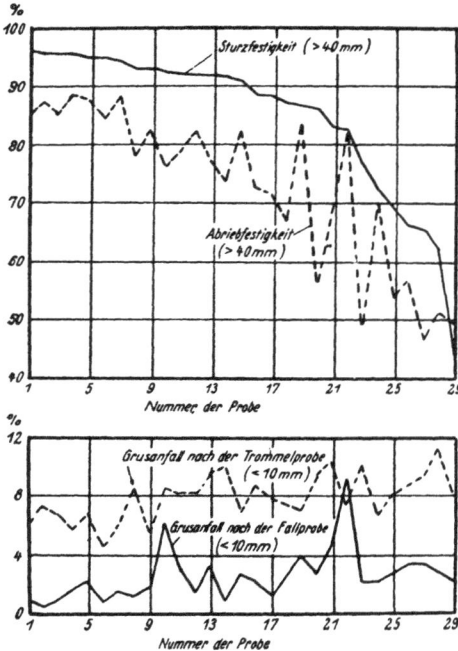

Abb. 17. Sturz- und Abriebfestigkeit von 29 Koksproben.

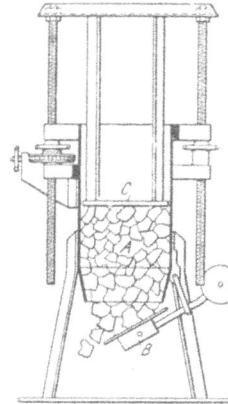

Abb. 18. Versuchsanordnung zur Bestimmung der Druckabriebfestigkeit von Koks (Hoesch-Probe.

Durchrutschen unter einem Druck bis zu 2,5 at sehr stark miteinander verrieben. Die Verengung ist derart bemessen, daß der Abrieb <30 mm bei sehr festem Hüttenkoks 10% nicht überschreitet. Bei weicheren Koksen sind die Unterschiede für die Druckabriebwerte größer als bei dem Trommelverfahren. Das Verfahren wird im wesentlichen nur in der Eisenhüttenindustrie angewendet.

Bestimmung der Druckfestigkeit.

Die Bestimmung der Druckfestigkeit erfolgt zumeist in Festigkeitsprüfgeräten bekannter Art mit ausgesägten Kokswürfeln von 10 mm Kantenlänge. Größere Stücke, z. B. von 50 mm Kantenlänge, wie sie

---

[1]) Eisen- und Stahlwerk Hoesch. A.-G., DRP. 441444; W. Wolf, Stahl u. Eisen **48** (1928), S. 33; Brennstoffchem. **12** (1931), S. 159.

bei der Baustoffprüfung verwendet werden, sind bei Koks stets zu ungleichmäßig und von Klüftungen und unsichtbaren Haarrissen durchsetzt. Selbst bei Würfeln von 10 mm Kantenlänge schwanken die Einzelergebnisse stark, und ein brauchbarer Mittelwert kann erst aus einer größeren Anzahl von Messungen unter Ausschluß der durch Risse zu niedrig ausgefallenen Werte gefunden werden.

Die Prüfung auf Druckfestigkeit scheidet daher praktisch im allgemeinen als Prüfverfahren aus, weil sie nicht den Koks zugrunde legen kann, wie er in den Hoch- und Kupolofen kommt, sondern nur ausge-

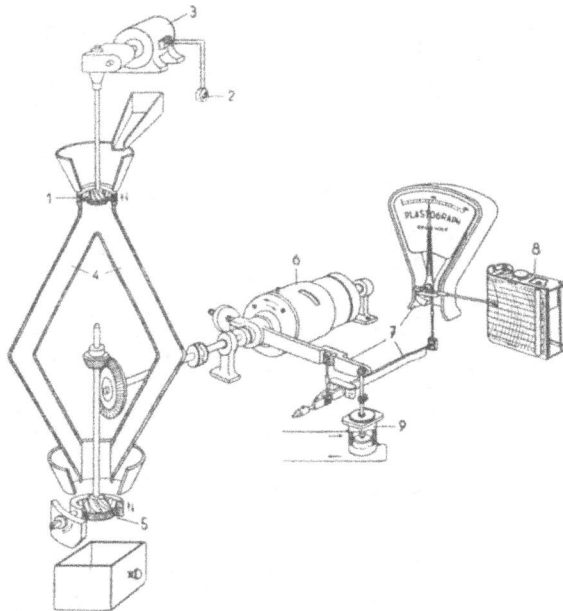

Abb. 19. Härteprüfer zur Bestimmung der Druckfestigkeit von festen Brennstoffen.

suchte Teile. Sie ist im wesentlichen nur zum zahlenmäßigen Nachweis von an sich äußerlich erkennbaren Unterschieden in der Festigkeit des Kokses, z. B. am Kopf- und Fußende großer Stücke, durchgeführt worden.

Die Druckfestigkeit von festen Brennstoffen bestimmt ferner zu einem wesentlichen Anteil den erforderlichen Kraftaufwand bei ihrer Aufbereitung und Zerkleinerung. Bei dem Härteprüfer[1]) (Abb. 19) wird eine abgemessene Menge der Kohle zunächst in einem Vorbrecher *1* durch Einschalten des Schalters *2* über den Antriebsmotor auf eine bestimmte Körnung vorgebrochen und gelangt daraufhin durch das Rohr *4*

---

[1]) Hersteller Fa. Brabender, G. m. b. H., Duisburg.

in das eigentliche Mahlsystem *5.* Daraufhin wird der Motor *6* des Härte-
prüfers eingeschaltet; die bei der Vermahlung des Gutes auftretenden
Widerstände werden auf das Meßsystem *7* übertragen und mittels einer
Schreibvorrichtung *8* aufgezeichnet.

Sturzfestigkeit von Koks (Shattertest)[1]).

Der »Shattertest« ist der deutschen Sturzfestigkeitsbestimmung
nachgebildet, in seiner Ausführungsart jedoch etwas verschieden.

Das Untersuchungsgerät besteht (vgl. Abb. 20) aus einem Kasten
von 710 mm Länge, 460 mm Breite und 350 mm Höhe. Dessen Boden
wird durch eine Doppelklapptür gebildet, die beim Öffnen eines Ver-
schlußriegels in den Angeln ausschwingt, so daß der Fall des Kokses
nicht behindert wird. In einem Abstand von 1,80 m unterhalb des (ge-

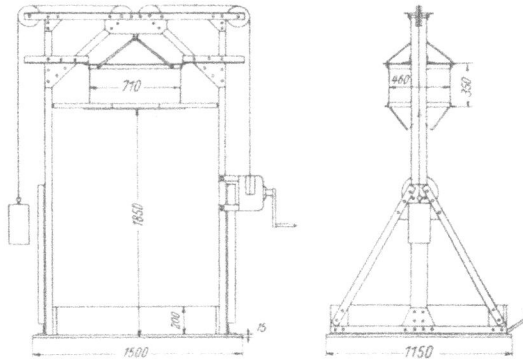

Abb. 20. Gerät für die Bestimmung der Sturzfestigkeit (Shattertest).

schlossenen) Kastendeckels befindet sich fest eingebaut eine gußeiserne
oder Stahlplatte von 10 bis 15 mm Dicke, 1500 mm Länge und 1150 mm
Breite. Diese ist rings mit einer ungefähr 200 mm hohen Leiste umgeben,
damit kein Koks durch Herausfallen verlorengehen kann.

Zur Durchführung der Bestimmung werden 25 kg des Kokses (Körnung > 80 mm) in den Kasten gefüllt. Der Kasten, der in Schienen
läuft, wird auf die vorgeschriebene Höhe hochgewunden und der Koks
durch Aufstoßen des Riegels des Kastenbodens auf die Grundplatte
gestürzt. Der gesamte Koks wird anschließend wieder in den Kasten
zurückgeschaufelt und der Vorgang wiederholt. Nach dem vierten
Sturz wird der Koks abgesiebt. Die Ergebnisse werden nach Multiplikation mit vier als Prozente wie folgt angegeben:

---

[1]) Untersuchungsvorschrift des Midland, Northern and Scottish Coke Research
Committee. Diese Angaben decken sich gleichzeitig im wesentlichen mit der ASTM.
Standard Method of Shatter Test for Coke, D 141—23.

> 80 mm   Stückigkeit des Kokses,
> 38   »   Fallfestigkeit des Kokses,
38 bis 10   »   Splittrigkeit des Kokses,
< 10   »   Abrieb des Kokses.

In England dienen zur Kennzeichnung die Anteile über dem 2''- und 1½''-Sieb. Wenn bei einem Koks die Fallfestigkeit zu 74/84 angegeben wird, so bedeutet die erste Zahl den Anfall über 2'', die zweite den über 1½''.

Eine dieser ähnliche Arbeitsweise hat W. Tobler[1]) vorgeschlagen. Das Untersuchungsgerät (vgl. Abb. 21) wurde jedoch noch insofern verbessert, daß die Bodenklappen des hochgewundenen Behälters sich nach Erreichen der gewählten Fallhöhe von 3 m selbsttätig öffnen. Die Fallprobe wird ebenfalls viermal hintereinander mit der gleichen Probe von 20 kg (Ausgangskörnung 60 × 90 mm) durchgeführt.

Zur weiteren Auswertung der Versuchsergebnisse bei der Bestimmung der Sturz- und Abriebfestigkeit sei auf die von der Gaskokerei Stuttgart geübte Methode hingewiesen. Hierbei werden die Prozentgehalte der einzelnen Körnungen mit den jeweils in Betracht

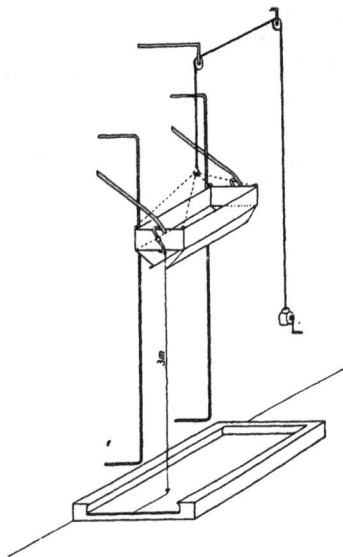

Abb. 21. Vorrichtung zur Bestimmung der Sturzfestigkeit von Koks nach W. Tobler.

kommenden 100-kg-Preisen multipliziert. Die Summe der so erhaltenen Werte wird als »Wertzahl nach dem Abstürzen« bzw. als »Trommelgüte« bezeichnet.

c) Prüfung der Festigkeitseigenschaften von Schwelkoks.

Die Bestimmung der Festigkeit von Schwelkoks kann nicht gleich der von Hochtemperaturkoks durchgeführt werden. Ebensowenig lassen sich die Festigkeitseigenschaften dieser beiden Koksarten miteinander vergleichen, da ihre Herstellungsbedingungen zu verschiedenartig sind.

Nach einem Vorschlag von E. Rammler und O. Augustin[2]) werden zur Bestimmung der Sturzfestigkeit von Schwelkoks 5 kg der Probe (zumeist der Körnung 10 bis 20 mm) in einem Sack von 450 mm Länge und 350 mm Breite (zusammengelegt) zehnmal aus einer Höhe von 2 m

[1]) Monatsbull. Schweiz. Verein von Gas- u. Wasserfachmännern 19 (1939), S. 32.
[2]) Feuerungstechnik 27 (1939), S. 273, 301; Bericht des Reichskohlenrates Nr. D 87; daselbst zahlreiches weiteres Schrifttum.

herabgestürzt. Die so vorbehandelte Probe wird durch die Quadrat-
maschensiebe von 10, 5 und 1 mm abgesiebt.

Zur Bestimmung der Abriebfestigkeit werden 5 kg der gleichen
Körnung in einer Trommel von 500 mm Dmr. und 500 mm Länge (mit
4 Hubleisten von 20 mm Breite) mit einer Umdrehungsgeschwindigkeit von
50 U/min 2 min lang behandelt. Durch Siebung in der gleichen Weise
wie bei der Bestimmung der Sturzfestigkeit wird der Abrieb festgestellt.

Derartige Bestimmungen der Sturz- und Abriebfestigkeit von
Schwelkoks als festem Kraftstoff sollen vorerst nur dazu dienen, Vergleichswerte zwischen Laboratoriumsergebnissen und der praktischen
Erfahrung zu sammeln. Leitzahlen für die vom Verwendungszweck her
zu fordernden Festigkeitseigenschaften können noch nicht angegeben
werden.

d) Laboratoriumsprüfverfahren.

Bei Versuchsverkokungen im Laboratorium oder bei Kistenver-
kokungen ist es zuweilen erwünscht, die Koksfestigkeit der erhaltenen
Versuchskokse vergleichend beurteilen zu können.

Hinsichtlich der Druckfestigkeit besteht hierbei keine Schwierigkeit, da diese an kleinen Kokswürfeln von etwa 1 cm³ in einer Presse
ermittelt wird.

Für die Prüfung der Abriebfestigkeit hat sich eine kleine Abrieb-
trommel von H. Broche und H. Nedelmann[1]) bewährt. Mittels derselben

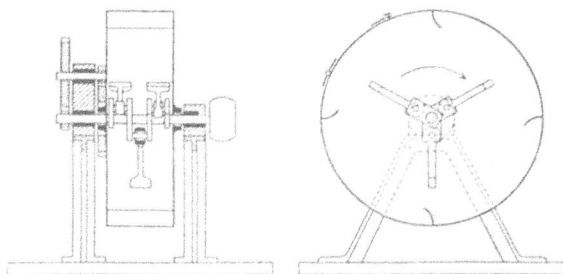

Abb. 22. Hammermühle zur Bestimmung der Abriebfestigkeit von Koks.

werden Wertzahlen erhalten, die denen der üblichen Bestimmung der
Abriebfestigkeit annähernd verhältnisgleich sind. Die Vorrichtung für
dieses Prüfverfahren besteht aus einer kleinen Hammermühle (vgl.
Abb. 22). Die Trommel (Dmr. 250 mm, Breite 75 mm) besitzt auf ihrer
Außenfläche eine leicht verschließbare Klappe zum Füllen und Entleeren.
Im Innern enthält sie vier gleichmäßig am Umfang verteilte Leisten.
Die konzentrisch in Kugellagern laufende Hauptwelle trägt drei eiserne
Schläger, die mit Gelenkbolzen an ihr befestigt sind und die gesamte

---

[1]) Glückauf **68** (1932), S. 770; Hersteller Fa. W. Feddeler, Essen.

Breite der Trommel bestreichen. Von der Welle aus wird die Trommel durch eine Zahnradübersetzung im Verhältnis 1:55 im gleichen Drehsinn angetrieben. Infolge der hohen Umlaufzahl der Welle üben die Schläger eine sehr starke Prallwirkung auf die Koksprobe aus. Die nach unten fallenden Stücke werden durch die vier Leisten der sich langsam drehenden Trommel ständig wieder nach oben befördert und von neuem der Schlagwirkung ausgesetzt.

Zur Prüfung gelangen 100 g Koks der Körnung 15 bis 20 mm. Nach Einfüllen wird die Trommel genau eine Minute lang in Umlauf (930 U/min) versetzt. Anschließend wird die Probe auf einem 10-mm-Sieb abgesiebt und der Rückstand gewogen. Aus drei Einzelbestimmungen, die höchstens um 3% voneinander abweichen dürfen, ergibt sich der Mittelwert für die Abriebfestigkeit des untersuchten Kokses.

D. Bestimmung der Rohzusammensetzung.

1. Bestimmung des Wassergehaltes.

Der Wassergehalt von festen Brennstoffen[1]) setzt sich im wesentlichen aus zwei Anteilen zusammen, der Nässe (auch als grobe Feuchtigkeit oder Netzwasser bezeichnet) und dem Sorptionswasser (hygroskopisch gebundene Feuchtigkeit). Zwischen diesen beiden Bindungsformen gibt es Übergänge, so daß eine eindeutige Definition des Wassergehaltes erhebliche Schwierigkeiten bereitet.

a) Nässe (grobe Feuchtigkeit).

Zunächst enthalten sämtliche natürlich vorkommenden Brennstoffe, wenn sie keinem Trocknungsvorgang unterworfen worden sind, Netzwasser, die sog. grobe Feuchtigkeit, die im vorliegenden Fall zweckmäßiger als Nässe bezeichnet wird. Der Nässegehalt von geförderten Steinkohlen beträgt durchschnittlich 2 bis 10%, von gewaschenen Kohlen im allgemeinen bis zu 12%, von Braunkohlen 30 bis 50%, bei Torfen ist er noch höher und erreicht bis zu 80%.

Bei der Bestimmung des Nässegehaltes von Brennstoffen muß sorgfältig darauf geachtet werden, daß die entnommene Probe tunlichst sofort zur Aufarbeitung gelangt. Bei der Entnahme einer Durchschnittsprobe aus bewegtem Gut sind die Teilproben in einem geschlossenen Gefäß zu sammeln, um eine Verdunstung von Feuchtigkeit auszuschließen. Die Einengung der Probe ist unmittelbar nachfolgend vorzunehmen. Sie soll nach Möglichkeit auf einer Stahlplatte erfolgen, Betonunterlagen müssen, um eine Wasseraufnahme auszuschließen, zuvor mit Wasser

---

[1]) Vgl. hierzu DIN 53721 (früher DIN DVM 3721); vergl. ferner C. Holthaus, Archiv für Eisenhüttenwesen 5 (1931/32), S. 149.

benetzt werden. Wenn es in Einzelfällen nicht möglich ist, die Nässebestimmung sofort durchzuführen, hat die Aufbewahrung oder der Versand der Probe in einer völlig luftdicht schließenden und innen glatten
Metall-, Steingut- oder Glasbüchse zu erfolgen.

Durchführung der Bestimmung. Eine gewogene und vor-
zerkleinerte Durchschnittsprobe von 0,5 bis 2 kg wird durch Stehenlassen
in flacher Schicht auf einem Probeblech an der Luft getrocknet. Die
Trocknung ist solange durchzuführen, bis im Verlauf von zwei Stunden
die dabei eintretende Gewichtsverminderung so gering ist, daß dieser
Wert einer Erhöhung des Wassergehaltes von weniger als 0,1 % entspricht.

Die erforderliche Dauer der Trocknung ist abhängig vom Nässegehalt, der Korngröße, der Art und der Schichtdicke der Brennstoffprobe.
Sie beträgt in einem warmen Raum bei Steinkohlen und Koksen im
allgemeinen nicht mehr als 48 h, bei jüngeren Brennstoffen dagegen erheblich länger. Ferner wird sie mitbestimmt von der Luftbewegung im
Raum, der Temperatur und dem Gehalt der Luft an relativer Feuchtigkeit[1]. Die gefundene Prozentzahl stellt also auch keinen Absolutwert,
sondern eine Relativzahl dar, die von den gewählten Arbeitsbedingungen
abhängig ist. Bei Vergleichsbestimmungen ist daher Einheitlichkeit der
Raumtemperatur und des relativen Feuchtigkeitsgehaltes der Luft anzustreben bzw. sind diese Werte im Untersuchungsbericht mit anzugeben.

Um die Zeitdauer der Trocknung bei technischen Untersuchungen
abzukürzen, hat sich bei nicht zersetzlichen und nicht stark wasserhaltigen Kohlen folgendes Verfahren bewährt[2]. Die Probe wird auf
einem Trockenschrank oder auf einer beheizten Platte über eine Dauer
von 12 bis 15 h bei 40° beschleunigt getrocknet und darnach etwa 2 h
lang zum Ausgleich mit der Luftfeuchtigkeit bei Außentemperatur ausgebreitet.

Dieses abgekürzte Verfahren ist jedoch nicht anwendbar bei durch
Luftsauerstoff leicht oxydierbaren Kohlen oder allgemein bei Proben,
von denen nachfolgende Bestimmungen des Bindevermögens (Backfähigkeitszahl) oder sonstiger Verkokungseigenschaften durchgeführt
werden sollen.

Aus dem Gewichtsunterschied wird die Nässe in Gewichtsprozenten,
bezogen auf das ursprüngliche Gewicht der Rohkohle, errechnet.

Zumeist wird der durch die Vortrocknung erhaltene lufttrockene
Brennstoff für die folgenden Untersuchungen verwendet. Zu diesem
Zwecke wird die so erhaltene lufttrockene Probe auf weniger als 1 mm
Korngröße zerkleinert. Ein Teil derselben dient zur Bestimmung des

---

[1] Als Normalbedingung für den Zustand der Luft gelten etwa 20° und 60 ± 10%
relative Luftfeuchtigkeit. Stark hygroskopische Brennstoffe sind wegen der Gefahr
einer Wiederaufnahme von Wasser nicht unnötig lange stehen zu lassen.

[2] Vgl. DIN DVGW 3215 unter »Nachweis der Gewährleistungen«.

4*

Sorptionswassers, der restliche Anteil wird auf eine Korngröße von weniger als 0,2 mm (900-Maschensieb) gebracht und dient für die weiteren analytischen Untersuchungen.

In Einzelfällen ist es jedoch zweckmäßiger, eine getrennte Feuchtigkeitsprobe zu entnehmen und besonders aufzuarbeiten.

b) Wassergehalt der lufttrockenen Probe (hygroskopische Feuchtigkeit).

Der Gehalt eines lufttrockenen Brennstoffs an Sorptionswasser bei bestimmter Temperatur und gleichem Feuchtigkeitsgehalt der Luft wird fast ausschließlich vom Inkohlungsgrad des Brennstoffs und seinem Kapillargefüge bestimmt. Geringe Abweichungen von dieser Regel sind bedingt[1]) durch Verschiedenheiten in der petrographischen Zusammensetzung der einzelnen Kohlen.

Für die Bestimmung des hygroskopisch gebundenen Wassers in festen Brennstoffen sind Methoden verschiedener Art vorgeschlagen worden, die zum Teil nur in beschränktem Umfang anwendbar oder zweckdienlich sind. Es sind dies die Destillationsmethode, die mittelbare oder unmittelbare gewichtsmäßige Wasserbestimmung, physikalische Meßverfahren und schließlich Wasserbestimmungen auf Grund chemischer Reaktionen. Zusammenfassend ergibt sich für die einzelnen Methoden, die im nachstehenden in ihrer Ausführung beschrieben sind, folgendes:

Das Xylolverfahren nach Marcusson (s. S. 54) ergibt sowohl bei Steinkohlen als auch bei jüngeren fossilen Brennstoffen für jeden praktisch vorkommenden Wassergehalt Versuchsergebnisse, deren Fehler innerhalb der zulässigen Grenzen von $\pm 0,2\%$ liegen. Die Wassermenge wird unmittelbar gemessen und Versuchsfehler sind allgemein nicht zu befürchten. Da der erforderliche Zeitaufwand gering ist, steht einer allgemeinen Anwendung dieser Methode nichts entgegen.

Trockenschrankverfahren (s. S. 56) eine Trocknung bei 105⁰[2]) ergibt nur bei Hochtemperaturkoks völlig einwandfreie Ergebnisse. Während der Trocknung von Kohle an der Luft bei 105⁰ wird von jüngeren Steinkohlen und insbesondere von Braunkohlen und Torf die Wasserabspaltung durch die Adsorption von Luftsauerstoff und Abspaltung von Kohlendioxyd überlagert, so daß etwas zu niedrige und unsichere Versuchswerte erhalten werden. Die gegenseitige Überlagerung von Wasserabgabe und Adsorption von Gasen wurde eingehend von E. Terres und K. Kronacher[3]) verfolgt. Zu diesem Zweck wurden

---

[1]) Gas-Journal **213** (1936), S. 822.

[2]) Im Normblatt DIN 53 721 ist die Trocknungstemperatur zu 106 ± 2^0 in Einklang mit den internationalen Normen festgelegt. Dieser geringe Unterschied, der innerhalb der Fehlergrenzen liegt, ist auf das Versuchsergebnis einflußlos.

[3]) Gas- u. Wasserfach **73** (1930), S. 645.

verschiedene Kohle- und Koksproben in einem Strom von Stickstoff, Kohlendioxyd oder Wasserstoff auf 100, 120 und 140° erhitzt und daraufhin sowohl der Gewichtsverlust der Kohle als auch die Gewichtszunahme eines nachgeschalteten Chlorkalziumrohres bestimmt. Es zeigte sich, daß jüngere Steinkohlen beim Trocknen zum Teil erheblich mehr an Wasser abgeben, als dem Gewichtsverlust der Proben entspricht, während bei Koks und älteren Steinkohlen der Unterschied nur sehr gering ist. Die Adsorption von Gasen erreichte bei 120° einen Höchstwert, mit steigender Temperatur nahm sie wieder ab.

Das Trocknen im Vakuum nach Ihlow ergibt von allen mittelbaren Verfahren durch die Bestimmung des Gewichtsverlustes die einwandfreiesten Werte.

Nach dem Verfahren der unmittelbaren Wasserbestimmung durch Trocknen bei 105° und Auffangen des ausgetriebenen Wassers in einem Absorptionsmittel können durchaus brauchbare Werte erzielt werden. Das Verfahren ist aber außerordentlich umständlich durchzuführen und aus diesem Grunde weniger empfehlenswert.

Das kryohydratische Verfahren nach M. Dolch und E. Strube (s. S. 59) ergibt Werte, die mit denen des Xylolverfahrens gut übereinstimmen. Gegenüber diesem Verfahren hat es zwar den Vorzug der schnelleren Durchführbarkeit bis zum Erhalt des Ergebnisses, während der absolute Zeitaufwand für den Bearbeiter größer ist und keine wesentliche Zeitersparnis bei Reihenuntersuchungen eintritt. Ebenso ist zu beachten, daß die Verwendung von reinem Alkohol, dessen Regenerierung mit einfachen Laboratoriumsmitteln nicht möglich ist, laufend erhebliche Aufwendungen erfordert und die Aufstellung von Eichkurven notwendig ist.

Das dielektrische Meßverfahren (s. S. 60) ist vor allem für Reihenuntersuchungen in Betriebslaboratorien wie in Braunkohlenbrikettfabriken geeignet. Bei diesem Verfahren wird die Kohlenprobe in einen Kondensator gefüllt und die durch die Beschaffenheit der Kohle bedingte Kapazität gegenüber der Kapazität des leeren Kondensators (Leerwert) festgestellt. Um die verhältnismäßig geringen Kapazitätsänderungen genügend genau messen zu können, wird die empfindliche Brückenschaltung angewendet. Von besonderer Wichtigkeit ist hierbei gleichbleibende Spannung und Frequenz (1 bis 2 Mio Hertz) des den Kondensator speisenden Wechselstromes. Ein Gerät dieser Art ist in einem Wettbewerb des Deutschen Braunkohlen-Industrie-Vereins mit dem ersten Preis ausgezeichnet und späterhin noch weiter verbessert worden[1].

---

[1] Vgl. hierzu W. Bielenberg, Braunkohle 28 (1929), S. 41; daselbst weiteres Schrifttum; Velten, Braunkohle 36 (1937), S. 565.

Ebenso kann die Brennstoffprobe mit einer abgemessenen Menge Dioxan[1]) extrahiert werden, das im Gegensatz zu Wasser ($\varepsilon = 80$) eine sehr niedrige Dielektrizitätskonstante ($\varepsilon = 2,5$) aufweist. Mit einem Hochfrequenz-Schwebeverfahren wird die Änderung der Kapazität des Dioxans gemessen und daraus der Wassergehalt der Probe bestimmt.

Gasometrische Verfahren (s. S. 60) sind für eine genaue Wasserbestimmung in Stein- und Braunkohlen ungeeignet. Das gleiche gilt für elektrische Meßverfahren.

Die in der Praxis übliche Arbeitsweise zur unmittelbaren Bestimmung der Gesamtfeuchtigkeit in Kohlen durch Trocknen einer großen Probe über Nacht bei 105° genügt allen Anforderungen an Genauigkeit und schnelle Durchführbarkeit.

Xylolverfahren.

Das Xylolverfahren[2]) ergibt bei kürzestem Arbeitsaufwand die genauesten Versuchswerte, ferner muß es bei allen trocknungsempfindlichen Brennstoffen angewendet werden. Ebenso ist es allgemein zweckmäßig bei Proben mit höheren Wassergehalten.

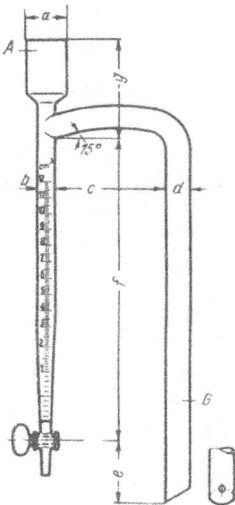

Abb. 23. Vorlage zur Bestimmung des Wassergehaltes nach dem Xylolverfahren (nach DIN DVM 3656).

50 g, bei geringem Wassergehalt der Probe 100 g des lufttrockenen und unter 1 mm Korngröße zerkleinerten Brennstoffs werden in einem Kurzhals-Rundkolben von 500 cm³ Fassungsvermögen mit aufgelegtem Rand (DENOG 5) eingewogen, mit 200 bis 250 g technischem, wassergesättigtem Xylol überschichtet und gut durchgeschüttelt. Bei Braunkohlen ist die Einwaage so zu bemessen, daß die erhaltene Wassermenge 3 bis 6 cm³ beträgt. Der Kolben[3]) wird mit einem dichten Stopfen verschlossen, durch den ein Glasrohr G (vgl. Abb. 23) geführt ist. Das letztere ist mit einem in $^1/_{10}$ cm³ graduierten Meßgefäß fest verbunden. Das Meßgefäß wird bei A mit einem zweiten Stopfen an einen Liebigkühler angeschlossen. Das von dem Liebigkühler abtropfende Xylol-Wasser-Gemisch sammelt sich im Meßgefäß.

Die Glaswandungen des Geräts sollen vor der Bestimmung fettfrei sein (Ausspülen mit einer warmen Lösung von Natriumbichromat in 80 proz.

---

[1]) L. Ebert, Ztschr. angew. Chem. **47** (1934), S. 305.

[2]) Vgl. hierzu W. Fritsche, Brennstoffchem. **2** (1921), S. 339; C. Blacher u. G. Girgensohn, Chem.-Ztg. **48** (1924), S. 357; H. Broche, Glückauf **63** (1927), S. 498; C. Holthaus, Arch. f. Eisenhüttenwesen **5** (1931/32), S. 149.

[3]) Vgl. DIN DVM 3656.

Schwefelsäure). Um ein Hängenbleiben von Wassertropfen zu vermeiden, ist daher des öfteren ein Auswaschen des inneren Kühlrohres und Trocknen mit warmer Luft erforderlich.

Das Brennstoff-Xylol-Gemisch wird in dem Kolben auf einem Asbestdrahtnetz oder in einem Luft- bzw. Sandbad zunächst ganz langsam, dann schneller erhitzt. Der Siedebeginn soll nach etwa 20 min erreicht werden. Die entweichenden Dämpfe werden im Liebigkühler verflüssigt und im Meßgefäß aufgefangen. Die Destillation ist beendet, wenn das Xylol klar abfließt. Gegen Ende der Destillation wird die Kühlwasserzufuhr abgestellt, wodurch sich das Kühlwasser im oberen Teil des Kühlers stark erwärmt. Man läßt es dann stufenweise ab, so daß die heißen Xyloldämpfe die wenigen im Innern des Kühlrohres hängengebliebenen Wassertröpfchen mitnehmen. Das Volumen der vom Xylol scharf abgesetzten Wassermenge wird bei Zimmertemperatur in cm³ abgelesen und in g angegeben.

Zur Erzielung genauer Ergebnisse ist zunächst eine Berichtigung der gefundenen Werte erforderlich. Diese setzt sich zusammen aus dem Meniskusfehler infolge der Abflachung der Grenzfläche des Wassers bei Überschichtung mit Xylol, aus dem Meßrohrfehler infolge einer ungenauen Aufzeichnung der Meßmarken auf dem Rohr und schließlich zu einem geringen Anteil aus dem Hängenbleiben eines Wasserfilmes an den Glaswandungen des Gerätes. Für die Aufstellung der erforderlichen Eichberichtigung für das Destillationsgerät werden genau abgemessene Wassermengen (1, 3 und 5 cm³) in den Kolben gebracht und mit der vorgeschriebenen Xylolmenge in gleicher Weise destilliert.

Zur Verkürzung der Arbeitszeit und Vereinfachung des Aufwandes sind für das Xylolverfahren in Form der Umlaufdestillation zahlreiche selbsttätig arbeitende Geräte mit Rückflußkühlung und entsprechenden Einrichtungen zum Auffangen des Xylols und des Wassers ausgeführt worden, so daß die Durchführung von Reihenuntersuchungen erleichtert wird[1]).

Abb. 24. Gerät zur Wasserbestimmung in festen Brennstoffen nach der Xylolmethode Ausführungsform nach R. Kattwinkel).

Eine entsprechende Ausführung nach R. Kattwinkel zeigt die Abb. 24. Bei diesem Gerät sind der Kochkolben, der Rückflußkühler und das Meßrohr miteinander vereinigt, wodurch ein fester Aufbau erreicht wird. Die abgemessene Probemenge der Kohle wird mit dem Xylol

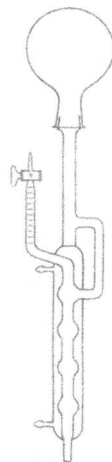

[1]) Besson, Chem.-Ztg. 41 (1917), S. 346; Aufhäuser, Chem.-Ztg. 46 (1922), S. 1149; R. Mezger, Gas- u. Wasserfach 66 (1923), S. 303; E. Liese, Chem.-Ztg. 47 (1923), S. 438; K. Schaefer, Chem.-Ztg. 48 (1929), S. 761; W. Normann, Ztschr. f. angew. Chem. 38, (1925), S. 380, 592; R. Kattwinkel, Chem. Ztg. 50 (1926), S. 927.

in den Kolben gegeben. Das Xyloldampf-Wasserdampf-Gemisch wird im Kugelkühler kondensiert und das Wasser fließt nach dem auf 0,05 cm³ unterteilten Meßrohr ab, während das Xylol in den Destillationskolben zurückgelangt.

An Stelle von Xylol kann auch mit Wasser gesättigtes Tetrachloräthan verwendet werden. Dieses hat den Vorteil der Nichtbrennbarkeit. Da Tetrachloräthan schwerer ist als Wasser, wird das Destillat in einem kolbenförmigen Meßgefäß von etwa 150 cm³ Inhalt mit einem als Meßrohr ausgebildeten Hals aufgefangen. Sobald der obere und der untere Wasserspiegel in der Meßteilung erscheinen, kann die Destillation abgebrochen werden.

Bei Ersatz des Xylols durch ein Gemisch von Amylalkohol und Paraffinöl nach K. Kubierschky[1]) läßt sich die Versuchsdauer bei Braunkohle auf 10 min, bei Steinkohle auf 15 bis 20 min verkürzen. Die Destillation muß jedoch dauernd überwacht werden, so daß diese Abänderung des Destillationsverfahrens nur bei Brennstoffen mit hohem Wassergehalt in den Fällen zur Anwendung kommen sollte, wenn unter Verzicht auf entsprechende Genauigkeit das Meßergebnis sehr schnell vorliegen muß.

Trockenschrankverfahren.

Die Bestimmung des Sorptionswassers (hygroskopische Feuchtigkeit) durch Trocknen der Brennstoffprobe in Luft bei 105° ergibt, wie bereits auf S. 52 ausgeführt wurde, völlig einwandfreie Versuchsergebnisse nur bei nicht trocknungsempfindlichen Brennstoffen, wie Hochtemperaturkoks und Anthrazit. In sämtlichen anderen Fällen werden etwas zu niedrige[2]) Werte für den Wassergehalt erhalten, wobei der Fehler mit abnehmendem Inkohlungsgrad wesentlich ansteigt. Infolge des geringen Arbeitsaufwandes und der Einfachheit der Durchführung von Reihenuntersuchungen wird dieses Verfahren in der Technik trotz der Erkenntnis des Erhalts etwas zu geringer Werte vielfach weithin angewendet. Seine Ausführung ist wie folgt einheitlich festgelegt[3]).

1 g des lufttrockenen zerkleinerten Brennstoffs (Korngröße < 0,2 mm) wird in einem ausgewogenen offenen Wägegläschen oder ähnlichem Gefäß (mit eingeschliffenem Deckel) im Trockenschrank oder Vakuumtrockenschrank bei 105° bis zu gleichbleibendem Gewicht getrocknet und anschließend in einem Exsikkator bei lose aufgelegtem Deckel abgekühlt. Die Schichthöhe der Brennstoffprobe soll 6 mm nicht überschreiten. Nach Erkalten wird der Deckel auf das Wägegläschen dicht aufgesetzt

---

[1]) Braunkohle **28** (1929), S. 105.
[2]) H. Gröppel, Chem. Ztg. **41** (1917), S. 414; W. Fritsche, Brennstoffchem. **2** (1921), S. 339; H. Broche, Glückauf **63** (1927), S. 498; C. Holthaus, Arch. f. Eisenhüttenwesen **5** (1931/32), S. 149, F. Eck, Gas- u. Wasserfach **76** (1933), S. 477.
[3]) Vgl. DIN DVM 3721. Das in der internationalen Normvorschrift beschriebene Verfahren ist dieser Ausführungsform praktisch gleich.

und daraufhin die Wägung ausgeführt. Aus dem Gewichtsunterschied wird die hygroskopische Feuchtigkeit in Gewichtsprozenten, bezogen auf die lufttrockene Probe, ermittelt.

Als Zeitdauer für die Trocknung sind im allgemeinen zwei Stunden ausreichend. Bei wasserarmen Brennstoffen, wie bei Steinkohlenkoks, wird die eingewogene Probemenge zweckmäßig auf 5 g erhöht.

Nach H. Broche (s. o.) werden für Steinkohle durch Trocknung bei 105⁰ im Wägegläschen noch richtige Werte erhalten, wenn die Einwaage mindestens 3 g beträgt. Flache Uhrgläser und geringere Einwaagen führen zu Fehlwerten.

Um die Luftoxydation der Kohle durch Luft auszuschließen, ist mehrfach, u. a. von W. Fritsche und von H. Broche, vorgeschlagen worden, die Kohle im Trockenschrank in einer Atmosphäre von Stickstoff oder von Kohlendioxyd zu erhitzen. Die dabei erzielten Ergebnisse waren besser als bei Trocknung in Luft. Völlig einwandfrei waren sie jedoch noch nicht, da nur der Einfluß der Oxydation, nicht dagegen der der sonstigen Adsorptions- und Desorptionserscheinungen ausgeschlossen werden konnte.

In den Vereinigten Staaten[1]) ist als Trockenschrank ein gasbeheizter Mantelofen ausgebildet worden, dessen Mantel von den Dämpfen einer siedenden 50proz. Äthylenglykollösung durchspült wird, so daß die Trocknungstemperatur ständig genau 105⁰ beträgt. Gleichzeitig wird ein mit konzentrierter Schwefelsäure getrockneter und vorgewärmter Luftstrom durch den Trockenschrank durchgeleitet, dessen Geschwindigkeit so bemessen wird, daß sich die Luft in einer Minute zwei- bis viermal erneuert. Die erforderliche Trocknungsdauer verringert sich durch die letztere Maßnahme auf eine Stunde.

Ein halbautomatisches Gerät zur Wasserbestimmung ist der Brabender-Feuchtigkeitsbestimmer, der vor allem in Brikettfabriken Anwendung findet[2]).

Vakuumtrocknung.

Völlig vermeiden läßt sich jede Beeinflussung der Kohle durch Luft oder sonstige Gase durch Trocknen der Kohleproben bei gewöhnlicher Temperatur im Vakuum über konz. Schwefelsäure oder getrocknetem Kalziumchlorid. Unter diesen Bedingungen ist die Gewichtsverminderung an Kohle dem Verlust an sorbiertem Wasser völlig gleich. Der hierfür erforderliche Zeitaufwand ist jedoch beträchtlich. Bei wasserreicheren Kohlen wird eine völlige Trocknung erst nach einigen Tagen erreicht)[3].

---

[1]) Bureau of Mines, Techn. Paper 8 (1938).
[2]) M. Kaiser u. F. Spallek, Braunkohle 38 (1933), S. 65, 84.
[3]) W. Fritsche, Brennstoffchem. 2 (1921), S. 339.

Nach dem Verfahren von Ihlow[1]) läßt sich die Zeitdauer der Trocknung im Vakuum auf etwa zwei Stunden herabsetzen. Dabei wird das Vakuumgefäß durch einen äußeren Mantel, der siedenden Xyloldampf enthält, auf 140° erhitzt und Phosphorpentoxyd als Trockenmittel angewendet. Hierbei werden von sämtlichen indirekten Verfahren ohne Zweifel die einwandfreiesten Werte erhalten, da sowohl Oyxdations- als auch Adsorptionserscheinungen völlig ausgeschlossen sind. Gegenüber dem Xylol- und anderen direkt arbeitenden Trocknungsverfahren sind jedoch keine Vorteile ersichtlich.

Insbesondere läßt sich dieses Verfahren kaum für Reihenuntersuchungen anwenden und hat sich daher auch nicht in größerem Umfang eingeführt.

Unmittelbare Wasserbestimmung durch Trocknung.

Zur Vermeidung der Fehler bei dem Trockenschrankverfahren ist mehrfach[2]) vorgeschlagen worden, das beim Erhitzen der Brennstoffprobe in einem inerten Gasstrom abgespaltene Wasser von einem Trockenmittel, wie Kalziumchlorid, zu absorbieren und auf diese Weise unmittelbar zu bestimmen.

Eine zweckmäßige Ausführungsform hierfür hat F. Eck angegeben[3]).

Das Gerät besteht im wesentlichen aus einem zweiteiligen Aluminiumblock von 200 mm Länge, 115 mm Breite und 35 mm Höhe. Der Unterteil des Blockes ist mit einem Gestell verschraubt, während das Oberteil sich auf der nach außen abgeschrägten schienenartigen Führung in horizontaler Richtung verschieben läßt. Der Block dient zur Aufnahme zweier kurzer Stücke von Supremaxrohr, in die jeweils das mit Kohle gefüllte Schiffchen eingeschoben wird. Am Ende beider Rohre werden in bekannter Weise gewogene Chlorkalziumrohre angeschlossen, während von der anderen Seite aus einer mit einem Feinreduzierventil ausgestatteten Bombe bzw. aus einem Kippschen Apparat getrocknetes Kohlendioxyd in langsamem Strom hindurchgeschickt wird. Es empfiehlt sich in letzterem Falle, vor dem Trockenturm eine Waschflasche mit Kupfersulfat vorzulegen, um etwa aus Pyritadern des Marmors entstehenden Schwefelwasserstoff zu binden. Außerdem ist zum Ausgleich von Druckschwankungen zwischen Trockenturm und Blasenzähler je ein kurzes Stück Kapillarrohr eingeschaltet. Der Aluminiumblock wird durch einen Mikrobrenner auf 100 bis 150° C erwärmt. Zunächst wird sich die Hauptmenge des Wassers am Rohrende niederschlagen. Durch

---

[1]) Chem. Ztg. **47** (1923), S. 185, vgl. ferner C. Holthaus, Arch. f. Eisenhüttenwesen **5** (1931)32), S. 149.

[2]) F. W. Hildebrand u. W. L. Badger, Stahl u. Eisen **33** (1913), S. 1251; H. Gröppel, Chem. Ztg. **41** (1917), S. 414; G. A. Brender à Brandis u. C. J. Vergeer, Brennstoffchem. **3** (1922), S. 353; W. Fritsche, Brennstoffchem. **2** (1921), S. 339.

[3]) Gas- u. Wasserfach **76** (1933), S. 477.

Verschiebung des heißen Aluminiumblockoberteils gelingt es jedoch leicht, das gesamte Wasser in kürzester Zeit in die Chlorkalziumrohre überzutreiben. Die Dauer der Trocknung beträgt mindestens 2 h. Bei stark wasserhaltigen Brennstoffen, z. B. Braunkohle, Torf usw., empfiehlt es sich, noch ein zweites Chlorkalziumrohr nachzuschalten.

Nach beendigter Trocknung ist das in den Chlorkalziumröhrchen verbliebene Kohlendioxyd durch einen gelinden Strom getrockneter Luft zu verdrängen.

Die nach diesem Verfahren erhaltenen Versuchswerte stimmen mit denen der Xylolmethode sehr gut überein. Es hat gegenüber der letzteren jedoch keinerlei Vorzüge, es ist im Gegenteil etwas umständlich in seiner Durchführung.

Verfahren nach M. Dolch und E. Strube. Die zu untersuchende Kohle wird nach dem obigen Verfahren[1]) mit einem Gemisch von gleichen Teilen absolutem Alkohol und Petroleum durchtränkt, wobei der Alkohol die Nässe der Kohle aufnimmt. Während das Alkohol-Petroleum-Gemisch bei gewöhnlicher Temperatur eine klare Mischung ergibt, erfolgt bei der Abkühlung im kryohydratischen Punkt Entmischung, und zwar liegt dieser Punkt um so höher, je größer der Wassergehalt des Alkohols ist. Aus der Lage des kryohydratischen Punktes kann der Wassergehalt der Kohle errechnet werden.

Bei bituminösen Kohlen besteht die Möglichkeit, daß ein Teil des Bitumens von dem Alkohol gelöst wird, wodurch eine mehr oder minder starke Gelbfärbung der Lösung eintritt; die gewonnenen Wassergehalte erfahren aber dadurch keine merkliche Beeinflussung.

Ausführung des Verfahrens. Von Kohlen mit hohem Wassergehalt werden etwa 8 g, von Steinkohlen etwa 20 g eingewogen und in einem Erlenmeyer-Kolben mit 100 g absolutem Alkohol übergossen; das Gemisch wird zum Sieden erhitzt und 2 min lang im Sieden erhalten. Nach der Abkühlung filtriert man durch ein Faltenfilter, verwirft die ersten durchgehenden Anteile und entnimmt dem Filtrat 25 cm³. Diese werden in ein Reagenzrohr pipettiert und mit der gleichen Menge Petroleum vermischt. Die Mischung wird solange erwärmt, bis eine klare, homogene Lösung eingetreten ist, und dann unter Abkühlen und lebhaftem Durchrühren der Entmischungspunkt bestimmt. Die Ablesung erfolgt durch ein in die Mischung eingetauchtes Thermometer, das in $1/_{10}^{0}$ eingeteilt ist. Die ermittelte Entmischungstemperatur gestattet dann ohne weiteres, aus einer besonders aufgestellten Eichkurve den Wassergehalt des Alkohols abzulesen. Daraus läßt sich durch eine einfache Umrechnung der Wassergehalt der untersuchten Kohle berechnen.

Die Dauer einer Bestimmung beträgt bei Reihenuntersuchungen etwa 10 bis 15 min. Bei Einzeluntersuchungen nach längerem Stehen

---

[1]) Ztschr. Oberschles. Berg- u. Hüttenm. Ver. **68** (1929), S. 349; Brennstoffchem. **11** (1930), S. 429; daselbst weiteres Schrifttum.

des Alkohols ist die Eichkurve nachzuprüfen. Nachteilig ist der hohe Preis des Alkohols. Dieser kann nach Untersuchungen des Verfassers durch den wesentlich preisgünstigeren i-Propylalkohol ersetzt werden.

Auf einer ähnlichen Grundlage beruht die dielektrometrische Wasserbestimmung nach dem Verfahren von L. Ebert[1]). Bei diesem wird die abgewogene Brennstoffprobe mit Dioxan behandelt, dessen Dielektrizitätskonstante (DK) nur 2,2 beträgt, gegenüber einem Wert von 80 für Wasser. Nach Filtration des Dioxans von der Kohle wird die Erhöhung der DK infolge der Wasseraufnahme in einem Dielkometer bestimmt. Eine Beimengung von 1% Wasser zu Dioxan erhöht die DK um rd. 12%.

Gasometrische Verfahren.

Bei dem Verfahren von Zerewitinoff[2]) erfolgt die Bestimmung auf gasometrischem Wege durch Umsetzung des Wassers mit einem durch dieses zersetzlichem Stoff, wobei ein Gas, beispielsweise mit Magnesiummethyljodid Methan entsteht, das in einem Azotometer aufgefangen und dessen Volumen gemessen wird. Für den praktischen Betrieb sind diese Verfahren weniger geeignet, das gleiche gilt für Serienuntersuchungen. Es ist eine sehr sorgfältige Durchführung der Bestimmung erforderlich, da infolge der Verwendung wasserempfindlicher Stoffe erhebliche Fehlermöglichkeiten bestehen.

c) Gesamtwassergehalt.

Der Gesamtwassergehalt G der Kohle in Gewichtsprozenten, bezogen auf das ursprüngliche Gewicht, ergibt sich aus der Nässe und dem sorbierten Wasser nach der Formel

$$G = a + \frac{b\,(100 - a)}{100}.$$

a bedeutet die Nässe in Gewichtsprozenten, bezogen auf das ursprüngliche Gewicht, b das sorbierte Wasser, bezogen auf das lufttrockene Gewicht.

Unmittelbare Bestimmung des Gesamtwassergehaltes. Eine Bestimmung des gesamten Wassergehaltes, wie sie in der Praxis häufig durchgeführt wird, erfolgt bei Stückkohle nach ihrer Zerkleinerung auf Walnußgröße durch unmittelbare Trocknung einer Probemenge von etwa 5 kg über Nacht bei 105⁰ in einem Blechkasten mit einer Schütthöhe von etwa 5 cm. Am nächsten Morgen läßt man den Kasten auf einer Eisenplatte etwa 1 h lang abkühlen, worauf der Unterschied zwischen dem ursprünglichen und dem ermittelten Trockengewicht den Gesamtwassergehalt darstellt, der in Prozente umgerechnet wird.

---

[1]) Angew. Chem. **47** (1934), S. 314.
[2]) Ztschr. f. anal. Chem. **50** (1911), S. 680.

Nach Untersuchungen des Chemikerausschusses des Ver. Dtsch. Eisenhüttenleute[1]) decken sich die dabei erhaltenen Werte sehr gut mit der Summe für die grobe Feuchtigkeit, die durch Stehenlassen einer Probe an Luft bis zur Gewichtskonstanz ermittelt worden ist und dem sorbierten Wassergehalt durch direkte Wasserbestimmung.

Bei Braunkohle, Torf und Holz ist dagegen aus den obengenannten Gründen das Xylolverfahren anzuwenden.

d) Chemisch gebundenes Hydratwasser.

Für die Bestimmung des von den mineralischen Kohlebestandteilen chemisch gebundenen Hydratwassers sind Untersuchungsverfahren noch nicht ausgearbeitet worden. Der Anteil des chemisch gebundenen Hydratwassers vom Gesamtwassergehalt ist verhältnismäßig gering. Nach W. A. Selvig[2]) schwankte dieser Wert bei der Untersuchung von 104 verschiedenen Kohleproben zwischen 2,6 und 8,6%. Die Menge des Hydratwassers kann man daher im Mittel zu etwa 5% der gefundenen, von Pyriteisenoxyd freien Asche annehmen.

e) Wassergehalt von Holz.

Die Bestimmung des Wassergehaltes von Holz wird im wesentlichen in der gleichen Weise durchgeführt wie die Wasserbestimmung der sonstigen festen Brennstoffe. Zu beachten ist bei der Probenahme, daß von dem zu prüfenden Holzstapel eine einwandfreie Durchschnittsprobe entnommen wird, aus der wiederum von jedem Stück aus der Mitte eine über den gesamten Querschnitt reichende Probe von mindestens 100 g zu entnehmen ist, die mittels eines Stemmeisens oder Handbeils in feine Späne unterteilt werden muß. Diese Aufbereitung muß sehr rasch und in einem kühlen Raum vorgenommen werden, damit sich der Wassergehalt der Holzspäne nicht durch Austausch mit dem Wasserdampfgehalt der Luft merklich verändert.

Die Bestimmung der Nässe (groben Feuchtigkeit) von Holz hat erhebliche Schwierigkeiten, da der restliche hygroskopisch gebundene Wassergehalt von Holz infolge seiner Kapillarität in weit stärkerem Umfang als bei Kohle von der Lufttemperatur und der Wasserdampfsättigung der Luft abhängig ist. Bei der Vornahme der Nässebestimmung sind daher diese beiden Werte ebenfalls zu ermitteln und im Versuchsbericht genau anzugeben.

Zur Durchführung der Bestimmung des gesamten Wassergehaltes[3]) werden 100 g der Probe in einem Trockenschrank 2 h lang auf 105° erhitzt, worauf kein weiterer Gewichtsverlust eintritt.

[1]) C. Holthaus, Arch. f. Eisenhüttenwesen 5 (1931/32), S. 149.
[2]) Coal Division 1930, S. 606.
[3]) F. Moll, Arch. f. Techn. Messen V, 1281—1.

Für Schnellbestimmungen hat sich ferner ein Gerät der Maschinenfabrik G. Kiefer, Stuttgart, bewährt. Dieses besteht aus einem kleinen röhrenförmigen Ofen, der durch eine Metallfadenlampe von 40 W beheizt wird. Die Veränderung des Gewichtes der Holzprobe von 10 g wird selbsttätig von einer Schnellwaage mit einer Anzeigegenauigkeit von 100 mg auf 1% genau angezeigt.

Im allgemeinen genügt die Genauigkeit des Trocknungsverfahrens bei 105°; Fehler können jedoch entstehen durch die Verdampfung von Harz oder von organischen Imprägniermitteln. Um diese Fehlermöglichkeiten auszuschließen, haben daher M. Dolch und E. Strube (vgl. S. 59) die Anwendung des kryohydratischen und E. L. Ebert (vgl. S. 60) die des dielektrischen Verfahrens vorgeschlagen. Für die Anwendbarkeit elektrischer Meßverfahren sei auf das Schrifttum verwiesen[1]).

2. Bestimmung des Aschegehaltes.

a) Allgemeine Durchführung der Bestimmung.

Sämtliche natürlich vorkommenden festen Brennstoffe und die aus ihnen hergestellten Kokse enthalten Begleitstoffe mineralischer Art. Deren Bestimmung erfolgt allgemein als »Aschegehalt« der Brennstoffe in folgender Weise.

Eine genau abgewogene Menge von 1 bis 3 g der feingepulverten Durchschnittsprobe des Brennstoffs wird in einem Tiegel, Schälchen oder Schiffchen über einer offenen Flamme oder in einem mit Gas bzw. elektrisch beheizten Muffel- oder Röhrenofen unter Zuführung von Verbrennungsluft bei einer festgelegten Temperatur solange erhitzt, bis nach Verbrennung der organischen Stoffe das Gewicht des Glührückstandes gleich bleibt. Dieser wird nach Erkalten gewogen und als Asche bezeichnet.

Der Ascherückstand entspricht jedoch weder in seiner Menge noch in seiner Zusammensetzung genau den mineralischen Begleitstoffen, wie sie in einer Kohle enthalten waren.

Die ursprünglichen mineralischen Beimengungen, die zum überwiegenden Teil nachträglich durch Infiltration abgelagert worden sind, enthalten im wesentlichen Kieselsäure, Ton, Kaolin, Kalzit, Gips und Pyrit. Auf schwefelfreien Stoff bezogen, bestehen sie im allgemeinen zu mehr als 95% aus den fünf Oxyden Aluminiumoxyd, Magnesiumoxyd, Kieselsäure, Kalk und Eisenoxyd. Einzelne Kohlen, wie sächsische Steinkohlen, enthalten ferner noch Alkali-, insbesondere Natriumchlorid. Zum Teil bleiben diese Stoffe während der Verbrennung unverändert, wie die Silikate, Kieselsäure und Aluminiumoxyd. Andere mineralische

---

[1]) Arch. f. Techn. Messen V, 1281—1, 2, 5.

Stoffe dagegen werden verändert, wobei zumeist Gewichtsverminderungen stattfinden. Wasserhaltige Stoffe, wie Hydrosilikate und Kalziumsulfat, geben ihren Kristallwassergehalt ab. Die Karbonate zerfallen in ihre Oxyde unter Abgabe von Kohlendioxyd. Eisenkiese werden zu Eisenoxyd und Schwefeldioxyd abgeröstet. Alkalisalze dissoziieren zum Teil und verdampfen. Freie Erdalkalioxyde absorbieren zunächst Schwefeldioxyd und die gebildeten Sulfite werden zu den entsprechenden Sulfaten weiteroxydiert. Bei höheren Temperaturen (oberhalb 850°) tritt in zunehmendem Maße daraufhin eine teilweise Zersetzung der Sulfate unter Rückbildung der Oxyde und Abspaltung von Schwefeltrioxyd ein. Die Bindung von Schwefeldioxyd erfolgt in so stärkerem Maße, je höher der Anteil der Mineralstoffe an Erdalkalikarbonaten ist. Im einzelnen konnte M. Dolch[1]) beispielsweise zeigen, daß bei einer aschereichen englischen Steinkohle der wahre Mineralgehalt 26,2% betrug, während der Glührückstand zu nur 21,4% festgestellt wurde.

Diese verschiedenartigen Veränderungen der Beschaffenheit und Menge der Mineralstoffe einer Kohle oder eines Kokses bei ihrer Veraschung haben es erfordert, daß für die Bestimmung des Aschegehaltes bestimmte Arbeitsweisen eingehalten werden. Untersuchungen eines Ausschusses des Vereins Deutscher Eisenhüttenleute[2]) über den Einfluß der Höhe der Veraschungstemperatur im Gebiet von 500 bis 1000° haben dabei folgendes gezeigt. Je nach der Aschemenge und der Aschezusammensetzung liegt die zweckmäßigste Veraschungstemperatur teils unterhalb, teils oberhalb 700°. Auf Grund von Vergleichsversuchen, die mit den gleichen Kohlen in sechs verschiedenen Laboratorien durchgeführt wurden, wird vorgeschlagen, die Aschebestimmung von Steinkohlen einheitlich bei möglichst genau 750° vorzunehmen.

Vom Deutschen Verband für die Materialprüfungen der Technik ist folgende Verfahrensweise für die Aschebestimmung in festen Brennstoffen einheitlich[3]) festgelegt worden. 1 g der lufttrockenen bzw. wasserfreien Brennstoffprobe (Körnung < 0,2 mm) werden in einem geeigneten (flachen) Veraschungsschälchen im geschlossenen Muffelofen mit Gas- oder elektrischer Beheizung bis zur vollständigen Verbrennung aller Kohlebestandteile erhitzt. Bei ursprünglichen (nicht verkokten) Brennstoffen ist die Temperatur zunächst niedrig zu halten, um infolge der auftretenden Gasabspaltung ein Versprühen von Ascheteilen zu vermeiden, daraufhin wird die Veraschungstemperatur auf 750° gesteigert. Bei salzhaltigen Kohlen, wie bei sächsischer Steinkohle oder Staßfurter

---

[1]) M. Dolch, Die Untersuchung der Brennstoffe und ihre rechnerische Auswertung. Halle a. S. 1932, S. 32.

[2]) C. Holthaus, Arch. f. Eisenhüttenwesen 9 (1935/36), S. 369; Bericht Nr. 110 des Chemikerausschusses des Vereins Deutscher Eisenhüttenleute.

[3]) DIN 53721 (bisher DIN DVM 3721). Die internationale Normvorschrift ist der deutschen Festlegung gleich.

Braunkohle, darf die Veraschungstemperatur dagegen nur 525 ± 25°
betragen, da andernfalls infolge einer teilweisen Verdampfung des
Natriumchlorids zu niedrige Werte erhalten werden. Diese Abänderung
ist in dem Versuchsbericht ausdrücklich zu vermerken. Bei schwer
verbrennlichen Proben, wie von Koksen, wird der Rückstand von Zeit
zu Zeit mit einem ausgeglühten Platindraht vorsichtig umgerührt und
die Veraschung, die im allgemeinen einen Zeitaufwand von 2 h erfordert,
so lange fortgesetzt, bis der Rückstand keine schwarzen Teilchen mehr
enthält. Bei der Veraschung mit Gasbeheizung ist darauf zu achten,
daß die Asche nicht mit den Verbrennungsabgasen in Berührung kommt.
Die letzteren enthalten Schwefeldioxyd und -trioxyd, die von dem
Erdalkaligehalt der Asche unter Bildung von Sulfaten absorbiert werden.

Der Aschegehalt der Brennstoffe wird in Gewichtsprozenten angegeben.

b) Schnellveraschung.

Der erforderliche Zeitaufwand für die Veraschung ist im wesentlichen von der Beschaffenheit des Brennstoffs abhängig. Während bei
Kohlen und Schwelkoksen eine Veraschungs-
dauer von 2 h im allgemeinen völlig ausreichend
ist, benötigen gut ausgegarte Kokse bis zu 5
und Schlacken bis zu 8 h.

Um die Veraschungsdauer allgemein abzukürzen, wurde vom Verfasser in Gemein-
schaft mit G. Seuffert[1]) ein Schnellveraschungs-
ofen[2]) entwickelt (vgl. Abb. 25). Dieser besteht
aus einem Schamottofen, der am Boden vier
Silitstäbe zur Beheizung enthält. Bis zu sechs
Brennstoffproben lassen sich in Porzellantiegeln
auf einer Porzellanplatte mit den entsprechenden Einsparungen einsetzen und werden durch
Strahlungswärme direkt beheizt. Sechs schorn-
steinartige am Deckel des Ofens angebrachte
Porzellanrohre ragen jeweils bis in die Mitte
der einzelnen Veraschungstiegel und üben durch
den Auftrieb der heißen Luft und Verbrennungsgase eine Saugwirkung aus. Die Verbrennungsluft strömt von unten in den Ofen
ein, wärmt sich an den Heizstäben auf etwa

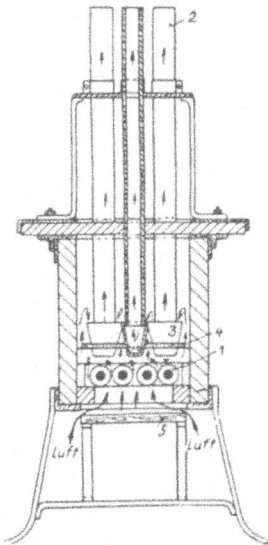

Abb. 25. Schnellveraschungs-
ofen.

800° auf und übernimmt einen wesentlichen Teil der Wärmeübertragung
zum Aufheizen der Veraschungstiegel. Dadurch wird die heiße Verbrennungsluft direkt über den zu veraschenden Brennstoff geführt.

---

[1]) H. Brückner u. G. Seuffert, Gas- u. Wasserfach 75 (1932), S. 276.
[2]) DRGM., Hersteller Fa. W. Feddeler, Essen.

Durchmesser und Länge der Abzugsrohre sind so gestaltet, daß durch den Zug keine Aufwirblung des zu veraschenden Gutes eintreten kann. Bei Kohlen mit einem höheren Gehalt an flüchtigen Bestandteilen wird zu Beginn der Veraschung zunächst etwa 5 min lang der Deckel hochgeklappt, um die Entgasung ohne künstlichen Zug vonstatten gehen zu lassen.

Die zur Veraschung von 1 g des Brennstoffs notwendige Zeit beträgt einschließlich des Anheizens des Ofens vom kalten Zustand an als Höchstwert bei

Braunkohle . . . . 30 min,
Steinkohle . . . . 40 »
Koks, gut reaktionsfähig . . . 50 »
Koks, reaktionsfähig . . . . . 60 »
Schlacke . . . . 60 »

Die Ergebnisse stimmen innerhalb der Fehlergrenzen mit denen überein, die nach dem Einheitsverfahren erhalten werden. Der Vorteil des Schnellveraschungsofens beruht im wesentlichen darauf, daß der Ofen leicht ortsveränderlich ist und bei Reihenuntersuchungen eine wesentliche Zeitersparnis eintritt. Die Betriebsaufwendungen sind gering, der Stromverbrauch des Ofens beträgt rd. 2,5 kWh. Im Betrieb zeichnet sich der Ofen ferner durch eine kurze Anheizzeit, sichere Einstellungsmöglichkeit der erforderlichen Temperaturen, schnelle und restlose Verbrennung des Brennstoffs und Betriebssicherheit aus, da die Silitstäbe eine sehr hohe Lebensdauer besitzen.

c) Bestimmung des Aschegehaltes von Vergasungsrohstoffen.

Die Auswertung von Vergasungsbilanzen, bei denen die Aschegehalte der Ausgangsstoffe sowie des Vergasungsrückstandes nach der üblichen Normvorschrift (vgl. S. 62) bestimmt worden sind, führt zu Unstimmigkeiten. Es wird stets weniger Vergasungsrückstand gefunden, als nach dem Aschegehalt der vergasten Kohle zu erwarten wäre.

Ein neues Verfahren zur Bestimmung des Aschegehaltes von Brennstoffen[1] wird unter Bedingungen durchgeführt, die denen der Vergasung im Betrieb möglichst angeglichen sind (vgl. Abb. 26). Es wird daher die Veraschung entweder mit überhitztem Wasserdampf oder mit einem Wasserdampf-Luft-Gemisch vorgenommen. Die zu veraschende Probe befindet sich in einem Verbrennungsschiffchen, das in einem etwas geneigt angeordneten Quarzrohr in einem elektrischen Ofen auf 700° erhitzt wird. Die Veraschung durch Vergasung ist nach 2 h beendet. Bei teerfreien Brennstoffen können hinter dem Quarzrohr Vorlagen zur

---

[1] A. Jäppelt, Braunkohle **35** (1936), S. 783; vgl. hierzu ferner P. Rosin, E. Rammler u. Kauffmann, Berichte des Reichskohlenrates, Bericht D 56.

Bestimmung des flüchtigen Schwefels und des als Ammoniak entweichenden Stickstoffs angeschlossen werden.

Bei diesem neuen Bestimmungsverfahren werden im Vergleich mit der
Veraschung nach der Normvorschrift bei den Vergasungsrohstoffen
Unterschiede bis zu 5,6% und bei den Vergasungsrückständen bis zu
7,3% erhalten, um die die nach dem neuen Verfahren erhaltenen Aschen-
werte geringer sind. Die Ergebnisse der beiden Verfahren sind im allge-

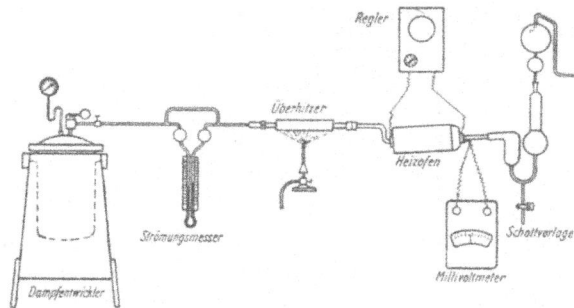

Abb. 26. Gerät zur Aschebestimmung von Vergasungsrohstoffen durch Vergasung mit Wasserdampf.

meinen um so verschiedener, je größer der Schwefelgehalt der zu untersuchenden Stoffe ist. Die Vergasungsbilanzen, bei denen dagegen die
Aschebestimmungen für Ausgangsstoffe und Vergasungsrückstände
nach dem neuen Verfahren bestimmt werden, genügen den gestellten Anforderungen.

d) Berechnung des Mineralgehaltes von festen Brennstoffen aus der Aschezusammensetzung.

Für die Umrechnung einer gefundenen Aschemenge auf Grund ihrer
Zusammensetzung (vgl. hierzu S. 128) auf den wahren Mineralgehalt
eines Brennstoffs sind verschiedene Rechnungswege ausgearbeitet und
vorgeschlagen worden. Solange es jedoch nicht möglich ist, durch ein
geeignetes Verfahren die anorganischen Bestandteile einer Kohle in
ihrer ursprünglichen Zusammensetzung von den organischen Stoffen
abzutrennen und sie daraufhin zu untersuchen, ist ein abschließendes
Urteil über den Wert der Umrechnungsverfahren nicht möglich.

Ausführliche Untersuchungen eines Ausschusses des Vereins Deut-
scher Eisenhüttenleute haben nach C. Holthaus (s. o.) gezeigt, daß die
Ermittlung des wahren Aschegehaltes nach dem Verfahren von G.
Thiessen[1]) brauchbare Werte erhalten läßt. G. Thiessen geht von der

---

[1]) Amer. Inst. Mech. Engrs., Class F, Coal Div., Contr. **68** (1934), S. 5; Ind.
Engng. Chem. **28** (1936), S. 355, daselbst weiteres Schrifttum; vgl. ferner E. Tewes
u. A. Rost, Gas- u. Wasserfach **78** (1935), S. 129.

Annahme aus, daß der Mineralgehalt einer Kohle im wesentlichen aus Kaolin, sonstigen Tonen, Kalkspat, Quarz und Pyrit besteht, während die zahlreichen übrigen Mineralien nur in untergeordneten Mengen enthalten sind. Im einzelnen sind folgende Umrechnungen vorzunehmen.

1. Unter der Annahme, daß der Kaolin ($Al_2O_3 \cdot 2\,SiO_2 \cdot 2\,H_2O$) das wichtigste Tonmineral in der Kohle darstellt, können entweder Kieselsäure oder Tonerde im Überschuß vorhanden sein. Ist ersteres der Fall, so wird die in dem Kaolin enthaltene Kieselsäure durch Multiplikation der in der Kohle ermittelten Tonerde mit dem Faktor 1,1783 gefunden. Dabei ergibt dann der Unterschied zwischen der Gesamtkieselsäure in der Kohle und der Kieselsäure im Kaolin den Anteil an freier Kieselsäure. Wenn Tonerde im Überschuß vorliegt, sind die Berechnungen ähnlich. Man geht jedoch von der Kieselsäure als bestimmendem Wert aus und findet die dem Kaolin zugehörige Tonerde durch Multiplikation der gefundenen Kieselsäure mit dem Faktor 0,85. Die Annahme, daß der gesamte Überschuß an Kieselsäure oder Tonerde über den Anteil, der nach der Berechnung im Kaolin gebunden vorkommt, als freie Kieselsäure oder Tonerde vorhanden ist, hält Thiessen zweifellos für ungenau. Sie vereinfacht jedoch die Berechnung und beeinflußt das endgültige Ergebnis auch nur in ganz geringem Maße. In erster Linie dient die Bestimmung des Tongehaltes ja auch lediglich dem Zweck, um den Hydratwassergehalt schätzen zu können, der auf anderen Wegen quantitativ nicht bestimmt werden kann. Dem Kaolin zugehörige Tonerde, multipliziert mit 0,3535 ergibt die Menge des an den Kaolin gebundenen Hydratwassers.

2. Kalk und Magnesia werden als Karbonate umgerechnet.

3. Der Pyritgehalt kann nicht aus der Asche errechnet werden. Dazu ist eine gesonderte Bestimmung des Pyritschwefels (vgl. S. 104) in der Kohle erforderlich. Pyritschwefel $\cdot$ 1,8709 = % Pyrit.

4. Der Eisengehalt des Pyrits wird zu Oxyd umgerechnet und der erhaltene Wert von dem Gesamt-Eisenoxydgehalt der Kohle abgezogen. Der Unterschied ergibt dann den überschüssigen Eisenoxydgehalt.

5. Titandioxyd, Phosphorsäure, Manganoxydul und Alkalien werden als »übrige Bestandteile« zusammengefaßt.

6. Die Summe: Kaolin + Überschußkieselsäure + Kalziumkarbonat + Magnesiumkarbonat + Pyrit + überschüssiges Eisenoxyd + Summe der übrigen Bestandteile ergibt dann den Mineralgehalt der Kohle. Hierbei wird von Thiessen die Annahme gemacht, daß alle aschebildenden Stoffe anorganisch gebunden sind und annähernd so vorkommen wie die angeführten Mineralien.

Nach C. Holthaus (a. a. O.) ist dabei der auf die Kohle umgerechnete Sulfatgehalt der Asche unberücksichtigt geblieben, da dieser erst durch die Zersetzung des Pyrits entstanden ist. Die von Thiessen unter-

5*

suchten Kohlen wiesen nur Spuren von Sulfat auf, das in einer ursprünglichen Kohle nicht als Bestandteil eines bestimmten Sulfatminerals vorhanden ist. Bereits bei der Lagerung von Brennstoffen an Luft steigt
der Sulfatgehalt in beträchtlichem Maße an.

Das Schwefelsäureanhydrid in der Asche wirkt jedoch als Ver-
dünnungsmittel auf die anderen Bestandteile und muß daher bei Errechnung des wirklichen Mineralgehaltes berücksichtigt werden. Dieser
ist dann $= \dfrac{\text{Mineralbestandteile}}{100 - \text{Sulfatgehalt in der Asche}}$.

Als weiteres Verfahren[1]) zur Ermittlung des wahren Aschegehaltes
ist noch zu nennen die Trennung der Kohle in Anteile mit verschiedenem
Gehalt an mineralischen Bestandteilen und graphische Extrapolation
der Aschewerte auf den Heizwert null. Hierbei ist zu beachten, daß
durch die physikalischen Trennverfahren häufig gleichzeitig eine Verschiebung der Anteile der einzelnen petrographischen Kohlebestandteile
bewirkt wird, deren Heizwerte nicht unbeträchtliche Unterschiede aufweisen können. In diesen Fällen ist das Verfahren nicht anwendbar.

Für die bisher im Schrifttum vorgeschlagenen Umrechnungsverfahren kann auf den Bericht von C. Holthaus (s. o.) verwiesen werden,
der auf Grund zahlreicher Beispiele den Grad der zu erwartenden Genauigkeit darlegt.

Mit zumeist genügender Annäherung kann ferner der wahre Mineralgehalt A_w eines festen Brennstoffs nach F. Schuster[2]) mittels der nachfolgenden Gleichung errechnet werden:

$$A_w = A + \frac{5}{8} S_{P} + (SO_3)_K - (SO_3)_A + H_2O + CO_2.$$

Darin bedeuten:

A_w den Mineralgehalt des Brennstoffs (wahre Asche) in %,
A den durch Veraschung gefundenen Aschegehalt in %,
S_{P} den Gehalt an Pyritschwefel in %,
$(SO_3)_K$ den Gehalt an Sulfat-SO_3 in der Kohle in %,
$(SO_3)_A$ den Gehalt an Sulfat-SO_3 in der Asche in %,
H_2O den Gehalt an Hydratwasser in %,
CO_2 den Kohlendioxydgehalt der Karbonate in %.

Da frisch geförderte Steinkohlen, von Ausnahmefällen abgesehen,
nur Spuren von Sulfatschwefel enthalten, vereinfacht sich bei diesen die
obige Formel wie folgt:

$$A_w = A + \frac{5}{8} S_{P} - (SO_3)_A + H_2O + CO_2.$$

---

[1]) W. Brinsmaid, Ind. Engng. Chem. 1 (1909), S. 65.
[2]) Gas- u. Wasserfach 74 (1931), S. 629.

Die Anwendbarkeit dieser Gleichungen bedingt die ergänzende Bestimmung des Karbonatdioxyd- (vgl. S. 136), Pyrit- (vgl. S. 104) und Hydratwassergehaltes (vgl. S. 61) der Kohle sowie des Sulfatgehaltes der Asche (vgl. S. 134).

Allgemein sei nochmals betont, daß der wahre Aschegehalt bei Steinkohlen nicht unwesentlich höher liegt als der durch das übliche Veraschungsverfahren ermittelte Glührückstand. Dieser Unterschied ist um so größer, je ascherreicher die Kohle ist und je mehr leichtzersetzliche Bestandteile sie enthält.

3. Verkokungsprobe (Koksrückstand und flüchtige Bestandteile).

a) Allgemeines.

Zur Beurteilung der Beschaffenheit fester Brennstoffe, insbesondere der Steinkohlen, dient in Zusammenhang mit der Bestimmung des Asche- und Wassergehaltes die Verkokungsprobe. Sie ergibt Unterlagen über die Art des Verkokungsrückstandes (sandig, gesintert, gebacken), Hinweise für das Blähvermögen und einen Anhaltswert für den Gehalt an flüchtigen Bestandteilen. Diese Bestimmung ist daher grundlegend für die Kennzeichnung einer Kohle, für ihr Verkokungsverhalten und für ihr Verhalten bei der Verbrennung auf dem Rost.

Die Menge des Koksrückstandes bei der Tiegelverkokung ist nicht genau gleich der Koksausbeute bei der Entgasung der Kohle im Kammerofen oder in der Retorte. Die letztere ist vielmehr allgemein etwas höher als das theoretische Ausbringen. So beträgt nach A. Bauer[1]) die Mehrausbeute an Koks im Koksofen gegenüber der Tiegelprobe

für Kokskohle mit   17% flücht. Bestandteilen 1 bis 2%,
»   »   »   20%   »   »   3%,
»   »   »   25%   »   »   4 » 6%,
» Gaskohle   » 30 bis 35%   »   »   5 » 7%.

Da die Verkokung nur Anhaltszahlen erhalten läßt, ist sie eine ausgesprochene Konventionsmethode. Die einzuhaltenden Versuchsbedingungen müssen daher genau festgelegt werden. In Deutschland wird hierfür seit langer Zeit die sog. Bochumer Methode einheitlich angewendet, nach der auch der Bergbau und die geologische Forschung die Flözidentifizierung vornehmen. Im Ausland und im internationalen Brennstoffhandel wird dagegen häufig die sog. holländische Methode durchgeführt.

Bei sehr ascherreichen Kohlen können mit der Verkokungsprobe keine vollgültigen Versuchswerte erhalten werden. Soweit die Asche Erdalkali-, Eisen- und Magnesiumkarbonat enthält, wird Kohlendioxyd abgespalten. Ebenso tritt eine Zersetzung von Pyrit und eine Austrei-

---

[1]) Dissertation Rostock 1907.

bung des Kristallwassers aus Tonen auf, die das Ergebnis fälschen können. In solchen Fällen erfolgt bei aschereichen Kohlen die Feststellung der Beschaffenheit der Kohle besser durch eine Bestimmung der Elementarzusammensetzung.

b) Bochumer Methode.

Die Durchführung der Bochumer Methode ist in Deutschland durch das Normblatt DIN DVM 3725 einheitlich wie folgt festgelegt.

Als Probemenge dient 1 ($\pm$0,05) g der feinkörnigen Brennstoffprobe (<900-Maschensieb). Zur Verkokung ist ein mattblanker (nicht polierter) Platintiegel mit einem Bodendurchmesser von 22 mm, einem Randdurchmesser von 35 mm und einer Höhe von 40 mm zu verwenden. Auf diesen wird ein dicht schließender übergreifender Deckel aufgesetzt, der in der Mitte ein Loch von 2 mm Dmr. aufweist. Das Gesamtgewicht von Tiegel und Deckel soll 25 ($\pm$0,5) g bei einer Gebrauchsgrenze von —1 g betragen. Wenn die äußere Tiegelwandung ihr mattblankes Aussehen verloren hat, ist der Tiegel umzuschmelzen, da bei Mattwerden der Oberfläche die Wärmeabstrahlung sich erhöht und die Versuchs-

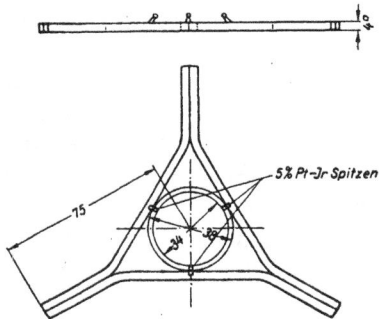

Abb. 27. Dreieck zur Aufnahme des Verkokungstiegels.

ergebnisse sich verändern. Als Auflage für den Tiegel dient ein Dreieck aus Chromnickel mit drei Platin-Iridiumspitzen mit einem Iridiumgehalt von 5% (vgl. Abb. 27). Die Verkokung erfolgt mit einer entleuchteten Bunsenflamme, deren gesamte Flammenhöhe 180 mm beträgt. Der Tiegelboden soll sich 60 mm oberhalb der Brennermündung befinden und darf von der Spitze des Innenkegels nicht berührt werden. Der Brennerrohrdurchmesser des Bunsenbrenners soll 8 bis 10 mm betragen und die Flamme, die durch einen Windschutz vor Zug zu schützen ist, den Tiegel allseitig bis oben umspülen. Als Heizgas ist Stadtgas mit einem Heizwert von 4200 bis 4600 kcal/Nm³ zu verwenden. Zur Regelung des Gasdruckes ist nötigenfalls ein Druckregler vorzuschalten.

Zur Durchführung der Versuchsverkokung wird die Probe im Tiegel durch leichtes Aufstoßen verdichtet und eingeebnet, der Deckel aufgelegt und die Erhitzung so lange vorgenommen, bis die Öffnung im Deckel in einem mäßig verdunkelten Raum kein Flämmchen mehr zeigt. Daraufhin läßt man den Tiegel in einem Exsikkator abkühlen und wägt den Verkokungsrückstand (Koksausbeute).

Torf, Braunkohlen und nichtbackende Steinkohlen können zu Pastillen gepreßt verkokt werden. Bei Anthrazit, der zumeist heftig spratzt, muß gegebenenfalls von der obigen Vorschrift über das Erhitzen abgewichen und zunächst mit kleiner Flamme langsam vorerwärmt werden.

Die Tiegelverkokung stellt ein Konventionsverfahren dar, bei dem eine genaue Einhaltung der genormten Arbeitsvorschrift ein grundlegendes Erfordernis für den Erhalt vergleichbarer Ergebnisse ist. Bei backenden Steinkohlen, Magerkohlen und Anthraziten beträgt die Übereinstimmung von Parallelbestimmungen ±0,2%, bei jüngeren Steinkohlen, Braunkohle und Holz ±0,4%. Von zwei in diesem Bereich übereinstimmenden Werten ist demjenigen der Vorzug zu geben, der den größeren Wert für die flüchtigen Bestandteile ergibt.

Das Gewicht des Tiegelinhaltes ist der Verkokungsrückstand (Koksausbeute), der Gewichtsverlust abzüglich des Wassergehaltes der Gehalt des Brennstoffs an flüchtigen Bestandteilen.

Im Versuchsbericht ist ferner anzugeben 1. die Beschaffenheit des Koksrückstandes, d. h. pulvrig, gesintert, gebacken (mit Zwischenstufen), gebläht oder nicht gebläht und die Farbe (silbergrau, mattgrau, grauschwarz, schwarz) sowie 2. Aussehen und Länge der Flamme, wie lang-, mittel- oder kurzflammig, leuchtend, schwach- oder nicht leuchtend, stark-, schwach- oder nichtrußend.

Abb. 28. Quarztiegel für die Bestimmung des Verkokungsrückstandes im elektrisch beheizten Muffelofen.

c) Verkokung mit elektrischer Beheizung nach W. Radmacher.

Die Durchführung der einheitlich festgelegten Bochumer Methode im Platintiegel mit Gasbeheizung erfordert für jede Einzelbestimmung einen nicht unbeträchtlichen Aufwand an Zeit für den Bearbeiter, die Bereitstellung von Platintiegeln, die des öfteren umgeschmolzen werden müssen, und das Vorhandensein von normgerechtem Stadtgas. Für Reihenuntersuchungen ist diese Methode daher weniger geeignet. W. Radmacher[1]) gelang es, durch eingehende vergleichende Untersuchungen eine elektrische Verkokungsmethode unter Verwendung von Quarz-

---

[1]) Brennstoffchem. **19** (1938), S. 217, 237; **20** (1939), S. 121.

tiegeln auszuarbeiten, nach der innerhalb der Fehlergrenzen die gleichen Werte erhalten werden wie nach der Bochumer Methode, und die daher in die entsprechende Normvorschrift[1]) mit aufgenommen worden ist. Bei Schiedsuntersuchungen ist sogar ausschließlich dieses neue Verkokungsverfahren anzuwenden, da bei ihm subjektive Fehler völlig ausgeschlossen sind.

Die Verkokung wird vorgenommen in einem mit einem Deckel ausgerüsteten Quarztiegel (Hersteller Fa. Heraeus - Quarzschmelze G. m. b. H., Hanau) von 45 mm Höhe, 25 mm lichtem Durchmesser und aufgelegtem flachem 4 mm breitem, geschliffenem Rand (vgl. Abb. 28). Sein Gewicht beträgt bei einer Wandstärke von 2 mm rd. 27 bis 29 g, ferner besitzt der Tiegel zum Einhängen in ein Gestell an der Außenwand, 15 mm vom oberen Rand entfernt, gleichmäßig verteilt 3 Zapfen von je 5 mm Länge. Für die gleichzeitige Verkokung von 6 Proben dient ein Gestell aus nichtzundernden Metallegierungen, das eine Breite von etwa 95 mm und einschließlich eines 30 mm langen Streifens eine Länge von etwa 160 mm aufweist. Es enthält 6 runde Öffnungen von etwa 34 mm Dmr., einen vorspringenden Streifen zum bequemen Greifen mit der Zange und 4 etwa 40 mm lange Füße.

Abb. 29 ·Elektrisch beheizter Verkokungsofen für Einzel- und Reihenbestimmungen

Als Verkokungsofen dient ein elektrisch beheizter Muffelofen, der auf eine gleichbleibende Temperatur von 875° eingestellt werden kann. Dessen Wärmekapazität soll so bemessen sein, daß diese Verkokungstemperatur nach der Einführung des darin vorgewärmten Gestells mit 6 kalt eingesetzten leeren Tiegeln innerhalb von höchstens 7 min wieder erreicht wird und 3 min lang unverändert gehalten werden kann. Hierfür sind verwendbar Muffelöfen mit eingebetteten Widerständen und Temperaturregler (Stabausdehnungsregler), mit Schornstein, einer Öffnung zur Einführung eines Thermoelementes unter dem Schornstein an der Ofenrückwand und mit Türgriff an einer der Ofenseiten.

[1]) DIN DVM 3725.

Für die Einzelverkokung oder für die Verkokung von 2 bis 4 Proben hat sich ein aufklappbarer runder Ofen[1]) (Abb. 29) mit freistrahlender Heizwicklung als zweckmäßig erwiesen, der bei einer Höhe von 70 mm einen Innenraum von 150 mm Dmr. aufweist. Zum Abzug der Entgasungserzeugnisse dient ein seitlich angeordnetes Gasabzugsrohr. Die Temperaturregelung erfolgt mittels eines Schiebewiderstandes. Zur Aufnahme der Tiegel dient ein nicht zunderndes Einsatzgestell mit einer quadratischen Fläche von 100 mm Kantenlänge und vier runden Öffnungen von 34 mm Dmr.

Die Verkokungstemperatur soll 875 ± 10° betragen, die Verkokungsdauer ist, gemessen von dem Zeitpunkt an, an dem diese Endtemperatur nach dem Einsetzen der Proben in dem auf die Verkokungstemperatur vorgewärmten Ofen wieder erreicht wird, genau auf 3 min zu bemessen. Die Beobachtung der Temperatur erfolgt mittels eines Platin-Platinrhodium-Elements, dessen ungeschützte Lötstelle sich zwischen den mittleren Tiegeln unmittelbar oberhalb der Gestellplatte befindet.

Im übrigen ist die Versuchsdurchführung gleich der im vorstehenden (vgl. S. 70) angegebenen. Von der ordnungsgemäß vorbereiteten Probe werden 1 g im Quarztiegel abgewogen, der Tiegel wird zum Einebnen der Kohleoberfläche einige Male leicht auf einer harten Unterlage aufgestoßen und der Deckel aufgelegt. Nach Beendigung der Verkokung läßt man den Tiegel durch Aufstellen auf eine Eisenplatte erkalten und wiegt ihn nach vollkommenem Abkühlen (nach etwa 30 min) zurück.

Die Verkokung von Einzelproben erfolgt in ähnlicher Weise. Die Verkokungstemperatur von 875° soll im Verlauf von höchstens 3 min wieder erreicht werden, daraufhin wird das Erhitzen noch 3 min fortgesetzt. Bei Anthraziten (mit weniger als 12% flüchtigen Bestandteilen in Reinkohle) darf eine Gesamtverkokungsdauer von 6 min nicht unterschritten werden.

Die neue Methode der elektrischen Verkokung ist für sämtliche feste Brennstoffe anwendbar, die Abweichungen der Einzelbestimmungen vom Mittelwert betragen im Höchstfall ± 0,2%. Durch zahlreiche Beleganalysen wurde ferner nachgewiesen, daß bei Steinkohlen jeder Art, bei Braunkohlen, Briketts und Koksen die neue Methode praktisch die gleichen Ergebnisse liefert wie die genormte Bochumer Methode.

Zur Verlängerung der Haltbarkeit der Quarztiegel sind diese sehr schonend zu behandeln und insbesondere nicht mit Alkalien in Berührung zu bringen. Daher verbietet sich auch die Verkokung von Holz in Quarztiegeln. Vor ihrem Gebrauch sind die Tiegel jeweils sorgfältig mit destilliertem Wasser oder mit Alkohol zu reinigen. Daraufhin dürfen sie nicht weiter mit Händen berührt werden, um die Übertragung alkalihaltiger

[1]) Hersteller Fa. Heraeus G. m. b. H., Hanau.

Stoffe zu verhindern. Bei Beachtung dieser Vorschriften gelingt es, die Trübungs- und Entglasungserscheinungen des Quarzglases weitgehend auszuschließen.

d) Holländische Methode.

Zur Durchführung der Verkokungsprobe nach der holländischen Methode dient ein Versuchsgerät folgender Art. Die Verkokung wird in einem glänzend polierten Platintiegel (Abmessungen: Tiegelhöhe 30 mm, Randdurchmesser 26 mm, Bodendurchmesser 15 mm, Gewicht des Tiegels einschließlich Deckel 17 bis 18 g) über eine festgelegte Versuchsdauer von 7 min vorgenommen. Die Beheizung erfolgt mittels eines Mekerbrenners in einem Ofen aus feuerfesten Baustoffen bei einer Flammenhöhe von 18 bis 20 cm und einer Temperatur von 950°.

Vergleichsversuche von W. Ludewig[1]) zwischen der Bochumer und holländischen Arbeitsvorschrift ergaben, daß mittels der letzteren der Gehalt an flüchtigen Bestandteilen durchschnittlich zu etwa 2% höheren Werten bestimmt wird. Die um 100° höhere Erhitzungstemperatur bei der holländischen Methode bewirkt ferner ein erheblich stärkeres Blähen des Kokskuchens. Bei der Beurteilung von Kohlen nach der Beschaffenheit des Koksrückstandes ist dies zu berücksichtigen.

e) Flüchtige Bestandteile in Schwelkoks, Pech- und Elektrodenkoks.

Die Methode der Tiegelverkokung fester Brennstoffe ist für die Bestimmung der flüchtigen Bestandteile in Verkokungserzeugnissen, wie bei Schwelkoks, Pech- und Elektrodenkoks nicht übertragbar. Es wurden hierbei vielmehr stark unterschiedliche Einzelergebnisse erhalten. Diese Abweichungen dürften zurückzuführen sein auf eine Verstäubung von Brennstoffteilchen und vor allem auf Oxydationsvorgänge durch Luftsauerstoff infolge einer Wirbelung der Atmosphäre im Tiegel. Für diese Fälle hat A. Thau[2]) ein Verfahren vorgeschlagen, das auf folgender Grundlage beruht. Die zu untersuchende Brennstoffprobe wird in einen mit einem Deckel verschließbaren ungelochten Porzellan- oder Quarztiegel eingefüllt und dieser Tiegel wiederum in einen größeren gestellt, der mit ausgeglühter Holz- oder Elektrodenkohle ausgefüllt wird, so daß eine Einwirkung von Luftsauerstoff auf die Probe oder die daraus abgespaltenen Gase ausgeschlossen ist.

Im einzelnen wird die Bestimmung wie folgt durchgeführt. In einem kleinen niedrigen Porzellantiegel mit etwa 25 mm oberem Durchmesser, der innen und außen glasiert sein muß, wird 1 g der staubfreien Schwelkoksprobe eingewogen und ein gut passender Deckel aufgesetzt,

---

[1]) Diss. Karlsruhe 1931; K. Bunte u. W. Ludewig, Gas- u. Wasserfach **74** (1931), S. 893, 921.

[2]) Brennstoffchem. **22** (1941), S. 169.

der in das Einwaagegewicht eingeschlossen wird. In einem größeren Tiegel aus Quarz oder Porzellan von etwa 40 mm Höhe und etwa 50 mm oberem Durchmesser wird eine Schicht von etwa 1 cm feingemahlener Elektroden- oder Holzkohle ausgebreitet und durch leichtes Aufstoßen auf eine Asbestplatte eingeebnet und gleichzeitig verdichtet. Auf diese Unterlage stellt man den geschlossenen Tiegel mit der Schwelkoksprobe und füllt nun den äußeren Tiegel vollkommen mit der Elektroden- oder Holzkohle, wobei durch leichtes Aufstoßen eine ganz dichte Lagerung des Füllmittels bewirkt werden muß, um die Bildung von Hohlräumen in der Füllung auszuschließen. Der äußere Tiegel wird zugedeckt und in eine auf 850 bis 900° C erhitzte Muffel gestellt, die dann geschlossen wird. Nach 1½ bis 2 h wird der Tiegel herausgenommen und nach dem Erkalten die Füllung daraus entfernt, wobei man gleichzeitig mit einem Stäbchen den Deckel des Innentiegels andrückt, damit er nicht gelockert wird, weil sonst Füllmasse in die Probe gelangen könnte. Der freigelegte Tiegel wird mit einer Pinzette oder Tiegelzange herausgehoben und dann einschließlich des Deckels mittels eines kleinen Haarpinsels von anhaftendem, dem Füllmittel entstammendem Staub befreit, wonach die Auswaage erfolgt.

Nach diesem Verfahren werden gut übereinstimmende Einzelwerte erhalten, so daß es sich vor allem für Schiedsuntersuchungen eignet. Die Durchführung der Einzelbestimmungen ist zwar einfach, sie erfordert jedoch erhebliche Mühe und einen beträchtlichen Zeitaufwand.

Der Gehalt von Schwelkoks an flüchtigen Bestandteilen beträgt je nach der Höhe der Entgasungstemperatur und den sonstigen Entgasungsbedingungen 8 bis 12%. Wichtig ist die Bestimmung vor allem für die Beurteilung von Petrol- und Pechkoksen, die als Ausgangsstoff für die Elektrodenindustrie dienen. Bei diesen soll die Menge der flüchtigen Bestandteile 0,5 bis 0,6% nicht überschreiten, so daß die Bestimmungen in diesen Fällen eine erhebliche Genauigkeit erfordern.

f) Flüchtige Bestandteile im Hochtemperaturkoks.

Die Prüfung von Hochtemperaturkoks oder von Schwel- oder Mitteltemperaturkoks auf ihren Restgehalt an flüchtigen Bestandteilen wird neben anderen Verfahren mit zur Beurteilung ihres Ausgarungsgrades und ihres Brenn- bzw. Vergasungsverhaltens herangezogen.

Koks besteht in seiner Struktur im wesentlichen aus kleinen

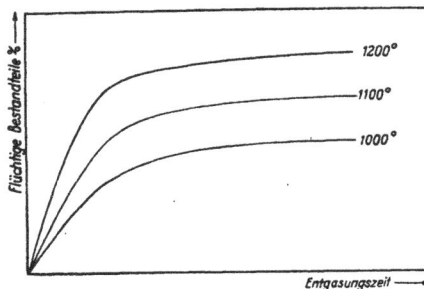

Abb. 30. Verlauf der Nachentgasung von Koks bei verschiedenen Temperaturen.

Graphitkristallen, zwischen die restlichen hochmolekularen kohlenstoffreichen unlöslichen Kohlenstoffverbindungen und die Mineralteilchen eingelagert sind. Diese Kohlenstoffverbindungen werden mit steigender Temperatur bis etwa 1500° unter Abspaltung von Gasen weiter zersetzt. Dabei wird bei jeder Temperatur ein bestimmter Endzustand erreicht, dem gleichzeitig eine gewisse Größe der Graphitkristalle entspricht. Bei weiterer Temperaturerhöhung erfolgt erneut Gasabspaltung und ein weiteres Wachstum der Graphitkristalle. Daraus ergibt sich, daß jeder Koks bei einer festgelegten Entgasungstemperatur einen bestimmten Ausgarungsgrad erreicht (vgl. Abb. 30).

Die Bestimmung des Ausgarungsgrades erfolgt unter festgelegten Versuchsbedingungen durch Messung des Gewichtsverlustes der nacherhitzten Koksprobe oder der dabei abgespaltenen Gasmenge unter Berücksichtigung der Gaszusammensetzung.

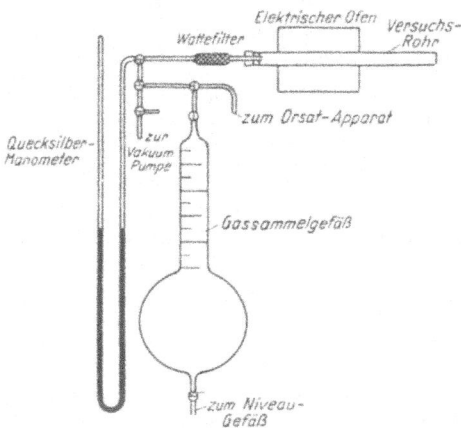

Abb. 31. Versuchsanordnung zur Bestimmung des Ausgarungsgrades von Koks.

Eine Versuchsanordnung zur genauen Bestimmung des Ausgarungsgrades von Koks nach W. Ludewig[1]) zeigt die Abb. 31.

Als Erhitzungsrohr dient ein solches aus Pythagorasmasse von 17 mm lichter Weite und 500 mm Gesamtlänge. Das eine Ende des Rohres ist mit einer gut wirkenden Wasserstrahl- oder einer Quecksilberpumpe verbunden, mit der die Versuchseinrichtung luftleer gepumpt wird. Das andere Ende des Versuchsrohres ragt etwa 25 cm aus dem Ofen heraus. In den kalten Teil desselben wird ein Porzellanschiffchen, das 4 g der feingepulverten, bei 105° getrockneten Koksprobe enthält, eingesetzt, mittels einer gasdichten Verschiebevorrichtung die Koksprobe in die heiße Mittelzone des Rohres eingeschoben, die auf 1000° oder je nach den Anforderungen (Garungstemperatur des geprüften Kokses) auch auf eine höhere Temperatur aufgeheizt worden ist.

Die Nachentgasung des Kokses erfolgt zunächst ziemlich lebhaft, im Verlauf von etwa 60 min werden etwa 80 bis 90% der restlichen Gasmenge abgespalten, nach 120 min ist sie praktisch beendet. Für Vergleichsversuche genügt daher eine Versuchsdauer von 60 min. Nach diesem Zeitraum wird durch entsprechende Hahnstellungen das Gas-

---

[1]) Dissertation Karlsruhe 1931; vgl. ferner W. Ludewig, Gas- u. Wasserfach **76** (1933), S. 733, 921; daselbst weiteres Schrifttum.

sammelgefäß von der sonstigen Normaleinrichtung abgeschaltet, durch Eindrücken von konzentrierter Kochsalzlösung Druckausgleich in diesem hergestellt und die Menge des aufgefangenen Gases abgelesen. Zur Untersuchung auf seine Zusammensetzung wird das Gas in ein Orsat-gerät übergefüllt und daraufhin auf seine Zusammensetzung untersucht. Dieses Restgas enthält durchschnittlich 2 bis 6% CO_2, 45 bis 50% CO, 40 bis 45% H_2, 0,0 bis 0,4% CH_4, 4 bis 6% N_2. Methan in größeren Mengenanteilen wird nur bei der Nachentgasung von Schwel- und Mitteltemperaturkoks gefunden.

Im allgemeinen ist ein Koks als genügend ausgegart zu bezeichnen, wenn die während der Nachentgasung im Verlauf von einer Stunde bei 1000° unter einem Absolutdruck von 5 Torr abgespaltene Gasmenge 30 ncm³/g Koks nicht überschreitet.

Bei Koks für besondere Verwendungszwecke, wie für Gießereikoks, können die Anforderungen entsprechend abgeändert werden.

Ein auf der gleichen Grundlage beruhendes vereinfachtes Verfahren nach I. J. Lane[1]) wird wie folgt durchgeführt. 5 g der gepulverten Koksprobe werden in einem Reagensrohr aus Quarzglas von 20 cm Länge und 1,8 cm Dmr. 4 h lang in einem gasbeheizten Ofen auf 1100° er-hitzt. Kurz unterhalb des oberen, mit einem Gummistopfen verschlosse-nen, kalten Endes des Rohres befindet sich ein seitlicher Abzweig, der zu einer daneben angeordneten Bürette von 500 cm³ Fassungsvermögen führt. Nach Beendigung des Versuches läßt man das Gas auf Zimmer-temperatur abkühlen und bestimmt die Gasmenge unter Normbedin-gungen. Das abgespaltene Restgas wird auf seine Zusammensetzung untersucht, daraus der Heizwert errechnet und die flüchtigen Bestand-teile werden als Produkt von Gasheizwert und Gasvolumen je Gewichts-einheit Koks angegeben.

Verschiedentlich ist ferner vorgeschlagen worden, die flüchtigen Bestandteile in Koks durch Glühen einer Probe im Verkokungstiegel unter gleichzeitigem Einleiten eines inerten Gases zu bestimmen[2]). Die Temperatur im Tiegel läßt sich hierbei jedoch, wenn kein Gebläse ange-wendet wird, nicht oberhalb 950° steigern, ferner kann eine geringe Oxydation des Kokses zumeist nicht vermieden werden.

4. Berechnung der Rohzusammensetzung.

Die genaue Einhaltung der im einzelnen beschriebenen Versuchs-bedingungen ist die Voraussetzung für vergleichbare und übereinstim-mende Versuchsergebnisse, da es sich hierbei um Konventionsverfahren handelt.

---

[1]) Gas World **104** (1936), S. 380.
[2]) Vgl. hierzu W. Ludewig, Dissertation Karlsruhe 1931; vgl. ferner K. Bunte u. W. Ludewig, Gas- u. Wasserfach **74** (1931), S. 893.

Berechnung des Wassergehaltes:

$$\%\ \text{Wassergehalt} = \frac{\text{Gewichtsverlust} \cdot 100}{\text{Einwaage}}$$

Genauigkeit der Angabe: 0,1 %.

Berechnung des Aschegehaltes:

$$\%\ \text{Aschegehalt} = \frac{\text{Auswaage} \cdot 100}{\text{Einwaage}}$$

Genauigkeit der Angabe: 0,1 %.

Berechnung der flüchtigen Bestandteile:

% flüchtige Bestandteile

$$= \frac{(\text{Gew.-Verlust} - \text{Feuchtigkeit in }\%) \cdot 100}{\text{Einwaage}}$$

Genauigkeit der Angabe: bei Backkohlen 0,2 %,
bei sonstigen Brennstoffen 0,5 %.

E. Heizwert.

1. Allgemeines.

Eine genaue Kenntnis des Heizwertes fester Brennstoffe ist vor allem für die Aufstellung von Wärmebilanzen von Verbrennungs- und Vergasungsvorgängen von grundlegender Bedeutung. Fehler im Heizwert von nur wenigen Prozenten sind hierbei unter keinen Umständen tragbar und führen z. B. bei Abnahmeversuchen von Dampferzeugern zu Fehlangaben ihres Wirkungsgrades von gleicher Größenordnung[1]). Besonders in diesen Fällen muß daher bereits die Probenahme und Aufbereitung des Brennstoffs mit größter Sorgfalt erfolgen. Das gleiche gilt für die Bestimmung des Heizwertes. Diese soll, wenn irgend angängig, in der kalorimetrischen Bombe unter genauer Einhaltung der nachstehenden Vorschriften durchgeführt werden. Eine Errechnung des Heizwertes aus der Elementarzusammensetzung des Brennstoffs (vgl. S. 90) stellt nur einen Behelf dar, der beispielsweise zur Nachprüfung der Übereinstimmung mit dem experimentell gefundenen Wert herangezogen werden kann.

2. Durchführung der Bestimmung des oberen und unteren Heizwertes[2]).

Begriffsbestimmung und Maßeinheiten. Die bei der Verbrennung eines festen oder flüssigen Stoffes freiwerdende Wärmemenge wird bestimmt von der Art und dem Zustand des Stoffes, der durch die Verbrennung verändert wird und von der Art und von dem Zustand der Stoffe, die infolge der Verbrennung entstehen.

---

[1]) Vgl. hierzu W. Marcard, Ztschr. VDI 79 (1935), S. 677, 968.
[2]) Vgl. DIN DVM 3716.

Als oberer Heizwert H_0 eines Stoffes wird die Wärmemenge bezeichnet, die bei vollständiger Verbrennung der Gewichtseinheit des Stoffes frei wird. Dabei ist vorausgesetzt, daß die Ausgangstemperatur des Stoffes und die Temperatur der Verbrennungsstoffe etwa 20° ($\pm 5°$) beträgt. Das vor der Verbrennung im Brennstoff enthaltene und das bei der Verbrennung aus Wasserstoff zusätzlich gebildete Wasser muß sich nach der Verbrennung in flüssigem Zustand befinden. Der Kohlenstoff- und verbrennliche Schwefelgehalt des Brennstoffs soll sich restlos im Verbrennungsabgas als Kohlendioxyd und als Schwefeldioxyd in gasförmigem Zustand befinden. Falls ein Teil des letzteren zu Schwefeltrioxyd umgewandelt wird oder eine Oxydation von Stickstoff zu Salpetersäure stattfindet, sind entsprechende Berichtigungen vorzunehmen (s. S. 88).

Als unterer Heizwert H_u eines Stoffes wird die Wärmemenge bezeichnet, die bei einer vollständigen Verbrennung der Gewichtseinheit verfügbar wird, wobei die obengenannten Bedingungen für den oberen Heizwert erfüllt sein müssen, jedoch mit der Ausnahme, daß das gesamte Wasser sich nach der Verbrennung in dampfförmigem Zustand bei 20° befindet (Einzelheiten hierüber s. S. 87).

Maßeinheit ist die 15°-Kilokalorie[1]) (kcal), diese ist gleich 4185 absoluten Joules. Der obere und der untere Heizwert von Brennstoffen wird angegeben in Kilokalorien je Kilogramm (kcal/kg). Bei der Durchführung der Heizwertbestimmung im Laboratorium werden zunächst Kalorien (cal) und Gramm (g) verwendet, das Endergebnis wird daraufhin in den technischen Maßeinheiten (kcal/kg) angegeben.

Abb. 32. Kalorimeterbombe für die Heizwertbestimmung nach Berthelot-Kroeker.

Untersuchungsgerät. Als Gerät zur Bestimmung des oberen Heizwertes von festen und flüssigen Brennstoffen dient ein Berthelot-Kalorimeter neuerer Bauart[2]). Für die Heizwertbestimmung leichtflüchtiger flüssiger Brennstoffe kann jedoch auch das Junkers-Kalorimeter Anwendung finden.

Das Berthelot-Kalorimeter (vgl. Abb. 32) besteht aus einem Druckgefäß mit aufschraubbarem Deckel und einem Inhalt von etwa 280 bis

---

[1]) Gemäß dem Reichsgesetz über die Temperaturskala und die Wärmeeinheit vom 7. VIII. 1924 ist eine Kilokalorie die Wärmemenge, durch welche 1 kg Wasser bei Atmosphärendruck von 14,5 auf 15,5° erwärmt wird (1 kcal = 1000 cal).

[2]) Hersteller der Kalorimeter sind a. u. die Firmen: Julius Peters, Berlin NW, Stromstr. 21, und Franz Hugershoff G. m. b. H., Leipzig C 1, Karolinenstr. 13.

320 cm³, dessen Innenwandung mit einem Schutzüberzug aus Platin gegen Säureangriff versehen sein muß, sofern nicht die gesamte Bombe nach einem Vorschlag von W. A. Roth aus widerstandsfähigem Sonderstahl (V₂A-Stahl) besteht. Durch den verschraubbaren Deckel mit Überwurfmutter d oder mit automatischem Verschluß, der das Gewinde schont, wird der Zündstrom isoliert durch den Pol h zugeführt, ferner enthält er die Kanäle e und g für die Gaszu- und Gasableitung. In das Einlaßventil e ist gleichzeitig die für den Anschluß des zweiten Poles erforderliche Kontaktschraube f eingesetzt. Im Innern der Bombe wird an den Deckel mittels zweier herabragender Platindrähte, die gleichzeitig zur Stromzuführung dienen, ein Quarz- oder Platintiegel zur Aufnahme des Brennstoffs eingehängt. Die Bombe wird in ein gut isoliertes doppelwandiges Kalorimetergefäß gestellt, das darin befindliche Kalorimeterwasser soll bis zu den Klemmen der Bombe ragen. Zur Messung des Temperaturverlaufs während der Verbrennung dient ein in Hundertstel Grade eingeteiltes amtlich geprüftes Beckmannthermometer. Die Ablesungen erfolgen mittels einer verschiebbar auf diesem angeordneten Lupe auf Tausendstel Grade. Die Menge des Kalorimeterwassers muß stets gleich sein und durch Wägung bestimmt werden (Abmessung in einem Meßzylinder genügt nicht). Seine Temperatur soll rd. 1⁰ unterhalb Raumtemperatur betragen.

Zum vollständigen Untersuchungsgerät gehören ferner ein mit Wasser gefülltes, nach außen gut isoliertes Mantelgefäß, um eine Wärmeeinstrahlung zu vermeiden, ein Rührer für das Kalorimetergefäß, dessen Umdrehungen sich während der Versuchsdauer um weniger als 5% verändern sollen, eine Zündvorrichtung, eine Füllvorrichtung für Sauerstoff (Sauerstoffstahlflasche, Druckmesser, Druckminderventil und Zuleitung) und eine Brikettpresse. Der Wasserwert des Isoliermantels soll mindestens fünfmal so groß sein wie der Wasserwert des Kalorimetergefäßes einschließlich dessen Wasserfüllung und der Bombe.

Unbedingt zu empfehlen ist es, sowohl das eigentliche Kalorimeter als auch den umgebenden Wassermantel durch isolierende Deckel aus Hartgummi oder Kunststoff nach oben abzuschließen. Wenn der freie Raum zwischen dem Kalorimeter und Wassermantel es zuläßt, wird dieser Zwischenraum ferner durch ein blankes Blech aus Nickel oder poliertem Aluminium unterteilt, um die Wärmekonvektion zu vermindern. Zwischen den Böden des Kalorimeters und des Wassermantels muß ein Luftraum von 1 bis 2 cm Dicke vorhanden sein; zu diesem Zweck stellt man das Kalorimeter auf drei Spitzen oder Klötzchen aus Ebonit, Kork o. dgl.

Die Wärmeisolation des Kalorimetergefäßes ist genügend, wenn die Abkühlungskonstante K

$$K = \frac{\Delta_n + \Delta_v}{t_n - t_v}$$

bei einem Wasserwert des Kalorimeters von 2400 bis 4000 kcal (Bedeutung der Buchstaben s. S. 85) je Grad nicht größer ist als 0,0025 min^{-1}.

Das Kalorimeter soll in einem Raum zur Aufstellung gelangen, der möglichst geringen Temperaturschwankungen ausgesetzt ist. Sonnenbestrahlung, Zugluft oder Nähe eines Heizkörpers müssen unbedingt vermieden werden. Kellerräume in Nordrichtung sind daher am geeignetsten. Die erforderlichen Nebeneinrichtungen, wie analytische Waage, Pastillenpresse usw., werden zweckmäßig in einem Vorraum untergebracht.

Durchführung der Bestimmung. Die Brennstoffe werden im lufttrockenen Zustand und in der für die Prüfung vorgesehenen Form (brikettiert oder gepulvert) gewogen. Nichtbrikettierbare feste Brennstoffe werden, um ein Verstäuben zu vermeiden, zweckmäßig in eine die Verbrennung fördernde Umhüllung gebracht, deren oberer Heizwert gesondert zu ermitteln ist. Es ist in diesem Fall auch möglich, den gepulverten Brennstoff in einem mit ausgeglühtem Asbestpapier ausgekleideten Schälchen, in das ein Zündfaden aus Zündbaumwolle hineinragt, zu verbrennen.

Flüssige hochsiedende Brennstoffe von geringem Sättigungsdruck werden wie feste Brennstoffe in offenen Verbrennungsschälchen, leicht flüchtige Brennstoffe dagegen in einer Gelatinekapsel oder in einer dünnwandigen Glaskugel, durch die der Zünddraht hindurchführt, abgewogen.

Die meisten Brennstoffe verbrennen bei der im vorstehenden beschriebenen Verfahrensweise einwandfrei. Daneben gibt es aber auch solche, die bei der Einhaltung der Vorschriften Schwierigkeiten bereiten. Diese lassen sich in zwei Gruppen[1]) einteilen:

a) Brennstoffe mit explosivartig verlaufender Verbrennung, z. B. Öle, Teer, Torf, Holzkohle, sowie einzelne wasser- und aschenarme Brennstoffe,

b) schwerzündliche Brennstoffe.

Bei Brennstoffen der Gruppe a) führt der stürmische Verlauf der Verbrennung oft dazu, daß unverbrannte oder nicht vollständig verbrannte Brennstoffteilchen an die kalten Metallwände der Kalorimeterbombe geschleudert werden und durch die dabei erfolgende Abkühlung der Verbrennung entgehen. Bei festen Brennstoffen hilft in diesem Falle eine geringe Befeuchtung des Brennstoffes vor der Verbrennung, und zwar wird diese am besten so durchgeführt, daß das Verbrennungsschälchen mit ein paar Tropfen Wasser ausgewogen und dann der Brennstoff eingewogen wird.

Bei flüssigen Brennstoffen wird zur Verringerung der Verbrennungsgeschwindigkeit nicht Wasser verwendet, sondern feiner, ausgeglühter Quarzsand in das Schälchen eingebracht und der flüssige Brennstoff

---

[1]) H. Löffler, Brennstoffchem. 18 (1937), S. 396.

darauf getropft. Auch die Anwendung eines geringeren Sauerstoffdruckes als 25 atü führt zumeist zu einwandfreien Ergebnissen, dabei ist jedoch unter diesen Bedingungen der Wasserwert des Kalorimeters erneut zu ermitteln.

Brennstoffe der Gruppe b) müssen vor Ausführung der Heizwertbestimmung vor allem staubfein gemahlen werden, wobei beachtet werden muß, daß hierbei der Feuchtigkeitsgehalt des Brennstoffes eine Beeinflussung erleiden kann, deren Maß festzustellen ist. Durch Zusatz einiger Tropfen Wasser, genau so wie bei den festen Brennstoffen der Gruppe a beschrieben, wird die Entzündlichkeit und Verbrennung günstig beeinflußt, so daß die Verbrennung dann vollständig verläuft. Versagt dieses Mittel, wie es bei Heizwertbestimmungen von Graphit oder sehr aschenreichen Koks mitunter vorkommt, dann wird die Mischung der Probe mit lufttrockener Braunkohle von bekanntem Heizwert, die etwa 17 bis 18% Wasser enthält, empfohlen.

Der gleiche Verfasser hat ferner noch den folgenden bei sehr rasch verbrennenden Stoffen zu beachtenden Hinweis gegeben. Diese Brennstoffe erzeugen bei der Verbrennung sehr heiße Stichflammen. Da diese beim Herausschießen aus dem Schälchen gerade die empfindlichste Stelle des Bombendeckels, nämlich die Porzellanisolierung der Stromzuführung treffen, kann die Bombe an dieser Stelle leicht undicht werden. Es empfiehlt sich daher, ein Glimmerplättchen von ungefähr 3 cm Dmr., entsprechend zugeschnitten, unterhalb der Porzellanisolierung durch Anklemmen an dem Sauerstoffzuführungsrohr unterhalb des Bombendeckels zu befestigen.

Schwefelhaltige flüssige Stoffe lassen sich in der Bombe aus V 2 A-Stahl sicher verbrennen, namentlich wenn bei hohem Schwefelgehalt etwas Paraffinöl von bekanntem Heizwert zugegeben wird. Bei halogenhaltigen Stoffen muß dagegen eine mit Platin ausgekleidete Bombe verwendet werden.

Für die sichere Verbrennung leichtflüchtiger, hygroskopischer oder sauerstoffempfindlicher Flüssigkeiten hat W. A. Roth[1]) die Verwendung dünner Glasröhrchen mit rundem Boden empfohlen, die mit einer kleinen Gelatinekuppe verschlossen werden, wobei der Baumwolldraht zwischen der letzteren und dem Glas eingeklemmt wird. Das Röhrchen wird senkrecht in einen Halter aus Glas oder Platindraht gestellt.

Sehr leichtflüchtige Stoffe werden in eine dünnwandige Glaskirsche eingeschmolzen, die man mit dem gebogenen Hals an den Platindraht, der zur Zündung des Fädchens dient, aufhängt. Auf die Unterseite und die Mitte der Kirsche werden mehrere mg Vaseline von bekannter Verbrennungswärme getupft und der Faden leicht in diese Klümpchen

---

[1]) Die Chemische Technik **15** (1942), S. 63.

eingedrückt. Der Hals der Kirsche muß kurz sein und darf keine Flüssigkeit enthalten, da diese herausgeschleudert und unvollständig verbrennen würde.

Die Brennstoffmenge ist so groß zu wählen, daß bei der Verbrennung der Temperaturanstieg des Kalorimeters 1,8 bis 2,5° beträgt, ihr Volumen soll jedoch nicht mehr als 2 cm³ betragen. In die Kalorimeterbombe werden vor jeder Verbrennung 5 cm³ destilliertes, auf gleicher Temperatur befindliches Wasser eingefüllt. Die Aufpressung des Verbrennungssauerstoffs erfolgt gleichbleibend auf 25 oder 30 at.

Die Zündung der Brennstoffprobe wird wie folgt vorgenommen. Zwischen die beiden Pole der Stromzuführung wird ein 0,1 mm dicker Nickel- oder Stahldraht gespannt, an dessen Mitte der Baumwollfaden von festgelegter Länge angeknüpft wird, der in die Brennstoffprobe mit eingepreßt worden ist. An Stelle des Stahldrahtes kann auch ein Platindraht zwischen den beiden Polen eingespannt werden, an den der Baumwollfaden der Brennstoffprobe angehängt wird. Im letzteren Fall ist der Zündstrom durch Vorschaltung eines Widerstandes derart zu bemessen, daß der Platindraht beim Einschalten des Zündstromes nicht durchschmilzt, sondern nur hellrot aufglüht. Diese Zeitdauer der Zündung ist stets gleich zu halten, so daß diese zusätzlich zugeführte Wärmemenge bei der Ermittlung des Wasserwertes und bei der Durchführung der Heizwertbestimmung sich ausgleicht.

Die Messung beginnt nach erreichtem Temperaturausgleich; die Anfangstemperatur soll dabei zweckmäßig etwa 1° unterhalb Raumtemperatur liegen, so daß bei Beginn des Vorversuches der Temperaturanstieg in 1 min möglichst gleich bleibt. Die Temperaturen werden daraufhin im Abstand von je 1 min sechsmal aufgeschrieben. Bei der letzten Ablesung, die zugleich als die erste des Hauptversuches gilt, wird der Zündstrom eingeschaltet. Während des Hauptversuches werden die Ablesungen in der gleichen Weise fortgesetzt, bis die Höchsttemperatur gerade überschritten ist. Daraufhin schließt sich der Nachversuch mit langsam abfallender Temperatur an, bei dem die Temperaturen etwa sechsmal im Abstand von je einer Minute abgelesen werden. Die letzte Ablesung des Hauptversuches gilt zugleich als die erste des Nachversuches.

Zu beachten ist ferner folgendes: Das Ende des Hauptversuches fällt zumeist nicht mit dem Höchstwert der Temperatur zusammen. Zur Prüfung, ob das Ende des Hauptversuchs richtig gewählt ist, bildet man den berichtigten Temperaturanstieg $t_m + c - t_0$ (Bedeutung der Buchstaben s. S. 85). Wenn die Dauer des Hauptversuches um einige min verlängert wird, darf er keine wesentliche Änderung mehr erfahren.

Bestimmung des Wasserwertes. Für jedes Gerät ist zunächst eine genaue Bestimmung des Wasserwertes W_w des Kalorimeters (bestehend aus Bombe mit Inhalt, Kalorimetergefäß einschließlich der festgelegten Wasserfüllung, Thermometer und Rührer) erforderlich. Der

Wasserwert eines Gerätes gibt die Anzahl von Kalorien an, durch die seine Temperatur um 1⁰ erhöht wird. Der Wasserwert des Kalorimeters wird durch die Verbrennung einer bekannten Menge reinster trockener Benzoesäure ermittelt, wobei die Versuchsbedingungen und die Berechnungsweise denen einer Heizwertbestimmung völlig gleich sein sollen. Als Wert für die isotherme Verbrennungswärme von 1 g Benzoesäure werden 6323 cal/g bei Wägung in Luft (6319 cal/g, bezogen auf den luftleeren Raum) zugrunde gelegt. Zur Prüfung soll nur reinste Benzoesäure dienen, deren Eignung für kalorimetrische Zwecke ausdrücklich vermerkt ist[1]) und die, zu Pastillen gepreßt, zur Anwendung gelangt.

Da die Ermittlung des Wasserwertes von grundlegender Bedeutung für die Genauigkeit der Heizwertbestimmung ist, muß dieser eine besondere Sorgfalt zugewendet werden. Es sind mindestens vier Einzelbestimmungen vorzunehmen, die von dem Mittelwert um nicht mehr als $\pm0,2\%$ abweichen dürfen. Bestimmungen, bei denen eine Rußabscheidung in der Bombe erkennbar ist, sind zu verwerfen. Nach der Auswechslung eines Bestandteils des Kalorimeters ist ebenfalls jeweils eine Neubestimmung erforderlich. Daneben besteht die Möglichkeit, die Eichung des Kalorimeters auf elektrischem Wege vorzunehmen.

Die Bildung geringer Mengen Salpetersäure bei der Bestimmung des Wasserwertes beruht im wesentlichen auf einer Oxydation von Luftstickstoff. Sie läßt sich praktisch vollständig ausschließen durch eine Verdrängung der Luft durch Sauerstoff, indem man die ersten beiden Sauerstofffüllungen der Bombe abbläst und erneut Sauerstoff aufpreßt. Im übrigen ist die zusätzliche Wärmeentwicklung durch den Zündstrom und durch die Verbrennung des Baumwollfadens in der gleichen Weise zu berücksichtigen wie bei der eigentlichen Heizwertbestimmung.

Bei der Bestimmung des Wasserwertes hat die ständige Kommission für Thermochemie der Union Internationale de Chimie die Einhaltung folgender Meßgenauigkeiten vorgeschlagen:

Gewicht der zu verbrennenden Stoffe mindestens auf 0,1 mg,
Gewicht des Kalorimeterwassers auf 0,1 g,
Volumen des Wassers in der Bombe auf 0,01 cm³,
Sauerstoffdruck auf 5%,
Ablesung des Thermometers auf 0,001⁰,
Ausgangstemperatur der Verbrennung, die für die gesamte Versuchsreihe festgelegt wird, auf 0,01⁰,
Temperatursteigerung, die ebenfalls festgelegt wird, auf 0,02⁰,
Änderung der Umdrehungszahl des Rührers auf 5%,
Größe der Joule-Wärme des Zündungsdrahtes auf mindestens 0,2 cal.

[1]) Da der Heizwert der Benzoesäure »für kalorimetrische Zwecke« bei den einzelnen Herstellungen nicht immer vollkommen gleich ist, wird der genaue Wert der Verbrennungswärme jeweils auf dem Etikett angegeben. An Stelle von Benzoesäure kann auch Bernsteinsäure (3027,3 cal/g) verwendet werden.

Bei der Verwendung des Sauerstoffs ist darauf zu achten, daß dieser aus Luft und nicht durch Elektrolyse hergestellt worden ist. Im letzteren Fall kann er wenige Zehntel Prozente Wasserstoff enthalten und ist daher unbrauchbar.

Berechnung des oberen Heizwertes der lufttrockenen Probe. Zur Berechnung des oberen Heizwertes H_0 (lufttr.) des Brennstoffes dient die Formel:

$$H_0 \,(\text{lufttr.}) = \frac{W_w \cdot (t_m + c - t_o) - \Sigma b}{G} \quad \dots \dots (1)$$

Darin bedeuten:

t_0 erste Temperatur des Hauptversuches,

t_m letzte Temperatur des Hauptversuches,

G Gewicht des Brennstoffes in g (in Luft gewogen),

c Berichtigung für den Wärmeaustausch zwischen dem Kalorimeter und der Umgebung,

Σb Summe der Berichtigungen für beobachtete Wärmemengen, die der Begriffserklärung der Verbrennungswärme nicht entsprechen.

Die Berichtigung c wird nach folgender etwas umgeformten Formel von Regnault-Pfaundler bestimmt:

$$c = m \cdot \Delta_n - (\Delta_n + \Delta_v) \cdot F \quad \dots \dots \dots \dots \dots (2)$$

wobei

$$F = m - \frac{1}{t_n - t_v} \cdot \left(\sum_1^{m-1} t + \frac{t_0 + t_m}{2} - m \cdot t_v \right) \quad \dots \dots (3)$$

Darin bedeuten:

t_0, t_m wie oben angegeben,

m Dauer des Hauptversuches in min,

Δ_v mittlerer Temperaturanstieg für jede min des Vorversuches,

Δ_n mittlerer Temperaturabfall für jede min des Nachversuches,

t_v mittlere Temperatur des Vorversuches,

t_n mittlere Temperatur des Nachversuches,

$\sum_1^{m-1} t$ Summe der Temperaturen beim Hauptversuch außer der ersten und letzten Ablesung.

Der Faktor F (Gl. (3)) kann für jede Brennstoffart, die unter annähernd gleichen Bedingungen (z. B. bei gleichem Sauerstoffdruck) verbrannt wird, als gleichbleibend angesehen werden[1]), so daß für jede Brennstoffart eine ein- bis zweimalige Bestimmung von F genügt. Allgemein gilt:

$F = 1{,}0$, wenn der Temperaturanstieg in der ersten min des Hauptversuches größer ist als in der zweiten,

$F = 1{,}25$, wenn die Temperaturanstiege in der ersten und in der zweiten min des Hauptversuches annähernd gleich groß sind,

[1]) H. Moser, Phys. Ztschr. **37** (1936), S. 529.

$F = 1,5$, wenn der Temperaturanstieg in der ersten min des Hauptversuches kleiner ist als in der zweiten.

Den Einfluß der Temperaturkorrektur (vgl. Formel (2)) auf die Heizwertberechnung fester und flüssiger Brennstoffe hat H. H. Müller-Neuglück[1]) sorgfältig überprüft. Es ergab sich, daß bei der Anwendung der Formeln von Regnault-Pfaundler[2]), von W. A. Roth[3]) und von W. Schultes und R. Nübel[4]) die Schwankungen im Heizwert nur geringfügig sind, die Unterschiede betragen höchstens 6 kcal/kg und liegen somit im Rahmen der Fehlergrenzen. Die unter Benützung der Formel von H. Langbein[5]) errechneten Heizwerte liegen dagegen sämtlich wesentlich zu hoch und überschreiten die nach den neuesten Richtlinien für die technische Heizwertbestimmung zulässige Streugrenze von ± 20 kcal/kg. Die ersten drei Formeln erfüllen dagegen alle Voraussetzungen und ergeben unabhängig von der Zusammensetzung der Brennstoffe gut übereinstimmende Werte.

Die Berichtigung Σb in Gl. (1) setzt sich aus den Wärmemengen zusammen, die nicht von der Verbrennung des zu untersuchenden Stoffes herrühren, und aus Wärmemengen, die durch Oxydation von Stickstoff und Schwefeldioxyd frei geworden sind.

Hierzu gehören:

a) die Wärmemenge $b_{\prime\prime}$, die durch ein teilweises Verbrennen des Zünddrahtes, eines Hilfsstoffes oder einer brennbaren Umhüllung entwickelt worden ist. Für 1 mg verbrannten Stahldraht, dessen Durchmesser etwa 0,1 mm betragen soll, sind 1,6 cal in Abzug zu bringen. Die Zündspannung soll etwa 12 bis 20 V betragen;

b) die Wärmemenge b_N, die durch die Verbrennung von Stickstoff zu Salpetersäure (N_2O_5 in Lösung) frei wird. Für 1 mg Salpetersäure (NHO_3) sind 0,23 cal in Abzug zu bringen. Bei der Titration entsprechen einem cm³ 0,1 n-Salpetersäure 1,45 cal;

c) die Wärmemenge b_s, die bei der Bildung von Schwefelsäure (SO_3 in Lösung) aus Schwefeldioxyd entsteht. 1 mg Schwefelsäure (H_2SO_4) entspricht 0,73 cal, bei der Titration sind für 1 cm³ 0,1 n-Schwefelsäure 3,6 cal in Ansatz zu bringen.

Die Berichtigung Σb wird daher:

$$\Sigma b = b_{\prime\prime} + b_N + b_s.$$

Die Menge der im Verbrennungswasser enthaltenen Salpetersäure und Schwefelsäure wird durch Titration bestimmt (vgl. S. 88).

---

[1]) Angew. Chem. **49** (1936), S. 180; Glückauf **73** (1937), S. 345.
[2]) Poggendorfs Ann. **129** (1866), S. 102.
[3]) W. A. Roth, Samml. Göschen (1932), S. 26, 30.
[4]) Brennstoffchem. **15** (1934), S. 466.
[5]) Journ. prakt. Chem. **39** (1889), S. 518.

Berechnung des unteren Heizwertes der lufttrockenen Probe. Der untere Heizwert H_u (lufttr.) wird nach folgender Formel berechnet:

$$H_u \text{(lufttr.)} = H_o \text{(lufttr.)} - 5,85\,(9\,H + w); \quad . \quad . \quad . \quad . \quad (4)$$

darin bedeutet $(9\,H + w)$ das durch Elementaranalyse bestimmte Verbrennungswasser (Gesamtfeuchtigkeit des Brennstoffes + aus dem Wasserstoff im Brennstoff entstandenes Wasser) der lufttrockenen Probe in Gewichts-%.

Umrechnung des Heizwertes auf den ursprünglichen Brennstoff (Rohbrennstoff). Wenn der Rohbrennstoff bei der Vortrocknung f Gewichts-% Nässe (bezogen auf die ursprüngliche Menge) verloren hat, so wird der obere und untere Heizwert des ursprünglichen Brennstoffes wie folgt berechnet:

$$H_o \text{(roh)} = H_0 \text{(lufttr.)} \cdot \frac{100 - f}{100} \quad . \quad . \quad . \quad . \quad . \quad . \quad . \quad (5)$$

$$H_u \text{(roh)} = H_u \text{(lufttr.)} \cdot \frac{100 - f}{100} - 5,85 \cdot f \quad . \quad . \quad . \quad . \quad (6)$$

Beispiel für die Berechnung des oberen und des unteren Heizwertes.

	Zeit min	Temperatur (Beckmann-Thermometer)		
	0	1,564		
	1	1,566	$\Delta_v = 0,0020$	$\Delta_n + \Delta_v = +0,0028$
	2	1,568	$t_v = 1,569$	$m\,t_v = 14,121$
Vorversuch	3	1,570		
	4	1,572		
Zündung →	5	1,574 $= t_0$		
	6	2,191		$m = 9$
	7	3,041		
	8	3,271		
	9	3,337	$\sum\limits_{1}^{m-1} t = 25,271$	$\dfrac{t_0 + t_m}{2} = 2,216$
Hauptversuch	10	3,354		
	11	3,358		
	12	3,360		
	13	3,359		
	14	3,359 $= t_m$		
	15	3,358		
	16	3,357	$\Delta_n = +0,0008$	$m \cdot \Delta_n = +0,0072$
Nachversuch	17	3,357	$t_n = 3,357$	$t_n - t_v = 1,788$
	18	3,356		
	19	3,355		

$$F = 9 - \frac{1}{1,788}\,(25,271 + 2,216 - 14,121) = 1,53.$$

Berichtigung: $c = +0,0072 - (0,0008 + 0,0020) \cdot 1,53 = +0,003^0$

Nach dem im obigen angegebenen angenäherten Rechenverfahren kann $F = 1,5$ gesetzt werden, da der Temperaturanstieg in der ersten Minute des Hauptversuches kleiner ist als in der zweiten.

Die Abkühlungskonstante K des Kalorimeters beträgt

$$K = \frac{\varDelta_n + \varDelta_v}{t_n - t_v} = \frac{0,0028}{1,788} = 0,0016 \; 1/\text{min}.$$

Ermittlung der Berichtigung $\varSigma b$: Durch Titration wurden im Verbrennungswasser gefunden:

2,2 cm³ 0,1 n-Salpetersäure	$b_{y} = 2,2 \cdot 1,45 =$	3 cal
6,6 cm³ 0,1 n-Schwefelsäure	$b_s = 6,6 \cdot 3,6 \;\; =$	24 cal
Gewicht des verbrannten Eisendrahtes 6,2 mg	$b_{,,} = 6,2 \cdot 1,6 \;\; =$	10 cal
	$\varSigma b =$	37 cal

Gewicht des lufttrockenen in der Bombe verbrannten Brennstoffes $\qquad G \;\; = 0,9123$ g
Wasserwert des Kalorimeters $\qquad W_w = 3975 \quad$ cal.

Oberer Heizwert des lufttrockenen Brennstoffes:

$$H_o \,(\text{lufttr.}) = \frac{3975 \,(3,359 + 0,003 - 1,574) - 37}{0,9123}$$

$$= 7750 \; \text{cal/g oder kcal/kg.}$$

Durch Elementaranalyse wurde gefunden: $w = 21,5\%$.

Unterer Heizwert des lufttrockenen Brennstoffs:

$$H_u \,(\text{lufttr.}) = 7750 - 5,85 \cdot 21,5 = 7624 \; \text{kcal/kg.}$$

Gehalt des Brennstoffes an Nässe (grobe Feuchtigkeit) $f = 3,7\%$.

Oberer und unterer Heizwert des ursprünglichen Brennstoffes:

$$H_o \,(\text{roh}) = 7750 \cdot 96,3/100 \qquad\qquad = 7463 \; \text{kcal/kg,}$$
$$H_u \,(\text{roh}) = 7624 \cdot 96,3/100 - 5,85 \cdot 3,7 = 7320 \; \text{kcal/kg.}$$

Bestimmung der bei der Verbrennung gebildeten Salpetersäure und Schwefelsäure.

Infolge der hohen Verbrennungstemperatur in der Kalorimeterbombe wird ein geringer Anteil des Stickstoffs zu Salpetersäure und der Schwefel nicht nur zu Schwefeldioxyd, sondern teilweise zu Schwefeltrioxyd verbrannt. Die dabei zusätzlich freiwerdenden Wärmemengen sind bei der Berechnung des Heizwertes des Brennstoffs in Abzug zu bringen. Zu diesem Zweck wird das in der Kalorimeterbombe an den Wandungen kondensierte und am Boden befindliche Wasser titrimetrisch auf seinen Gehalt an Salpetersäure und an Schwefelsäure wie folgt untersucht.

Nach Öffnen und Abnehmen des Deckels der Bombe wird die am Boden befindliche Lösung in ein Becherglas übergeführt, und die Innenwandungen der Bombe sowie des Deckels werden sorgfältig mit destilliertem Wasser nachgespült. Zur Bestimmung der Summe von gebildeter Salpeter- und von Schwefelsäure wird die Lösung nach Zugabe weniger Tropfen Phenolphthaleinlösung mit einer 0,1 n-Barytlösung titriert, bis die Farbe der Lösung nach karminrot umschlägt (Verbrauch a cm³). Dabei vollziehen sich folgende Neutralisationsreaktionen:

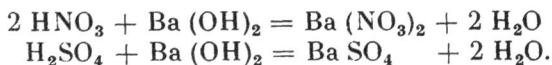

$$2\,HNO_3 + Ba\,(OH)_2 = Ba\,(NO_3)_2 + 2\,H_2O$$
$$H_2SO_4 + Ba\,(OH)_2 = Ba\,SO_4 \quad + 2\,H_2O.$$

Für die getrennte Ermittlung der Salpetersäure wird die obige austitrierte Lösung mit 10 cm³ 0,1 n-Natriumkarbonatlösung (Verbrauch b cm³) versetzt und aufgekocht. Dabei wird das Bariumnitrat in unlösliches Bariumkarbonat übergeführt:

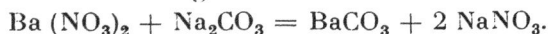

$$Ba\,(NO_3)_2 + Na_2CO_3 = BaCO_3 + 2\,NaNO_3.$$

Dieses wird zusammen mit dem bereits zuvor ausgefällten Bariumsulfat abfiltriert, der Niederschlag mit heißem Wasser ausgewaschen und im Filtrat der Überschuß an Natriumkarbonatlösung nach Zugabe von Methylorange als Indikator mit 0,1 n-Salzsäure zurücktitriert (Verbrauch c cm³), bis die Farbe der Lösung nach rot umschlägt.

Arbeitsbeispiel:
a) Verbrauch an 0,1 n-Barytlösung . . . . 12,4 cm³
b) Zugabe an 0,1 n-Sodalösung . . . . 10,0 »
c) Verbrauch an 0,1 n-Salzsäure . . . . 6,4 »

Ermittelter Gehalt an 0,1 n-Salpetersäure:

$$b - c = 10,0 - 6,4 = 3,6\ cm³$$

1 cm³ 0,1 n-Salpetersäure entspricht 1,45 cal, bei der Bildung von 3,6 cm³ sind daher 5,2 cal zusätzlich frei geworden.

Ermittelter Gehalt an 0,1 n-Schwefelsäure:

$$a - c = 12,4 - 3,6 = 8,8\ cm³.$$

Bei der Bildung von 1 cm³ 0,1 n-Schwefelsäure werden 3,6 cal frei, bei 8,8 cm³ sind dies 31,7 cal.

Insgesamt sind im vorstehenden Beispiel somit 36,9 cal von dem gefundenen Wert des Heizwerts der Probe in Abzug zu bringen.

Für die Beurteilung der Genauigkeit des Verfahrens ist zu beachten, daß das in Nebelform im Gas enthaltene Schwefeltrioxyd nicht mit erfaßt wird; zudem wird das in Einzelfällen in der Asche des Brennstoffs zu größeren Anteilen enthaltene Kalziumkarbonat einen geringen Teil des Schwefeltrioxyds zu Kalziumsulfat binden. Der Berichtigungswert für die Oxydation von Schwefeldioxyd zu Schwefeltrioxyd fällt daher etwas zu niedrig aus. Für das Gesamtergebnis ist dies jedoch ohne Belang. Mit der Bestimmung des Berichtigungswertes für die Schwefelsäurebildung kann ferner die Ermittlung des verbrennlichen Schwefels verbunden werden (vgl. hierzu S. 101).

3. Berechnung des Heizwertes aus der Elementarzusammensetzung.

Für die Ermittlung des Heizwertes von festen Brennstoffen ist und bleibt seine unmittelbare Bestimmung in der Kalorimeterbombe das genaueste, sicherste und am schnellsten durchführbare Verfahren.

Eine Berechnung des Heizwertes aus der Elementarzusammensetzung des Brennstoffs sollte nur in den Sonderfällen vorgenommen werden, wenn keine Möglichkeit zur kalorimetrischen Bestimmung gegeben ist. Daß diese mittelbare Methode nur eine Notlösung darstellt, ist bereits daran erkennbar, daß trotz der Vielzahl der bereits vorgeschlagenen Formeln sehr häufig weitere im Schrifttum angegeben werden, die jeweils wieder Verbesserungen darstellen sollen. Die Schwierigkeiten in einer allgemeingültigen formelmäßigen Erfassung der Beziehung zwischen Heizwert und Elementarzusammensetzung eines Brennstoffes beruhen darauf, daß die einzelnen Elemente innermolekular in Bindungen von zumeist unbekannter Art und bei den einzelnen Brennstoffen zumindest zum Teil verschiedenartig vorliegen, deren Bildungswärmen unterschiedliche Werte aufweisen und daher nicht einheitlich eingesetzt werden können.

Zuerst wurde zur Berechnung des Heizwertes die Formel von Dulong verwendet. Bei der aus dieser abgeleiteten »Verbandsformel« werden unmittelbar die Heizwerte der einzelnen Elemente eingesetzt, wobei für den Sauerstoff dessen vollständige Bindung an Wasserstoff angenommen ist, so daß nur der disponible Wasserstoff in der Formel erscheint.

Diese Verbandsformel lautet unter Zugrundelegung der im Normblatt DIN 1872 angegebenen Werte wie folgt:

$$H_o = 81\,C + 340\left(H - \frac{O + N}{8}\right) + 22\,S$$

$$H_u = 81\,C + 285\left(H - \frac{O + N}{8}\right) + 22\,S - 6\,w.$$

Es bedeuten H_o und H_u den oberen bzw. unteren Heizwert des Brennstoffes in kcal/kg, C, H, O und S den prozentualen Gehalt der Kohle an diesen Elementen und w den Wassergehalt der Kohle in Prozent.

In dieser Formel wird gegenüber der von Dulong für die Berechnung des disponiblen Wasserstoffs nicht der genaue Wert $H - \frac{O}{8}$, sondern als Annäherung $H - \frac{O + N}{8}$ eingesetzt, da Stickstoff und Sauerstoff zumeist gemeinsam mittelbar als Restglied zu 100 ermittelt und angegeben werden. Hierbei ist ferner zu berücksichtigen, daß der Stickstoffgehalt bei nahezu sämtlichen Brennstoffen sich zu rd. 0,8 bis 1,5% beziffert, so daß der hierdurch bedingte Fehler für den disponiblen Wasserstoffgehalt nur —0,1 bis 0,2% beträgt.

Der nach der Verbandsformel errechnete Wert für den Heizwert von Steinkohlen, von Schwelkoks und von Hochtemperaturkoks stimmt mit dem auf kalorimetrischem Wege ermittelten Ergebnis bis auf Ausnahmefälle auf etwa ±0,5% überein.

Bei den neueren Formeln wird der Bindung des Sauerstoffs an die verschiedenen Elemente Rechnung getragen. Dabei wird eine genaue Kenntnis des Sauerstoffgehaltes vorausgesetzt. Sauerstoffbestimmungen in organischen Verbindungen sind jedoch umständlich und werden nur in Ausnahmefällen durchgeführt. Wenn der aus dem Unterschied der sonstigen Bestandteile zu 100 ermittelte Sauerstoffgehalt dagegen der Rechnung zugrunde gelegt wird, in dem sich sämtliche Fehler der Bestimmung der einzelnen Bestandteile auswirken, können auf diese Weise etwaige Verbesserungen wieder zunichte gemacht werden.

Es seien wegen der verhältnismäßig geringen Bedeutung im nachstehenden nur noch folgende Formeln angegeben. So lauten die von L. Sümegi[1] wie folgt:

$$H_o = 81 \left(C - \frac{O}{2} \cdot 0,75 \right) + 345 \left(H - \frac{O}{2} \cdot 0,125 \right) + 25\,S$$

$$H_u = 81 \left(C - \frac{O}{2} \cdot 0,75 \right) + 285 \left(H - \frac{O}{2} \cdot 0,125 \right) + 25\,S - 6\,w.$$

Hierin sind Forschungsergebnisse von R. V. Wheeler verallgemeinert worden, nach denen bei jüngeren Kohlen der Sauerstoff je etwa zur Hälfte als Karbonyl (CO) und als Hydroxyd (OH) gebunden ist. Nach den Angaben des Verfassers treten gegenüber den durch kalorimetrische Bestimmung erhaltenen Werten jedoch weiterhin Streuungen um bis zu ±1% auf.

W. Gumz[2] hat folgende Formeln aufgestellt:

$$H_o = 81,3\,C + 297\,H + 15\,N + 45,6\,S - 23,5\,O,$$
$$H_u = 81,3\,C + 243\,H + 15\,N + 45,6\,S - 23,5\,O - 6\,w.$$

Bei Steinkohlen jeder Art sollen sich die Abweichungen gegenüber den direkt bestimmten Werten durchweg zu < 1%, in der Mehrzahl sogar zu < 0,5% beziffern. Bei Braunkohlen sind die Streuungen um so größer, je jünger die Kohle ist.

Zusammenfassend ergibt sich, daß mittels dieser indirekten Methode Werte erhalten werden, bei der die Fehlermöglichkeit etwa das Drei-

---

[1] Gas- u. Wasserfach **83** (1940), S. 357.
[2] Feuerungstechnik **26** (1938), S. 322, daselbst weitere Schrifttumsangaben.

fache gegenüber dem unmittelbaren Verfahren der kalorimetrischen Bestimmung beträgt. Für die Durchführung genauer wärmetechnischer Berechnungen kann dieses mittelbare Verfahren also nicht zugrunde gelegt werden.

F. Bestimmung der chemischen Zusammensetzung der Brennstoffe.

1. Schwefelgehalt.

a) Allgemeines.

Im allgemeinen genügt für die Schwefelbestimmung in festen Brennstoffen die Ermittlung ihres Gesamtgehaltes an Schwefel. Hierfür wird zumeist das Eschkaverfahren angewendet, das zwar bei Schwefelgehalten bis zu 2 % einwandfreie Versuchsergebnisse erhalten läßt, in seiner Durchführung jedoch viel Sorgfalt und einen erheblichen Arbeitsaufwand für jede Einzelbestimmung erfordert. Es wird daher zweckmäßig durch neuere Verfahren, wie nach F. Foerster und J. Probst oder nach A. Seuthe ersetzt, da bei diesen der Aufschluß bzw. die Verbrennung des Brennstoffs in wesentlich kürzerer Zeit beendet ist.

Neben der Bestimmung des Gesamtschwefels erfolgt in Einzelfällen die des verbrennlichen Schwefels oder des Ascheschwefels. Hierbei können jedoch keine Versuchswerte von allgemeiner Gültigkeit erhalten werden, da die Höhe des Anteils von flüchtigem Schwefel am Gesamtschwefel im wesentlichen von der Erhitzungstemperatur des Brennstoffs und seines Ascherückstandes abhängig ist. Bei gewisser Zusammensetzung der Aschen und bestimmten Verbrennungstemperaturen wird das aus Pyrit und organisch gebundenem Schwefel entstandene Schwefeldioxyd teilweise von der Asche wieder aufgenommen, insbesondere von basischen Sulfaten und von Kalziumkarbonat[1]. Zumeist wird die Bestimmung des flüchtigen Schwefels in Verbindung mit der Heizwertbestimmung in der kalorimetrischen Bombe (vgl. S. 101) durchgeführt. Die dabei erhaltenen Werte stellen aus den oben genannten Gründen nur Anhaltszahlen dar.

In Feuerungen ist es daher zweckmäßiger, bei bekanntem Gesamtschwefelgehalt eines Brennstoffs im Veraschungsrückstand (Schlacke) der Feuerung den restlichen Schwefelgehalt zu ermitteln, woraus sich aus dem Unterschied der beiden Werte für den gegebenen Fall der verbrennliche Schwefel errechnen läßt.

Bei wissenschaftlichen Untersuchungen ist neben dem Gesamtschwefel zuweilen auch dessen Verteilung als Sulfid-, Sulfat-, Pyrit- und organisch gebundener Schwefel erforderlich. Der Gesamtschwefelgehalt der Steinkohlen unterteilt sich in ungefähr gleichem Maße in anorganisch

---

[1] J. Trifonow u. E. Raschewa, Brennstoffchem. 11 (1930), S. 165; C. Holthaus, Arch. f. Eisenhüttenwesen 9 (1935/36), S. 369.

und organisch gebundenen Schwefel, wobei der erstere im wesentlichen nur aus Pyritschwefel besteht. Sulfidschwefel ist nur in Koksen enthalten, Sulfatschwefel zu größeren Anteilen nur nach Verwitterung von Kohle oder von Koks durch Luftsauerstoff.

Der Schwefelgehalt von Koks wird vornehmlich von dem Gehalt der Ausgangskohle an Pyrit- und anorganisch gebundenem Schwefel bestimmt. Etwa 60% des ersteren und 45% des letzteren bleiben im Koks zurück. Daher ergibt sich mit genügender Annäherung, daß bei der Verkokung nicht gelagerter Kohlen der Schwefelgehalt der Kohle etwa zur Hälfte im Koks, zu rd. 3% im Teer und zu 45 bis 50% im Gas (davon 95 bis 98% als Schwefelwasserstoff, der Rest im wesentlichen als Schwefelkohlenstoff, Kohlenoxysulfid und Thiophen) enthalten ist.

b) Gesamtschwefel

(Verfahren von F. Foerster und J. Probst [1]).

Etwa 1 g der Brennstoffprobe (genau eingewogen) werden mit 1 bis 2 g Eschkagemisch (Mischung aus 2 Teilen Magnesia und 1 Teil wasserfreiem Soda) innig gemischt und die Mischung wird in ein schmales Porzellanschiffchen von etwa 10 cm Länge übergeführt. Dieses stellt man in ein Rohr aus schwer schmelzbarem Glas oder Quarzglas von rd. 30 cm Länge und 25 mm lichter Weite. An das Verbrennungsrohr wird auf der einen Seite ein mit 3proz. ammoniakalischer Wasserstoffsuperoxydlösung beschicktes Zehnkugelrohr als Vorlage angeschlossen, während von der anderen Seite durch einen mit Wasser beschickten Blasenzähler ein langsamer Sauerstoffstrom durch das Rohr geleitet wird. Man erhitzt zuerst das Rohr durch Fächeln mit der kleinen breiten Flamme eines Schlitzbrenners gelinde über die gesamte Länge des Schiffchens, um das Kohle-Eschka-Gemisch vorzuwärmen, ohne daß die Kohle jedoch zu schwelen beginnen darf. Die Temperatur an der dem Eintritt des Sauerstoffs zugewandten Seite wird daraufhin gesteigert, bis ein lebhaftes Aufglühen den Eintritt der Reaktion anzeigt. Durch Regelung des Sauerstoffstromes auf etwa 5 Blasen/s glüht das Gemisch langsam durch. Schließlich erhitzt man das Schiffchen in seiner gesamten Länge etwa 10 min lang durch zwei darunter gestellte Schlitzbrenner, bis sein Boden rotglühend erscheint und läßt es im Sauerstoffstrom erkalten.

Der Verbrennungsrückstand wird in einem Becherglas mit Salzsäure aufgenommen. Da es zu Beginn der Reaktion kaum vermieden werden kann, daß geringe Mengen des Schiffcheninhalts in das Rohr verstäubt werden, müssen nach dem Erkalten des Rohres sowohl das Schiffchen wie das Rohr mit Salzsäure ausgespült werden. Die Lösung des Schiffcheninhalts wird mit der in der Vorlage vereinigt, einige min zum

---

[1] Brennstoffchem. **4** (1923), S. 357.

Sieden erhitzt, bis das Wasserstoffsuperoxyd sich zersetzt hat, filtriert, das gebildete Sulfat mit 10 proz. Bariumchloridlösung als Bariumsulfat ausgefällt und dieses nach Filtration geglüht und gewogen.

Verfahren von A. Seuthe[1]. Dieses Verfahren zur Bestimmung des Gesamtschwefelgehaltes beruht darauf, daß die Brennstoffprobe im Sauerstoffstrom verbrannt und der Ascherückstand auf so hohe Temperaturen erhitzt wird, daß sämtliche Sulfate und Sulfide dissoziieren. Das Gemisch von Schwefeldi- und Schwefeltrioxyd wird durch Wasserstoffsuperoxydlösung geleitet und anschließend die gebildete Schwefelsäure mit Natronlauge titriert.

Die Versuchseinrichtung (vgl. Abb. 33) besteht im wesentlichen aus einer Sauerstoffbombe mit Reduzierventil, einer Waschflasche mit kon-

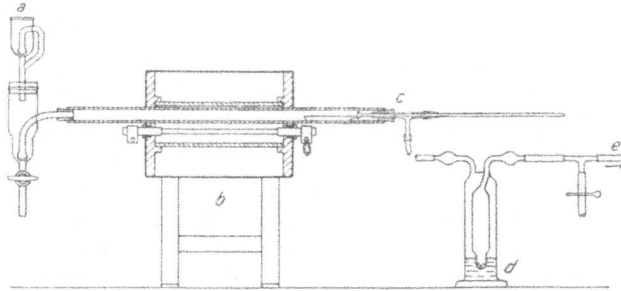

Abb. 33. Versuchseinrichtung zur Bestimmung des Gesamtschwefels in festen Brennstoffen nach A. Seuthe.

zentrierter Schwefelsäure, einem etwa 22 cm langen, elektrisch beheizten Ofen mit einem Verbrennungsrohr aus unglasiertem Porzellan und einem Absorptionsgefäß von etwa 175 cm³ Inhalt mit Aufsatz von etwa 40 cm³ Inhalt. Das Porzellanrohr von etwa 18 mm lichter Weite und 500 mm Länge, das nach der Seite des Absorptionsgefäßes hin etwa 12 cm herausragt, wird durch Gummistopfen mit entsprechenden Bohrungen verschlossen. Einer davon bildet die Verbindung mit dem Absorptionsgefäß, durch den anderen führt ein kurzes, rechtwinklig gebogenes Glasrohr für die Zuleitung des Sauerstoffes. Bei der Form des Absorptionsgefäßes (vgl. Abb. 34) ist darauf zu achten, daß das Zuleitungsrohr überall gleichmäßig weit und in einem möglichst stumpfen Winkel gebogen ist, damit an keiner Stelle die Möglichkeit zur Zurückhaltung von Kondenswasser besteht. Das Einleitungsrohr ist an seinem unteren Ende zugeschmolzen und enthält eine größere Zahl feiner Löcher, um die Auswaschung des Gases zu begünstigen.

---

[1] Arch. f. Eisenhüttenwesen 11 (1937/38), S. 343; Glückauf 75 (1939), S. 409; vgl. hierzu DIN 53722.

Bei Stein- und Braunkohle sowie bei Schwelkoks beträgt die erforderliche Reaktionstemperatur rd. 1350°. Nach Aufheizen des Ofens führt man ein unglasiertes Porzellanschiffchen, das 1 g der Brennstoffprobe (genau abgewogen) enthält, in das Verbrennungsrohr ein. Dabei muß die Probe zunächst so weit im äußeren kalten Teil des Rohres verbleiben, daß erst nach etwa 30 bis 60 s die Zündung allein durch die strahlende Wärme des Rohres erfolgt. Nach etwa 8 min wird das Schiffchen entweder durch Verschieben des Porzellanrohres im Ofen oder besser mittels eines durch den Gummistopfen gasdicht eingeführten Quarzstabes in die Mitte der Heizzone verschoben und daselbst weitere 8 min belassen.

Bei der Untersuchung von Koks genügt eine Verbrennungstemperatur von 1200 bis 1250°. Die Probe kann infolge des Fehlens größerer

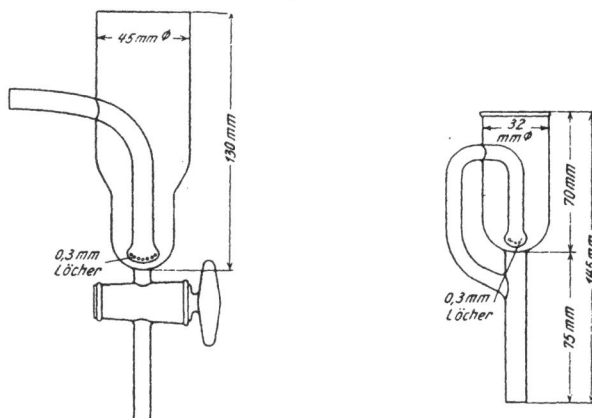

Abb. 34. Absorptionsgefäß zur Schwefelbestimmung nach A. Seuthe.

Mengen an flüchtigen Bestandteilen sofort mit einem dünnen Eisen- oder Quarzstab in die Glühzone eingeschoben werden, worauf sofort das vordere Rohrende mit dem Gummistopfen verschlossen und ein kräftiger Sauerstoffstrom durchgeleitet wird.

In jedem Fall ist nach insgesamt 8 bis 15 min die Verbrennung beendet, und sämtlicher Schwefel befindet sich als Schwefelsäure in der Vorlage. Man titriert unter weiterem Zuleiten von Sauerstoff mit 0,05 n-Natronlauge unter Zusatz von einigen Tropfen Methylrot bis zum Farbumschlag. Ist dieser erreicht, spült man das Einleitungsrohr des Absorptionsgefäßes mit der Wasserstoffsuperoxydlösung aus, indem man einen Quetschhahn, der zwischen Sauerstoffbombe und Waschflasche an einem T-Rohr angebracht ist, öffnet und die Lösung im Einleitungsrohr zurücksteigen läßt.

An Stelle der volumetrischen Bestimmung der gebildeten Schwefelsäure kann diese auch gewichtsmäßig als Bariumsulfat ermittelt werden.

Dieses Verfahren ist zudem in den Fällen zweckmäßig, wenn salzhaltige Kohlen untersucht werden, da diese unter Abspaltung von Chlorwasserstoff zersetzt werden.

Eine restlose Erfassung des gesamten Schwefelgehaltes ist gewährleistet, wenn die Asche vollkommen verschlackt ist. Bei Proben von Waschbergen, Schlacken, Kiesen und ähnlichen Stoffen muß daher die Veraschungstemperatur auf rd. 1450° gesteigert werden.

Die nach diesem Schnellverfahren erhaltenen Versuchswerte stimmen auch nach Untersuchungen des Verfassers mit den nach den nach F. Foerster und J. Probst sowie nach Eschka gewonnenen Werten auf $\pm 0,2\%$ überein. Es hat ferner neben dem Vorzug des geringen Zeitaufwandes noch den der Anwendbarkeit bei sehr hohen Schwefelgehalten.

Für die Versuchseinrichtung hat F. Grote[1]) die in der Abb. 35 dargestellte Vereinfachung angegeben. In ein einfaches Verbrennungsrohr

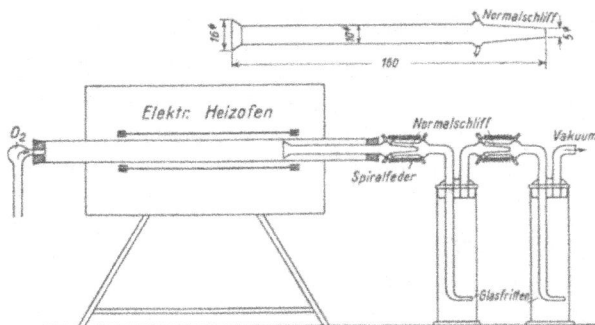

Abb. 35. Versuchsanordnung zur Gesamtschwefelbestimmung in festen Brennstoffen nach Seuthe-Grote.

aus Quarz wird ein trichterförmig erweitertes Quarzrohr bis nahe an die Glühzone eingeführt und am hinteren Ende mit einem Gummistopfen abgedichtet. Dieses Einsatzrohr ist durch Normalschliff mit den Absorptionsgefäßen (Frittenwaschflaschen) verbunden. Die Versuchsdurchführung findet in der bisherigen Weise statt. Das früher an den kalten Wandungen des Verbrennungsrohres kondensierte Verbrennungswasser haftet nunmehr an der inneren Wandung des Einsatzes. Dieser läßt sich nach Beendigung der Verbrennung mühelos herausnehmen und durch Ausspülen reinigen. Die Bestimmung des Gesamtschwefels erfolgt daraufhin in der üblichen Weise.

Die Berechnung des Schwefelgehaltes geschieht wie folgt:

a) bei gewichtsmäßiger Bestimmung:

$$\% \text{ Schwefelgehalt} = \frac{g \text{ Bariumsulfat} \cdot 0,1373 \cdot 100}{g \text{ Einwaage}},$$

---

[1]) Glückauf **77** (1941), S. 253.

b) bei volumetrischer Bestimmung:

% Schwefelgehalt

$$= \frac{\text{cm}^3 \, 0{,}05 \, n \text{ - NaOH} - \text{cm}^3 \, 0{,}05 \, n \text{ - H}_2\text{SO}_4) \cdot 0{,}0008 \cdot 100}{g \text{ Einwaage}}.$$

In Abänderung des Verfahrens von A. Seuthe hat R. Heinze[1] empfohlen, die Brennstoffprobe nach einem Vorschlag von Grewe[2] mit etwa der gleichen Gewichtsmenge Aluminiumgrieß oder Aluminiumspänen zu überschichten. Infolge der hohen Verbrennungstemperatur des Aluminiums wird der Brennstoff so stark erhitzt, daß eine restlose Verflüchtigung des Schwefels bereits bei Anwendung von Luft (2 bis 3 Blasen in der Sekunde) als Verbrennungsmedium erzielt wird.

Als Gerät hierfür dient ein gasbeheizter Verbrennungsofen, in den ein Quarzrohr von 500 mm Länge und 15 mm lichter Weite eingelegt wird, das an seinem hinteren Ende nach unten in einem Winkel von etwa 45° abgebogen ist und sich gleichzeitig auf etwa 6 mm verjüngt. An seinem vorderen Ende, durch das gleichzeitig die zur Verbrennung benötigte Luft eingeführt wird, ragt das Verbrennungsrohr etwa 150 mm aus dem Ofen heraus. In diesen Teil wird das Schiffchen, das die mit Aluminiumgrieß überschichtete Brennstoffprobe enthält, eingeschoben und mittels eines besonderen Bunsenbrenners bis zur Entzündung erhitzt. Das Quarzrohr enthält ferner eine Mischdüse aus Quarz, etwa 150 mm vom Anfang des Rohres entfernt, und anschließend im Abstand von je 40 mm vier Quarzfritten eingeschmolzen, die eine restlose Verbrennung des Schwefels zu Schwefeldioxyd gewährleisten sollen. Gleichzeitig dienen diese Einschmelzungen als Rückschlagsicherungen bei der Bildung entzündlicher Gemische. An das Verbrennungsrohr schließt sich zur Absorption des Schwefeldioxyds mittels einer Gummischlauchverbindung ein Absorptionsgerät nach R. Heinze und F. Schmeling[3] an. Als Vorlageflüssigkeit dient eine 3proz. Wasserstoffsuperoxydlösung; die gebildete Schwefelsäure wird anschließend volumetrisch mit 0,05 n-Kalilauge bestimmt.

Sonstige Verfahren. Das bisher gebräuchlichste Verfahren zur Bestimmung des Gesamtschwefelgehaltes in festen Brennstoffen ist das nach Eschka[4], das in den letzten Jahren jedoch weitgehend durch die im vorstehenden beschriebenen Verfahren abgelöst worden ist. Etwa 1 g des feingepulverten Brennstoffs (genau eingewogen) werden mit 2 g einer Mischung von 2 Teilen Magnesia und 1 Teil wasserfreiem Soda in

[1] Braunkohle **39** (1940), S. 519.

[2] Bericht Nr. 45 des Chemikerausschusses beim Ver. Deutscher Eisenhüttenleute 1925.

[3] Öl u. Kohle **2** (1934), S. 61; Hersteller Fa. H. Haschoff, Berlin N 65, Chausseestr. 59.

[4] Ztschr. anal. Chem. **13** (1874), S. 616; Österr. Ztschr. f. Berg- u. Hüttenwesen **22** (1879), S. 111.

einem Platintiegel innig gemischt und mit 0,5 bis 1 g weiterem Eschkagemisch überdeckt. Der Tiegel ist dabei in eine entsprechende Öffnung einer Asbestplatte von rd. 15 bis 20 cm Dmr. einzusetzen, um eine Absorption von Schwefeldioxyd aus den Verbrennungsabgasen durch das Eschkagemisch zu vermeiden. Der Tiegel wird etwa 30 min lang mittels einer zunächst sehr kleinen Flamme vorsichtig angewärmt, die Flamme allmählich vergrößert, bis der Tiegel rotglühend ist und das Erhitzen unter öfterem Umrühren mit einem Platindraht so lange fortgesetzt, bis der Brennstoff vollkommen verbrannt ist (Gesamtdauer etwa 3 h). Das erkaltete Reaktionsgemisch wird in ein Becherglas übergeführt, mit Wasser aufgeschlämmt, zur restlosen Oxydation der Schwefelverbindungen zu Sulfat etwas Wasserstoffsuperoxyd oder Brom zugetropft und mit Salzsäure angesäuert. Nach kurzem Erhitzen bis zum Sieden wird vom unlöslichen Rückstand abfiltriert und im Filtrat der Schwefel in der üblichen Weise als Bariumsulfat bestimmt.

Bei gasreichen Kohlen (Braunkohlen) und solchen mit Schwefelgehalten von mehr als 2% werden bei Anwendung dieser Eschkamethode infolge einer teilweisen Verflüchtigung von Schwefelwasserstoff etwas zu niedrige Werte[1]) erhalten, auch wenn das Anwärmen des Tiegels sehr langsam und späterhin gleichmäßig ansteigend erfolgt.

Um diese Schwierigkeiten zu vermeiden, hat O. Brunck[2]) vorgeschlagen, die Kohle nach Vermischung mit Kobaltoxyd und Soda in ein Schiffchen überzuführen und in einem Verbrennungsrohr im Sauerstoffstrom zu verbrennen. Diese Methode ist später durch die von F. Foerster und J. Probst ersetzt worden, bei der die Verwendung des teuren Kobaltoxyds durch Eschkamischung ersetzt worden ist. Deren Durchführung ist an anderer Stelle eingehend beschrieben (vgl. S. 93).

Eine weitere Abänderung der Eschkamethode, bei der ebenfalls eine Verflüchtigung von Schwefel beim Erhitzen schwefelreicher Proben verhindert wird, beruht auf folgender Grundlage. Die Brennstoff-Eschkamischung wird in einem kleinen Porzellantiegel mit weiterem Eschkagemisch bis zum Tiegelrand aufgefüllt, darüber ein etwas größerer Platintiegel gestülpt, beide Tiegel werden umgedreht und der Zwischenraum zwischen den beiden Tiegeln wird ebenfalls mit Eschkagemisch ausgefüllt. Auf diese Weise erreicht man, daß das Eschkagemisch, dessen Absorptionsvermögen für flüchtige Schwefelverbindungen bei höherer Temperatur besser ist als in der Kälte, am stärksten erhitzt wird.

Neben den im vorstehenden beschriebenen Oxydationsverfahren zur Bestimmung des Gesamtschwefels in festen Brennstoffen besteht auch die Möglichkeit, diesen auf katalytischem Wege bei der Vergasung des

---

[1]) M. Holliger, Ztschr. f. angew. Chem. 22 (1909), S. 436; F. Muhlert, Kohlenschwefel, Halle a. S. 1930.

[2]) Ztschr. f. angew. Chem. 18 (1905), S. 1560; Braunkohlenarchiv Heft 1 (1921), S. 10.

Brennstoffs quantitativ in Schwefelwasserstoff überzuführen. Dieses von W. Mantel und W. Schreiber[1]) ausgearbeitete Verfahren beruht auf folgender Grundlage.

Die Versuchsanordnung (vgl. Abb. 36) besteht aus einem durchsichtigen, schwach geneigten Quarzrohr von 50 cm Länge und 20 mm lichter Weite, das durch einen kleinen Röhrenofen und einen Silitstabofen beheizt wird. Etwa 12 bis 14 cm des Quarzrohres ragen aus dem letzteren Ofen heraus, der zur Beheizung des als Veraschungsraum dienenden Quarzrohrteils dient. Die Vergasung erfolgt mit Wasserdampf, der

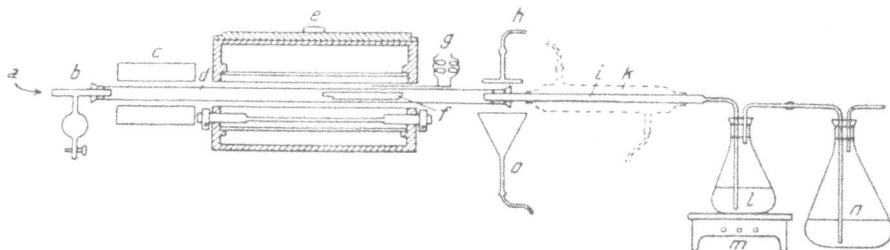

Abb. 36. Versuchsanordnung zur Bestimmung des Gesamtschwefels in festen Brennstoffen nach W. Mantel und W. Schreiber.

a) Zuleitung vom Dampfentwickler,
b) Abscheidegefäß für Kondenswasser,
c) elektrisch beheizter Röhrenofen,
d) Quarzrohr,
e) Silitstabofen,
f) Verbrennungsschiffchen,
g) Thermoelement,

h) Berieselungsvorrichtung für den Korkstopfen,
i) engeres Quarzrohr,
k) Liebigkühler,
l) Vorwaschflasche,
m) Heizplatte,
n) Vorlage,
o) Wasserabfluß.

im Vorderteil des Quarzrohres eingeleitet und durch den Röhrenofen überhitzt wird. Die während der Veraschung aus dem Quarzrohr abziehenden Dämpfe und Verbrennungsgase gelangen in ein etwas engeres Quarzrohr von 35 cm Länge und 12 mm lichter Weite, die mittels eines porenarmen wassergekühlten Korkstopfens miteinander verbunden sind. Dieser wird, um Überhitzungen zu vermeiden, während des Versuchs kräftig mit Wasser berieselt.

An dieses Quarzrohr schließt ein beheizbarer 300 cm³ fassender Erlenmeyerkolben als Vorwaschflasche für Teerbestandteile an, durch dessen dreifach durchbohrten Stopfen ein Tauchrohr, ein Gasableitungsrohr und ein Tropftrichter durchgeführt werden. Den Abschluß bilden zwei weitere, mit durch Essigsäure angesäuerter Kadmiumazetatlösung gefüllte Waschflaschen (Erlenmeyerkolben von 600 bis 750 cm³ Fassungsvermögen) zur Absorption des Schwefelwasserstoffs.

Bei der Vergasung von Kohlen mit bis zu 30% Gehalt an flüchtigen Bestandteilen wird die erste Vorlage mit 135 bis 150 cm³ Salzsäure (1:2) beschickt, der zur Adsorption abgespalteter teeriger Bestandteile 0,5 g

---

[1]) Glückauf 75 (1939), S. 929; 76 (1940), S. 479; Arch. f. Wärmewirtschaft 21 (1940), S. 65.

feingepulverte Aktivkohle zugegeben werden. Als zweite und dritte Vorlage diente ein Gemisch von 50 cm³ 5proz. Kadmiumazetatlösung in 1 proz. Essigsäure und 200 cm³ Wasser.

Bei der Vergasung von Koks kann die Vorwaschflasche wegfallen, so daß die Dämpfe unmittelbar in der Vorlage ausgewaschen werden. Damit diese hierbei nicht zu heiß wird, ist es zweckmäßig, das engere Quarzrohr zu kühlen.

Zur Vergasung gelangen bei bis 3% Schwefelgehalt 1,0 bis 0,5 g, bei höherem Schwefelgehalt 0,25 g des feingepulverten Brennstoffs (Korngröße < 0,12 mm). Dieser wird mit 0,8 g einer Vergasungsmischung (für Kohlen Mischung *a*, für Kokse Mischung *b*) innig gemischt, in ein Verbrennungsschiffchen aus unglasiertem Hartporzellan eingefüllt und durch ein kurzes Aufklopfen des letzteren verfestigt. Die Mischung *a* enthält 63% Kalziumoxalat, 26% Kalziumhydroxyd und 11% Ammoniummolybdat, die Mischung *b* zusätzlich 2,5% Lithiumkarbonat.

Im einzelnen soll der Silitstabofen wie folgt aufgeheizt werden:

nach	5 min	. . . . .	550 bis 600⁰
»	10 »	. . . . . .	700 » 750⁰
»	15 »	. . . . . .	800 » 850⁰,
»	20 »	. . . . . .	880 » 900⁰
»	25 »	. . . . .	930 » 960⁰
»	30 »	. . . . .	1100⁰ (bei Koks 1150⁰).

Die Vergasung von Koks (je Versuch 0,5 g Koks und 1 g der Vergasungsmischung *b*) wird in der gleichen Weise je nach der Reaktionsfähigkeit im Verlauf von etwa 30 min durchgeführt. Nach Beendigung der Vergasung wird der Rückstand durch Auflösen des Rückstandes in verdünnter Salzsäure auf Vollständigkeit der Veraschung geprüft.

Bei Braunkohlen mit > 1% Schwefelgehalt, bei Steinkohlen mit > 3% Schwefelgehalt, bei Waschbergen und Pyritanreicherungen wird zweckmäßig eine kohlenstoffhaltige Vergasungsmischung angewendet. Diese besteht aus 9 Gewichtsteilen der Mischung *a*, 3 Gewichtsteilen Holzkohle und 1 Gewichtsteil möglichst schwefelfreier Aktivkohle (Korngröße beider Zusätze < 0,12 mm). Die als Zusatz erforderliche Menge beträgt 1,3 g Mischung je Versuch. Die Einwaage ist so zu bemessen, daß für die Titration nicht mehr als 18 bis 20 cm³ 0,05 n-Jodlösung verbraucht werden. Als Anhaltswerte gelten folgende Zahlen:

von	1 bis 3%	Schwefelgehalt	0,5 g	Einwaage,
»	3 » 6%	»	0,25 g	»
»	6 » 15%	»	0,10 g	»
»	15 » 30%	»	0,05 g	»
	> 30%	»	0,03 g	»

Nach Durchführung des Versuchs wird die Vorlage abgekühlt, überschüssige 0,1 n-Jodlösung zugegeben und nach Ansäuern mit konzen-

trierter Salzsäure das unverbrauchte Jod in der üblichen Weise mit
0,1 n-Natriumthiosulfatlösung zurücktitriert. Der Jodverbrauch für
den Blindverbrauch darf 0,25 cm³ nicht überschreiten, anderenfalls ist
die Vergasungsmischung nicht schwefelfrei oder die Kühlung für den
Stopfen ist nicht ausreichend. Die Fehlergrenze der Methode beträgt
± 0,03% Schwefel.

Um die Jodlösung einzusparen, ist es auch möglich, den gebildeten
Schwefelwasserstoff bromometrisch zu bestimmen. In diesem Fall läßt
man zu der in einem Schliffkolben befindlichen Kadmiumazetatlösung
aus einer Bürette 30 bis 40 cm³ 0,1 n-Bromid-Bromatlösung zufließen,
gibt etwa ein Viertel des Volumens konzentrierte Salzsäure zu,
verschließt den Kolben und läßt die Lösung etwa 30 min lang stehen.
Der Schwefel wird vollständig zu Schwefelsäure oxydiert und daraufhin
das überschüssige Brom mit 0,1 n-arseniger Säure (Indikator Methylorange) zurücktitriert. Da das freie Brom den Indikator zerstört, wird
erst gegen Ende der Titration, wenn die Lösung blaß-gelb geworden ist,
ein Tropfen Methylorange zugesetzt, nach jedesmaligem Umschütteln
tropfenweise weitertitriert und dies fortgesetzt, bis der erneut zugegebene
Tropfen des Indikators nicht mehr zersetzt wird.

1 cm³ 0,1 n-Bromid-Bromatlösung entspricht 0,4 mg Schwefel. Um
Verluste an Brom mit Sicherheit auszuschließen, können vor dem Zusatz der Salzsäure 10 bis 15 cm³ Tetrachlorkohlenstoff zugegeben werden.
Dabei muß man während der nachfolgenden Titration nach jedem Zusatz
der arsenigen Säure gut durchschütteln, um das vom Tetrachlorkohlenstoff aufgenommene Brom zur Reaktion zu bringen. Der Blindversuch
ist in diesem Fall ebenfalls bromometrisch durchzuführen.

c) »Verbrennlicher« Schwefel (Bombenmethode).

Etwa 1 g Kohle oder Koks (genau eingewogen) werden in der üblichen Weise in der Kalorimeterbombe bei einem Sauerstoffdruck von
30 at verbrannt, wobei die Bombe 10 cm³ destilliertes Wasser enthalten
soll. Nach etwa halbstündigem Stehen, währenddem die gebildeten
Schwefelsäurenebel sich niederschlagen, wird die Bombe geöffnet, die
Gase werden in einer Filterwaschflasche, z. B. Modell 101 G 1 mit 50 cm³
0,1-n Natronlauge, die 10 Tropfen Perhydol enthält, ausgewaschen; die
in der Bombe enthaltene Lösung wird in ein Becherglas übergeführt und
die Bombenwandung sorgfältig mit Wasser nachgespült. Die vereinigten
Lösungen werden auf etwa 10 cm³ eingedampft, auf 50 cm³ mit Wasser
verdünnt, filtriert und der Rückstand wird sorgfältig ausgewaschen. Das
etwa 100 cm³ betragende Filtrat wird mit Salzsäure angesäuert und nach
Erhitzen zum Sieden mit 25 cm³ 10proz. Bariumchloridlösung der
Schwefelgehalt als Bariumsulfat ausgefällt. Der Niederschlag wird in
der üblichen Weise abfiltriert, getrocknet, verascht und gewogen.

Wenn bei der Verbrennung die Asche zu Kügelchen zusammenschmilzt, werden nach dieser Methode zu geringe Werte erhalten, da die aus dem Pyritschwefel entstandenen Sulfate zum Teil von der geschmolzenen Asche umschlossen sind. Um diese Fehlermöglichkeit auszuschließen, wird in diesen Fällen in das Verbrennungsschälchen zunächst eine dünne Schicht von feingepulvertem Quarz eingefüllt, der die geschmolzene Brennstoffasche fein verteilt.

d) Ascheschwefel.

0,1 bis 0,5 g der feingepulverten Ascheprobe werden mit konz. Salzsäure in einer Porzellanschale übergossen und die Lösung wird zur Trockne abgedampft. Der Rückstand wird mit 2 cm³ konz. Salzsäure angefeuchtet, mit heißem Wasser verdünnt, die Lösung abfiltriert und der Rückstand mit heißem Wasser ausgewaschen. In dem Filtrat, das ein Volumen von ungefähr 100 cm³ besitzen soll, wird der Sulfatschwefel in der üblichen Weise als Bariumsulfat ausgefällt; dieses wird abfiltriert, geglüht und gewogen. Bei der Bestimmung des Aschenschwefels in titanhaltigen Kohlen[1]) ist es notwendig, vor der Fällung des Bariumsulfates die Titansäure (und Sesquioxyde) mit Ammoniak abzuscheiden, da sich sonst infolge Hydrolyse des Titanchlorids bei der Bariumsulfatfällung Metatitansäure mit ausscheidet.

e) Flüchtiger Schwefel in Vergasungsrohstoffen.

Völlig einwandfreie Bestimmungen des flüchtigen Schwefels lassen sich nur derart durchführen, daß der Schwefelgehalt der flüchtigen Vergasungsstoffe unmittelbar bestimmt wird.

Aus dem Unterschied von Gesamtschwefel und Ascheschwefel, letzterer bestimmt nach Veraschung einer Brennstoffprobe im Muffelofen oder durch Verbrennung in einem trockenen Luftstrom, ergeben sich für den flüchtigen Schwefel wesentlich zu niedrige Werte. Wenn dieser Weg gewählt werden soll, ist es vielmehr erforderlich, den Luftstrom zur Verbrennung bei etwa 50⁰ mit Wasserdampf zu sättigen oder die Brennstoffprobe mit Wasserdampf zu vergasen.

Eine geeignete Verfahrensweise zur Bestimmung des flüchtigen Schwefels in teerfreien Vergasungsstoffen, die auf diesen Überlegungen beruht, hat A. Jäppelt[2]) angegeben.

Das hierfür benötigte Versuchsgerät ist gleich dem für die Bestimmung des Aschegehaltes von Vergasungsrohstoffen (vgl. S. 65). Das zur Aufnahme des Schiffchens dienende Quarzrohr ist zusätzlich am hinteren Ende mit einem Schliff versehen, an das eine Schottvorlage angeschlossen wird (vgl. Abb. 26 auf S. 66). In dieses werden 20 cm³

---

[1]) F. Ullrich, Ztschr. anal. Chem. **117** (1939), S. 10.
[2]) Braunkohle **35** (1936), S. 783; A. Pack, Braunkohle **33** (1940), S. 207.

ammoniakalische Wasserstoffsuperoxydlösung zum Auswaschen der Gase gegeben. Der aus dem Koks in Form von Schwefelwasserstoff und Schwefeldioxyd entweichende Schwefel wird in der Vorlage restlos absorbiert und anschließend gewichtsmäßig als Bariumsulfat bestimmt.

f) Verteilungsformen des Schwefels.

Neben der Bestimmung des Gesamtschwefels in festen Brennstoffen ist es zuweilen erwünscht, die Verteilung des Schwefels als Sulfid-, Sulfat-, Pyrit- und organisch gebundenem Schwefel zu ermitteln.

Zur Bestimmung der Verteilungsformen des Schwefels in Kohle und Koks können sowohl mittelbare als auch unmittelbare Verfahren herangezogen werden. Für den Sulfatschwefel hat sich allgemein die Extraktion der Kohle mit verdünnter Salzsäure eingeführt. Zur Ermittlung des Gehaltes an Pyritschwefel beruht das mittelbare Verfahren darauf, daß durch Extraktion der Kohle mit Salzsäure das lösliche Eisen bestimmt wird, dessen Menge von dem in der Asche befindlichen Gesamteisen abzuziehen ist. Da allgemein von den in den Mineralstoffen der Kohle enthaltenen Eisenverbindungen nur Pyrit (FeS_2) in Salzsäure unlöslich ist, kann aus der Menge des unlöslichen Eisens der Gehalt an Eisenkiesschwefel berechnet werden. Dieses Verfahren ist jedoch nach Untersuchungen von R. von Walter und W. Bielenberg[1]), T. G. Woolhouse[2]), H. Ditz und H. Wildner[3]) ungenau, da der Eisenkies in den Kohlen nur in Ausnahmefällen genau nach dem stöchiometrischen Verhältnis $Fe:S_2$ zusammengesetzt ist und möglicherweise auch in Salzsäure unzersetzliche Eisensilikate in der Asche mitberücksichtigt werden.

Bei den unmittelbaren Verfahren wird nach Erdmann und Hoffmann[4]) der Pyrit mit Salzsäure und Zinn oder nach dem Verfahren von W. Radmacher und W. Mantel[5]) mit aktiviertem Zink behandelt und der dabei entstehende Schwefelwasserstoff nach den einschlägigen Methoden bestimmt. Sehr gebräuchlich ist das Verfahren von W. Parr und A. R. Powell[6]) (s. u.), bei dem der Pyritschwefel durch dreitägiges Stehen der Kohle mit Salpetersäure vollständig zu Schwefelsäure oxydiert wird. Eine Überprüfung dieser Methode durch H. Ditz und H. Wildner (s. o.) ergab, daß in Einzelfällen im Verlauf der langen Einwirkungsdauer auch ein geringer Teil des organisch gebundenen Schwefels angegriffen werden kann, so daß eine zweitägige Behandlungsdauer als ausreichend angesehen wird.

---

[1]) Braunkohlenarchiv **17** (1927), S. 14.
[2]) Brennstoffchem. **7** (1926), S. 26.
[3]) Brennstoffchem. **5** (1924), S. 149, 167.
[4]) Erdmann u. Dolch, Chemie der Braunkohle. Verl. Knapp (1927), S. 94.
[5]) Glückauf **73** (1937), S. 989.
[6]) Ind. Engng. Chem. **12** (1920), S. 887, 1069.

Verfahren von S. W. Parr und A. R. Powell.

1. **Sulfidschwefel**[1]. 5 g des Brennstoffs werden in einem Erlenmeyerkolben unter einem langsamen Strom von Kohlendioxyd mit 100 cm³ verdünnter Salzsäure (Dichte 1,05) versetzt, die Aufschlämmung wird etwa 15 min lang zum Sieden erhitzt und das Spülglas mit Kadmiumazetatlösung gewaschen. Das in der Vorlage gebildete Kadmiumsulfid wird anschließend jodometrisch bestimmt.

2. **Sulfatschwefel.** In der bei der Bestimmung des Sulfidschwefels im Kolben zurückgebliebenen Lösung wird der Sulfatschwefel nach Filtration und Entfernung des Eisens durch Ausfällung mit Ammoniak und nach Ansäuern mit Salzsäure durch Bariumchlorid bestimmt.

3. **Pyriteisen und Pyritschwefel.** Zur Ermittlung dieser beiden Gehalte wird der bei den vorgenannten Untersuchungen verbliebene Rückstand in einem Becherglas zwei Tage, bei höheren Pyritgehalten etwa acht[2] Tage lang bei Zimmertemperatur mit Salpetersäure (Dichte 1,2) behandelt. Die erhaltene Lösung wird auf dem Wasserbade eingedampft, der Rückstand mit verdünnter Salzsäure aufgenommen, filtriert und das Eisen mit Ammoniak gefällt und bestimmt. Im Filtrat des Eisenhydroxydniederschlages wird die Schwefelsäure mit Bariumchlorid gefällt und daraus der Pyritschwefel errechnet. Das gefundene Eisen soll im stöchiometrischen Verhältnis zum gefundenen Schwefel entsprechend der Zusammensetzung des Pyrits stehen.

4. **Gesamtschwefel.** Die Bestimmung des gesamten Schwefelgehaltes des Brennstoffs erfolgt nach einem der auf S. 93 beschriebenen Verfahren.

5. **Organisch gebundener Schwefel.** Durch Abzug der anorganischen Bindungsformen des Schwefels vom Gesamtschwefel ergibt sich der organisch gebundene Schwefel.

Pyritschwefelbestimmung
nach W. Radmacher und W. Mantel[3].

Von der auf eine Korngröße <0,12 mm zerkleinerten Probe (Prüfsieb Nr. 50) wird eine Probemenge abgewogen, die weniger als 0,024 g Pyritschwefel, d. h. bei einer Kohle mit 1% Pyritgehalt (= 0,5348% Pyritschwefelgehalt) etwa 4 g beträgt. Die Probe wird unter Zusatz von 20 g granuliertem Zink, 1 g Quecksilberchlorid und 2 g Zinn-2-chlorid

---

[1] O. Simmersbach, Stahl u. Eisen **33** (1913), S. 2027, 2077.

[2] F. Grimmendahl, Techn. Mitteilungen Krupp, Forschungsberichte **3** (1940), S. 34.

[3] Glückauf **73** (1937), S. 989, vgl. ferner Laboratoriumsvorschrift L. V. 6 (1938) des Kokereiausschusses.

in einen 300 cm³ fassenden Erlenmeyerkolben mit eingeschliffenem Aufsatz eingefüllt. Der Kolben trägt einen 100 cm³ fassenden Tropftrichter, ein Zuführungsrohr für Kohlendioxyd und ein Ableitungsrohr für die abgespaltenen Gase. An das letztere werden drei hintereinandergeschaltete Waschflaschen angeschlossen, von denen die erste mit Wasser, die zweite und dritte mit einer 5proz. Kadmiumazetatlösung in 2proz. Essigsäure beschickt sind. Nach Ausspülen des Versuchsgerätes mit Kohlendioxyd läßt man unter weiterem Durchleiten dieses Gases 100 cm³ konz. Salzsäure in den Kolben einfließen und schüttelt mehrfach kräftig durch. Nach dem Abklingen der Hauptreaktion, das an einer Verminderung der Wasserstoffentwicklung ersichtlich ist, wird die Lösung auf eine Temperatur von 70⁰ erwärmt. Nach 15 bis 20 min wird der Traggasstrom abgestellt, die zweite Waschflasche entfernt und durch die an dritter Stelle befindliche ersetzt. In den Entwicklungskolben werden nochmals 5 g Zink eingefüllt und 50 cm³ konz. Salzsäure zugegeben. Nach Beendigung der Wasserstoffentwicklung wird nochmals Kohlendioxyd durch die Vorrichtung durchgeleitet, bis die Menge des Kadmiumsulfidniederschlags sich nicht weiterhin erhöht. Die Inhalte der beiden Waschflaschen werden, falls die letztere derselben überhaupt einen Niederschlag aufweist, vereinigt. Daraufhin gibt man zu der Lösung nacheinander 15 cm³ 0,1 n-Jodlösung und 10 cm³ konz. Salzsäure zu, verschließt die Waschflasche und schüttelt, bis das Sulfid sich vollständig aufgelöst hat. Anschließend wird der Jodüberschuß mit 0,1 n-Natriumthiosulfatlösung zurücktitriert. 1 cm³ verbrauchter 0,1 n-Jodlösung entspricht 0,0016 g Pyritschwefel (als Schwefel berechnet) bzw. 0,003 g Pyrit (FeS_2).

Berechnung des Schwefelgehaltes:

$^0/_0$ Schwefelgehalt

$$= \frac{(cm^3 \, 0,1 \, n\text{-Jodlösung} - cm^3 \, 0,1 \, n\text{-Thiosulfatlösg.}) \cdot 0,0016 \cdot 100}{g \, \text{Einwaage}}$$

Der Fehler der Methode wird, auf die Kohle bezogen, von den Verfassern zu ±0,004% FeS_2 angegeben.

Nach dem gleichen Verfahren läßt sich der Pyritgehalt in Bergen und Pyritkonzentraten bestimmen, wobei jedoch die Reduktion mit Zink und Salzsäure mehrfach wiederholt werden muß, bis keine weitere Schwefelwasserstoffbildung mehr eintritt.

Pyritschwefelbestimmung nach A. Linner und H. Brandeis[1]).

Ein weiteres Verfahren zur getrennten Bestimmung des Pyritschwefels in Kohlen beruht auf der Oxydationswirkung von Wasserstoffsuperoxyd in salzsaurer Lösung und wird wie folgt ausgeführt.

[1]) Brennstoffchem. 18 (1937), S. 81.

1 g der feingepulverten Kohle wird in einem Becherglas nach Zugabe von 2 bis 3 Tropfen Alkohol mit einem Glasstab zu einem Brei angerührt. Dann mißt man in einem Meßzylinder 85 cm³ dest. Wasser ab, ergänzt mit 5 cm³ Salzsäure (Dichte 1,19) auf 90 cm³ und mit möglichst genau abgemessenen 10 cm³ Perhydrol (Merck) auf 100 cm³ Lösung. Die so erhaltene Lösung ist etwas stärker als 3 proz., sie enthält etwa 3,25 Gew.-% H_2O_2. Zur Sicherheit, daß diese Konzentration eingehalten ist, kann man in einer Blindprobe von 100 cm³ des angegebenen Reagens den Wasserstoffsuperoxydgehalt durch Titration mit einer eingestellten Permanganatlösung ermitteln. Die Lösung fügt man zu der im Becherglas vorbereiteten Kohle hinzu, bedeckt mit einem Uhrglas und stellt den Becher auf einen Dreifuß mit Asbestdrahtnetz. Man erhitzt nun mit der nichtleuchtenden Flamme eines Bunsenbrenners, die nicht länger als 2 cm sein soll, damit sich die Lösung nicht zu schnell erwärmt und zu stürmisch zersetzt. Nach $1\frac{1}{2}$ bis $^3/_4$ h beginnt die Flüssigkeit zu schäumen und Blasen zu werfen bei einer Temperatur von rd. 65° C. Es ist daher unbedingt notwendig, sie mit dem Uhrglas bedeckt zu halten, um Verluste durch Spritzen zu vermeiden. Während der Hauptzersetzung, die $\frac{1}{2}$ h dauert, darf die Temperatur nicht höher als 80° C ansteigen. Die Nachoxydation dauert noch 1 h, es steigen weitere Bläschen auf und man läßt die Lösung solange stehen, bis sich die Kohle abgesetzt hat. Die Temperatur hält sich dabei auf 80°. Die Oxydation dauert 2 bis $2\frac{1}{2}$ h. Während dieser Zeit braucht man sich um die Reaktion nicht zu kümmern, die Kohleteilchen werden durch das Aufsteigen der Sauerstoffbläschen ständig aufgewirbelt. Nachher spült man das Uhrglas mit Wasser ab und fällt zunächst in der kohlehaltigen Lösung das Eisen mit Ammoniak aus. Der Eisenwert kann ohnehin nicht zur Vergleichsberechnung des Schwefels gemäß der Formel FeS_2 verwendet werden, weil hierbei auch der Eisengehalt aus sonstigen salzsäurelöslichen Eisenverbindungen mit ausgefällt wird. Da aus dem Wasserstoffsuperoxyd nur Wasser entsteht und außerdem nur noch Salzsäure vorhanden ist, so ist die Arbeitsweise sehr einfach im Gegensatz zu jener von A. R. Powell und S. W. Parr (vgl. S. 104). Man fällt also das Eisen in Anwesenheit der Kohle aus, indem man solange Ammoniak tropfenweise zu der noch heißen Lösung gibt, bis der Geruch nach Ammoniak eben vorwaltet. Der Eisenhydroxydniederschlag reißt die Kohleteilchen mit zu Boden. Man filtriert durch ein Weißbandfilter, wäscht mit heißem Wasser aus und fällt im Filtrat nach dem Ansäuern mit Salzsäure die Sulfationen auf bekannte Weise. Durch das ausgewogene Bariumsulfat erhält man den Pyrit- und Sulfatschwefelgehalt. Der Sulfatschwefel wird in einer getrennten Probe durch Auskochen mit HCl (1:2) während 15 bis 20 min, Filtrieren und Fällen mit Bariumchlorid bestimmt. Der Unterschied zwischen beiden Werten ergibt den Pyritschwefel. Ist auch Monosulfid-Schwefel vorhanden, was selten vorkommt, so kann

dieser gemeinsam mit dem Sulfatschwefel bestimmt werden (vgl. S. 103).

2. Kohlenstoff- und Wasserstoffgehalt[1]).

a) Allgemeines.

Bei laufenden Betriebsuntersuchungen ist die Ermittlung der Elementarzusammensetzung der Brennstoffe von untergeordneter Bedeutung. Ihre Bestimmung erfolgt in Betriebslaboratorien daher auch ungleich seltener als die der Rohzusammensetzung und des Heizwertes.

Für die Berechnung der Abgaszusammensetzung bei der Verbrennung oder für die Aufstellung der Stoffbilanz bei der Vergasung oder Entgasung von festen Brennstoffen ist die Kenntnis der Elementarzusammensetzung dagegen unbedingt erforderlich. Das gleiche gilt z. B. für die Ermittlung des unteren Heizwertes bei Volluntersuchungen von Kohlen aus neu erschlossenen Flözen oder bei technisch-wissenschaftlichen Arbeiten über feste Brennstoffe.

Der prozentuale Gehalt eines festen oder flüssigen Brennstoffs an Kohlenstoff und Wasserstoff wird durch die Elementaranalyse ermittelt. Diese kann durchgeführt werden entweder als Makromethode nach J. Liebig oder nach Dennstedt[2]) oder auch als Mikro- bzw. Halbmikromethode nach F. Pregl, z. B. in der Ausführungsform von H. Reihlen und E. Weinbrenner[3]). Die Wasserstoffbestimmung setzt hierbei eine genaue Feststellung des Wassergehaltes der Brennstoffprobe nach einem der auf S. 50f. beschriebenen Verfahren voraus.

b) Kohlenstoff- und Wasserstoffbestimmung nach J. Liebig[4]).

Die Kohlenstoff- und Wasserstoffbestimmung nach J. Liebig erfolgt in der üblichen Ausführungsform in einem mit Gas oder mit elektrischer Widerstandsheizung auf 750 bis 800⁰ heizbaren Verbrennungsofen von rd. 1 m Länge. In diesem befindet sich ein Verbrennungsrohr aus Supremaxglas, Quarz oder Nichrotherm[5]) von 14 bis 16 mm lichter Weite und etwa 1200 mm Länge, dessen Füllung in der Abb. 37 dargestellt ist. Diese besteht in Richtung des Gasstroms zunächst aus einer Kupferdrahtnetzspirale mit einem Haken zum Herausziehen, die ein Zurückströmen des Verbrennungsgases verhindern soll. Hinter dieser Spirale wird das Verbrennungsschiffchen mit der Brennstoffprobe ein-

[1]) Vgl. hierzu ferner DIN-Entwurf 53720.
[2]) Dennstedt, Anleitung zur vereinfachten Elementaranalyse, O. Meißners Verlag, Hamburg.
[3]) Chem. Fabrik 7 (1934), S. 63; Mikrochem. 23 (1938), S. 285.
[4]) Vgl. ferner L. Gattermann-H. Wieland, Praxis des organischen Chemikers, 25. Aufl., Leipzig 1937, S. 58.
[5]) W. Zwieg, Gas- u. Wasserfach 74 (1931), S. 576. Nachteilig ist bei der Verwendung eines Nichrothermrohres, daß der Ablauf der Verbrennung im Schiffchen nicht beobachtet werden kann.

gesetzt. Daran schließt sich der eigentliche Verbrennungsraum an, dessen Füllungen durch 40 mm lange Kupferspiralen voneinander abgetrennt sind. Die erste Füllung besteht zumeist aus Kupferoxyd (in Drahtform oder als Körner von 3 bis 4 mm), die zweite aus gekörntem Bleichromat zur Absorption des gebildeten Schwefeldioxyds. Die Eingangsseite des Verbrennungsrohres wird entweder mit einer Schliffverbindung oder mit einem gutsitzenden Gummistopfen versehen. Die Ausgangsseite wird zu

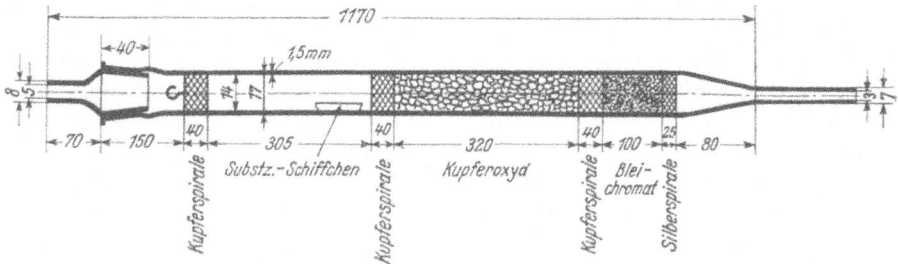

Abb. 37. Verbrennungsrohr für die Kohlenstoff-Wasserstoff-Bestimmung nach J. Liebig.

einem Rohr von 6 mm lichter Weite verjüngt, an das mittels einer Gummiverbindung (Glas an Glas) die Absorptionsgeräte für Wasserdampf und Kohlendioxyd angeschlossen werden.

Die Durchführung der Verbrennung erfolgt mit Sauerstoff (Luft ist bei Steinkohle und Koks infolge ihrer geringeren Reaktionsfähigkeit nicht zweckmäßig). Als Sauerstoff wird zweckmäßig solcher aus Lindeanlagen verwendet. Elektrolytsauerstoff enthält dagegen häufig 0,1 bis 0,4% Wasserstoff, der vor Einleiten des Gases in das Verbrennungsrohr in einem auf 400° beheizten Supremax- oder Porzellanrohr von etwa 40 cm Länge, das ebenfalls mit Kupferoxyd oder Platinasbest gefüllt ist, sorgfältig gereinigt werden muß. Der Sauerstoff ist ferner mit dem gleichen Trockenmittel (wasserfreiem Kalziumchlorid, konz. Schwefelsäure, Magnesiumperchlorat oder Phosphorpentoxyd), mit dem nachfolgend die Bestimmung des gebildeten Verbrennungswassers erfolgt, zu trocknen.

Zur Absorption der Verbrennungserzeugnisse Wasserdampf und Kohlendioxyd wird das Abgas nacheinander durch eines der obengenannten Trockenmittel und anschließend zwecks Absorption des Kohlendioxyds durch Natronkalk, Natronasbest oder Kalilauge geleitet. Für die Form dieser Absorptionsgefäße sind zahlreiche Ausführungsformen vorgeschlagen worden. Eine bewährte Bauart der Absorptionsgeräte zeigt die Abb. 38. Zu beachten ist, daß vor der Wägung der Absorptionsröhrchen nach der ersten Füllung die darin enthaltene Luft durch Sauerstoff verdrängt werden muß.

Zu beachten ist, daß Verbrennungsöfen normaler Länge, wie sie für die Elementaranalyse organischer Stoffe verwendet werden, für die

Untersuchung von festen Brennstoffen nicht geeignet sind, wenn als Füllstoff Kupferoxyd handelsüblicher Art verwendet wird. Fossile Brennstoffe spalten bei ihrer Erhitzung durch Entgasung Methan ab, dessen Verbrennungsgeschwindigkeit an Kupferoxyd verhältnismäßig gering ist. Aus diesem Grunde ist es auch erforderlich, den Sauerstoffstrom ziemlich gering, zu nur etwa 1 bis 2 Blasen in der Sekunde, zu bemessen.

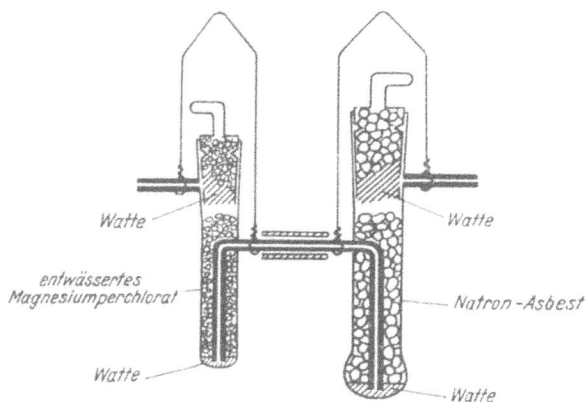

Abb. 38. Absorptionsgeräte für Wasserdampf und Kohlendioxyd bei der Elementaranalyse.

Eine Beschleunigung der Verbrennung des abgespaltenen Methans und damit eine Verkürzung der Dauer einer Bestimmung wird erzielt durch Anwendung von aktiviertem Kupferoxyd nach H. Brückner und R. Schick[1]). In diesem Fall[2]) ist es möglich, die Geschwindigkeit des Sauerstoffs auf etwa 3 Blasen in der Sekunde zu erhöhen. Ferner kann die Verbrennungstemperatur auf etwa 600⁰ erniedrigt werden, so daß bei Quarz- und Supremaxrohren deren Haltbarkeit sich wesentlich verlängert.

Nach Untersuchungen von D. Millin[3]) kann die Absorptionsgeschwindigkeit des Wasserdampfes, die bei gekörntem Kalziumchlorid

[1]) Gas- u. Wasserfach **82** (1939), S. 189, 289.
[2]) Nach bisher unveröffentlichten Untersuchungen meines Mitarbeiters Dr.-Ing. Choulat. — Ein besonders aktives Kupferoxyd-Eisenoxyd-Gemisch erhält man wie folgt. Eine Mischung von krist. Kupfernitrat und krist. Eisennitrat im Gewichtsverhältnis 95 : 5 wird in einer Porzellanschale eingeschmolzen. Hierzu wird soviel ausgeglühte Asbestfaser zugegeben, daß diese mit der Schmelze völlig durchtränkt wird. Daraufhin röstet man unter ständigem Umrühren ab, bis keine weiteren Stickoxyde abgespalten werden. Die mit dem Oxydgemisch überzogenen Asbestfasern werden aufgelockert und in das Verbrennungsrohr eingefüllt. Um die letzten Reste von Stickoxyden zu entfernen, wird das gefüllte Verbrennungsrohr unter Durchleiten von Sauerstoff etwa 3 h lang auf 750⁰ erhitzt. Nach Einfüllen der Bleichromatschicht ist das Rohr daraufhin gebrauchsfertig.
[3]) Chemistry & Industry **58** (1939), Transactions S. 215.

verhältnismäßig gering ist, bei Ersatz desselben durch Magnesiumperchlorat erheblich erhöht werden[1]). Ebenso wird für die Bindung des
Kohlendioxyds die Verwendung von mit Ätznatron getränktem Asbest
vorgeschlagen.

Bei Verwendung von geschmolzenem Kalziumchlorid als Trockenmittel ist ferner darauf zu achten, daß dieses beim Erhitzen zum Teil
in basisches Oxychlorid übergeht, so daß das frische gekörnte Produkt
zuvor etwa 12 h lang mit Kohlendioxyd abgesättigt werden muß, um
es zu neutralisieren. Erst daraufhin ist es gebrauchsfertig.

Zur Durchführung der Bestimmung werden 0,2 bis 0,3 g der lufttrockenen Probe in das Verbrennungsschiffchen eingewogen, und während
dieser Zeit wird der mit Kupferoxyd gefüllte Teil des Verbrennungsrohres auf 700 bis 750°, bei Verwendung von aktiviertem Kupferoxyd
auf 600 bis 650° aufgeheizt, während die Temperatur der Bleichromatschicht nur rd. 450° betragen soll. Nach Anschließen der Absorptionsgefäße und Einsetzen des Schiffchens in den noch kalten vorderen Teil
des Rohres wird der Sauerstoffstrom angeschlossen, dessen Geschwindigkeit auf 1 bis 2 bzw. 3 Blasen je s eingestellt wird. Die Brennstoffprobe wird zunächst langsam angewärmt, daraufhin erhitzt man etwas
stärker, bis bei Kohlen der gebildete Schwelkoks gezündet hat und langsam durchglüht. Schließlich wird die Probe auf etwa 700° erhitzt, damit
Gewähr dafür besteht, daß sämtliche brennbaren Anteile völlig verbrannt
werden. Höhere Temperaturen als 750° dürfen hierbei nicht angewendet
werden, da andernfalls aus dem Karbonatgehalt der Brennstoffasche
Kohlendioxyd abgespalten wird und einen zu hohen Kohlenstoffgehalt
der Probe vortäuscht.

Bei Koks kann die Erhitzung von Beginn an stärker erfolgen, da
hierbei die Abspaltung flüchtiger Bestandteile nicht zu befürchten ist.

Die Dauer einer Verbrennung beträgt etwa 3 h. Vor ihrem Abschluß
wird der Sauerstoffstrom etwa 5 min lang verstärkt, um etwaige restliche Verbrennungserzeugnisse nach den Vorlagen durchzuspülen. Bei
dem Auswägen der Absorptionsgefäße ist darauf zu achten, daß diese
vor und nach der Wägung mit dem gleichen Gas (Sauerstoff) gefüllt
sein müssen.

c) Halbmikrobestimmung[2]).

Vor allem in der organisch-chemischen Forschung ist die Mikroelementaranalyse unersetzlich, wenn nur sehr geringe Stoffmengen zur
Untersuchung zur Verfügung stehen. Darüber hinaus hat das Mikro-

---

[1]) Noch günstiger ist es, die Trocknung im oberen Teil des Absorptionsgefäßes
zunächst mit Magnesiumperchlorat und anschließend mit Phosphorpentoxyd, dem
zur Auflockerung Tonscherben beigemengt sind, durchzuführen.

[2]) H. Reihlen u. E. Weinbrenner, Mikrochem. **23** (1938), S. 285.

verfahren in nahezu sämtlichen wissenschaftlichen Laboratorien die ältere Makroanalyse verdrängt, weil sie bei dem Erfordernis häufiger Untersuchungen trotz der Mühsal und Umständlichkeit der Mikrowägungen schneller und damit billiger zum Ziel führt.

Für die Untersuchung fester Brennstoffe hat die Mikroelementaranalyse dagegen mit Recht kaum Eingang finden können. Zunächst ist zu beachten, daß bei einer Einwaage von nur wenigen Milligramm die Gefahr besteht, daß aus der Brennstoffprobe kein wahres Durchschnittsmuster zur Untersuchung gelangt. Ebenso stehen in technischen oder Betriebslaboratorien häufig keine Sachbearbeiter zur Verfügung, die wirklich verläßliche Mikrobestimmungen mit der erforderlichen Sorgfalt durchzuführen vermögen.

Für die Untersuchung von Brennstoffen hat sich dagegen das Zentigrammverfahren mit Einwaagen von 50 bis 100 mg bewährt, weil die modernen Schnellwaagen mit einer Empfindlichkeit von 0,1 mg je Teilstrich und Gewichtsauflage von außen so wenig temperaturempfindlich sind, daß unmittelbar nach dem Auflegen von Wägegut und Gegengewicht gewogen werden kann.

Die Durchführung der Halbmikrobestimmung wird wie folgt vorgenommen.

Als Verbrennungsrohr dient ein Supremaxglasrohr von 9 bis 10 mm lichter Weite, das sich an seinem Ende zu einem Kapillarrohr von 1 bis 1,5 mm lichter Weite und 25 mm Länge verjüngt. Der äußere Durchmesser des letzteren soll mit dem des angeschlossenen Absorptionsgefäßes möglichst genau übereinstimmen. Die Anordnung der Rohrfüllung ist

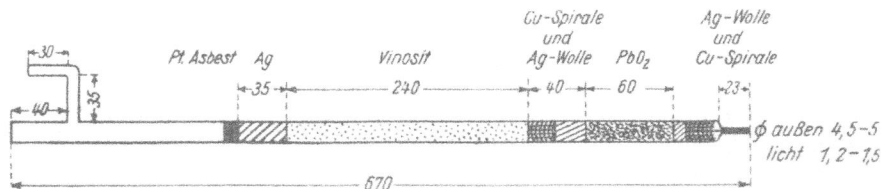

Abb. 39. Verbrennungsrohr für die Kohlenstoff-Wasserstoff-Bestimmung (Halbmikroverfahren).

aus Abb. 39 zu ersehen. Den Beginn (entgegengesetzt zur Richtung des Gasstromes) bildet eine Kupferdrahtnetzspirale von 10 mm Länge, die auf einem Dorn von 0,8 mm dickem Kupferdraht aufgewickelt ist. Dieser Draht ragt durch die kapillare Verjüngung des Verbrennungsrohres genau bis zu deren Abschluß und dient zur Verhinderung einer Kondensation von Wasser. An die Kupferspirale schließen sich nacheinander eine etwa 60 mm lange Schicht von gekörntem Bleidioxyd »zur Mikroanalyse nach Pregl«, 10 mm Asbest, 20 mm Silberwolle, eine 10 mm lange Kupferdrahtnetzspirale und 240 mm Verbrennungskatalysator »Vinosit B« an. Dieser oxydische Mischkatalysator besteht aus Kupferoxyd als Träger, auf den ein Gemisch von Kupfer-, Chrom-, Mangan-, Blei- und Silberoxyd im Atomverhältnis 12:3:3:1:1 aufgeschmolzen ist[1]). Der Vinosit B kann auch durch eine wesentlich billigere Mischung von 3 Teilen hirsekorngroß gekörntem Kupferoxyd und 1 Teil gekörntem Bleichromat ersetzt werden. Zunächst wird nur eine 80 bis 100 mm lange Schicht in das Rohr gefüllt, diese gleichmäßig auf eine Länge von 240 mm verteilt, in den elektrisch beheizten Verbrennungsofen eingeschoben und unter Vermeidung einer Überhitzung der Bleidioxydschicht der Ofen aufgeheizt. Nach etwa 3 h bei 600 bis 700⁰ ist das Vinosit am Supremaxglasrohr festgesintert. Nach Abkühlen wird mit weiterem Vinosit nachgefüllt. Den Abschluß bilden eine 30 bis 40 mm lange Schicht von Silberwolle und 10 bis 15 mm Platinasbest.

Die Bleidioxydschicht wird durch eine übergeschobene Dekalinbombe auf 180⁰ beheizt, der übrige Teil des Verbrennungsrohres mittels einer Heizwicklung auf rd. 700⁰. Um die Rohrfüllung gebrauchsfertig zu machen, muß nach dem Aufheizen zunächst 4 h lang Sauerstoff durchgeleitet werden, daraufhin werden, ohne zu wägen, zweimal nacheinander je 50 mg eines stickstoffhaltigen Stoffes, wie z. B. Azetanilid, bei angeschlossenen Absorptionsgefäßen verbrannt, um die Rohrfüllung und die Absorptionsmittel mit den Verbrennungserzeugnissen in Gleichgewicht zu bringen. Daraufhin ist das Rohr für etwa 100 Elementaranalysen verwendbar.

Bei einer Einwaage von 50 bis 100 mg der Brennstoffprobe genügt eine normale Analysenwaage mit einer Empfindlichkeit bis zu 0,1 mg. Bei geringeren Einwaagen sind dagegen eine Mikrowaage und die sonstigen bei Mikrountersuchungen üblichen Maßnahmen vorzusehen.

Durchführung der Bestimmung. Die in ein Schiffchen eingewogene Brennstoffprobe wird in den Ofen, der auf rd. 700⁰ aufgeheizt worden ist, bis dicht an die Füllung eingeschoben, der Sauerstoffstrom von etwa 2 Blasen in der Sekunde angestellt und die Brennstoffprobe langsam erhitzt. Auch hierbei hat sich wie bei dem Verbrennungsverfahren nach J. Liebig ein gleichmäßiges Anheizen des Schiffchens durch langsames selbsttätiges Überschieben eines mit Gas oder elektrisch beheizten Ofens als zweckmäßig erwiesen. Nach vollständiger Verbrennung der Probe wird noch etwa 15 min lang weiterhin Sauerstoff durchgeleitet, um das Rohr vollkommen von den Verbrennungserzeugnissen auszuspülen. Anschließend werden die Absorptionsgefäße abgenommen und nach Temperaturausgleich zur Wägung gebracht. Der Sauerstoffstrom wird noch etwa 1 h lang belassen, um den Katalysator zu reaktivieren, worauf er wiederum gebrauchsfertig ist.

---

[1]) Im Handel beziehbar.

d) Selbsttätige Durchführung der Bestimmung.

Um den Zeitaufwand für die Überwachung der Verbrennung abzukürzen, ist es möglich, bei elektrischer oder Gasbeheizung die Heizstrecke
auf mechanischem Wege langsam gleichmäßig über dem Teil des Verbrennungsrohres fortzubewegen, in dem sich die Brennstoffprobe befindet. Dabei ist es jedoch zweckmäßig, daß die Geschwindigkeit des
Gasbrenners oder der Heizwicklung je nach der Art des Brennstoffes verschieden eingestellt werden kann (langsam bei ursprünglichen Brennstoffen, schneller bei Schwelkoks und bei Koks). Ein derartiger Automat,
mit dem erstmalig ein Gerät geschaffen wurde, in dem alles zu einer Elementaranalyse Erforderliche zu einem starren Aggregat vereinigt ist, wurde

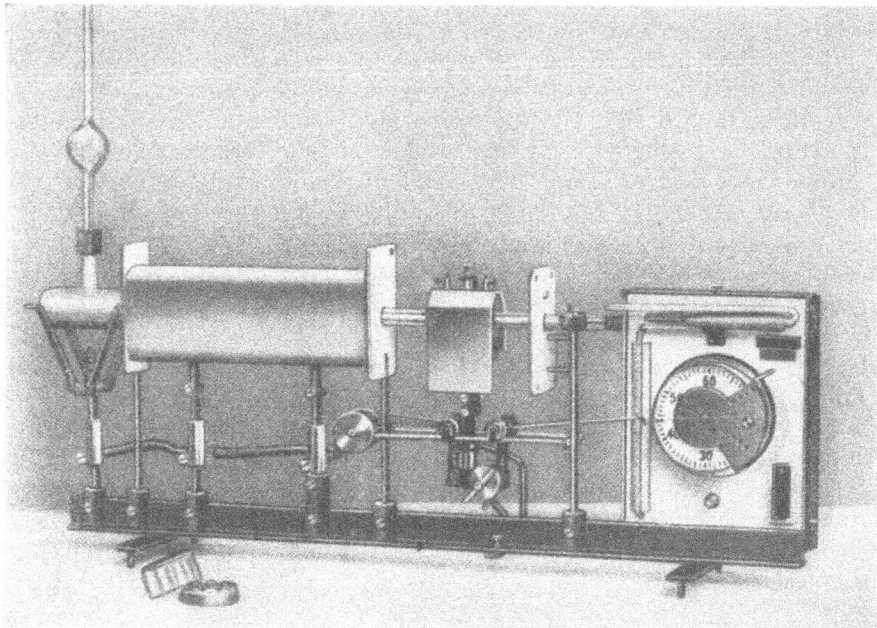

Abb. 40. Vollautomatische Versuchseinrichtung für die Durchführung der Elementaranalyse
(Halbmikroausführung nach H. Reihlen und E. Weinbrenner).

von H. Reihlen und E. Weinbrenner (s. o.) entwickelt. Das Gerät[1])
hat neben der Zeitersparnis den Vorteil, daß die Bestimmungen unter
stets gleichbleibenden Bedingungen und unabhängig von dem Geschick
des Ausführenden durchgeführt werden. Es läßt sich sowohl für Makro-
als auch Mikrobestimmungen verwenden.

Die gesamte Versuchsanordnung (vgl. Abb. 40) ist auf einer Schiene,
ähnlich einer optischen Bank, montiert und für Verbrennungsanalysen

[1]) DRP. 660105; Hersteller Fa. E. Bühler, Tübingen.

jeder Art (C—H, N, S) geeignet. Den wichtigsten Teil des Ofens bildet ein beweglicher mit Gas oder elektrisch beheizter Brenner, der sich auf einem Wagen befindet. Dieser wird durch Gewichte mittels einer Uhr gleichmäßig über den Teil des Verbrennungsrohres gezogen, der das Schiffchen mit der Brennstoffprobe enthält. Diese Anordnung hat den Vorteil, daß ein wesentlich schwächeres Uhrwerk ausreicht, als nötig wäre, wenn das Uhrwerk selbst den Wagen ziehen würde. Die Verbindung zwischen Uhr und Wagen bildet eine feine Kette, die auf einer auf der Achse des Uhrzeigers sitzenden auswechselbaren Schnurscheibe befestigt ist. So entspricht ein Scheibendurchmesser von 52 mm einem Vorschub der Beheizung von etwa 2,8 mm in der min. Die Uhr wird durch einfaches Drehen des Zeigers auf die erforderliche Ablaufzeit eingestellt und dabei gleichzeitig aufgezogen. Ferner wird durch die Drehbewegung die Kette auf der Scheibe aufgewickelt und der Brennerwagen in die Ausgangsstellung gezogen. Wenn die Bewegung des Brenners beendet ist, läuft die Uhr noch einen bestimmten Zeitabschnitt weiter und zeigt daraufhin durch ein Weckersignal die Beendigung der Bestimmung an. Durch die Möglichkeit einer weitgehenden Veränderung der Vorschubgeschwindigkeit kann das Gerät für Brennstoffe mit sehr verschiedenartiger Verbrennungsgeschwindigkeit Verwendung finden.

Während der Verbrennung muß das Erhitzen zunächst vorsichtig, daraufhin in stärkerem Maße erfolgen. Dies wird z. B. bei Gasbeheizung durch folgende Maßnahmen erzielt. Die Gaszuleitung zum verschiebbar angeordneten Brenner besteht aus zwei Ästen. Der eine derselben führt über ein Nadelventil neben der Uhr, das so eingestellt wird, daß die Flammenhöhe nur etwa 8 bis 10 mm beträgt und die Erhitzung so gering bleibt, daß keine Koksbildung stattfinden kann. Wenn daraufhin der Brennerwagen nahezu seinen gesamten Weg zurückgelegt hat, wird ein zweiter Gasstrom durch Öffnen eines Quecksilberventils eingeschaltet, so daß der Brenner seine volle Gaszuführung erhält. Um Schwankungen der Flammenhöhe zu vermeiden, empfiehlt es sich, in die Gasleitung einen Druckregler einzubauen.

e) Sonstige Verfahren.

Nach einem Vorschlag von E. Terres und H. K. Kronacher[1] kann die Kohlenstoff-Wasserstoff-Bestimmung nach J. Liebig mit der des Stickstoffs nach Dumas zu einem Arbeitsgang vereinigt werden. Diese Methode erfordert jedoch die Verwendung von reinstem Elektrolytsauerstoff als Verbrennungsgas, einen sehr langen Verbrennungsofen, um die Bildung unverbrannter Gasreste zu vermeiden, eine besondere Vertrautheit mit der Versuchsanordnung und eine genaue Beachtung der verschiedenartigen Fehlermöglichkeiten.

---

[1] Gas- u. Wasserfach **73** (1930), S. 707.

Verfahren für eine getrennte Durchführung der Kohlenstoff- und
Wasserstoffbestimmung sind ebenfalls entwickelt worden. Sie dürften
jedoch nur in Ausnahmefällen der Elementaranalyse im Verbrennungsrohr vorzuziehen sein.

Die Kohlenstoffbestimmung nach G. Lambris und H. Boll[1])
beruht auf der Verbrennung einer Brennstoffprobe, deren Kohlenstoffgehalt rd. 0,35 g betragen soll, unter 25 bis 30 at Sauerstoffdruck in einer
Kalorimeterbombe. Das gebildete Kohlendioxyd wird durch karbonat-
freie Kalilauge, die im Überschuß und nicht abgemessen zuvor in die
Bombe eingefüllt worden ist, absorbiert. Nach Öffnen der Bombe wird
die alkalische Lösung herausgespült, das gebildete Karbonat durch Zugabe von Bariumchlorid als Bariumkarbonat ausgefällt, die überschüssige Lauge neutralisiert und schließlich das gebildete Bariumkarbonat mit genau eingestellter 1,3 bis 1,5 n-Salzsäure und 0,5 n-Kalilauge in der Hitze gegen Phenolphthalein als Indikator titriert.

Die Gesamtdauer einer Kohlenstoffbestimmung beträgt rd. 2 bis
$2\frac{1}{2}$ h, so daß das Verfahren auch zeitlich gegenüber der Elementaranalyse keinen Vorteil bietet. Die Fehlergrenze wird zu $\pm 0,1\%$ angegeben.

Bei einer getrennt vorgenommenen Wasserstoffbestimmung fester
Brennstoffe nach G. Lambris[2]) wird die Methode der kalorimetrischen
Verbrennung mit der Wasserbestimmung nach M. Dolch und E. Strube
(vgl. S. 59) vereinigt. Nach der Verbrennung der Probe liegt das Verbrennungswasser zum überwiegenden Teil als flüssiges Kondensat vor.
Die geringe, bei der Entspannung entweichende Wasserdampfmenge
wird durch eine Fehlerrechnung ausgeglichen, ebenso werden die bei der
Verbrennung entstehenden Säuren durch vorhergehende Zugabe von
0,3 bis 0,4 g Bariumkarbonat in die Bombe neutralisiert. Das gebildete
Verbrennungswasser wird aus der Bombe mit Alkohol, für den eine Ent-
mischungs-Eichkurve mit Petroleum aufgestellt ist, herausgespült und
auf kryohydratischem Wege die vom Alkohol aufgenommene Wassermenge bestimmt. Der bei der Durchführung auftretende Fehler wird zu
weniger als 0,09% Wasserstoff angegeben, die Dauer einer Bestimmung
zu etwa 90 min. Sie bietet daher gegenüber der Elementaranalyse kaum
einen Vorteil. Zu beachten ist ferner, daß bei der Untersuchung sehr
wasserstoffarmer Brennstoffe, wie z. B. von Hochtemperaturkoks, das
Mitverbrennen eines wasserstoffreichen Zusatzstoffes erforderlich ist.

3. Stickstoffgehalt.

a) Allgemeines.

Die Bestimmung des Stickstoffgehaltes gehört wie die des Kohlen-
stoff- und Wasserstoffgehaltes zur Ermittlung der Elementarzusammensetzung der Brennstoffe. Da der Stickstoffgehalt jedoch, von Ausnahme-

---

[1]) Brennstoffchem. **18** (1937), S. 61; daselbst weiteres Schrifttum.
[2]) Angew. Chem. **48** (1935), S. 679.

fällen abgesehen, unterhalb 1,5% bleibt, das aus ihm bei der Schwelung und Verkokung zum Teil gebildete Ammoniak infolge der Aufbereitungskosten häufig ein mehr unerwünschtes als gewinnbringendes Nebenerzeugnis darstellt und der durch dessen Überhitzung entstehende Zyanwasserstoff überhaupt nur in Ausnahmefällen gewonnen wird, wird die getrennte Stickstoffbestimmung noch erheblich seltener durchgeführt als die Elementaranalyse.

Zumeist faßt man vielmehr den nach der Ermittlung des Kohlenstoff-, Wasserstoff- und organisch gebundenen Schwefelgehaltes im asche- und wasserfreien Brennstoff sich als Restglied zu 100% ergebenden Anteil als Stickstoff- und Sauerstoffgehalt zusammen. Dies genügt auch praktisch bei sämtlichen Betriebs- und zahlreichen technisch-wissenschaftlichen Untersuchungen.

Sofern in Ausnahmefällen der Stickstoffgehalt getrennt bestimmt werden soll, bestehen hierfür drei verschiedene Möglichkeiten: 1. die Vergasung einer Brennstoffprobe mit Wasserdampf nach Zumischung von Natronkalk und aktivierend wirkenden Zusatzstoffen, 2. das Kjeldahl-Verfahren und 3. die Verbrennungsmethode zu elementarem Stickstoff nach Dumas-Lambris.

b) Verfahren durch Vergasung zu Ammoniak.

Das von W. Mantel und W. Schreiber[1]) ausgearbeitete Verfahren zur Stickstoffbestimmung beruht auf der vollständigen Umwandlung des im Brennstoff enthaltenen Stickstoffs bei seiner Vergasung zu Ammoniak und ist in gleicher Weise für Kohle und Koks anwendbar. Zu diesem Zweck wird die Brennstoffprobe mit einem Gemisch von Natronkalk und Eschkamischung, die durch Molybdänsäureanhydrid aktiviert ist, bei 850 bis 900⁰ mit Wasserdampf vergast.

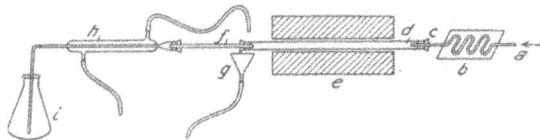

Abb. 41. Versuchsanordnung zur Stickstoffbestimmung in festen Brennstoffen (nach W. Mantel und W. Schreiber).

Die erforderliche Versuchseinrichtung (vgl. Abb. 41)[2]) besteht aus einem Quarzrohr d von 40 bis 50 cm Länge und 20 mm Dmr., das in einem elektrisch beheizten Ofen e auf 900⁰ erhitzt werden kann. Nach Einsetzen des die Brennstoffprobe enthaltenden Verbrennungsschiffchens wird das Quarzrohr mit einem Dampfentwickler a und Dampfüberhitzer b

---

[1]) Glückauf 74 (1938), S. 939; Laboratoriumsvorschrift des Kokereiausschusses L. V 3a vom 13. 5. 1939.

[2]) Zu beziehen durch die Fa. W. Feddeler, Essen.

verbunden. Die abziehenden Vergasungsgase einschließlich des Ammoniaks werden in einem Quarzrohr f von 20 cm Länge und 12 mm Dmr.
abgeführt, daraufhin in einem Kühler h auf Raumtemperatur gekühlt
und schließlich wird in einer mit eingestellter Schwefelsäure beschickten
Vorlage i das gebildete Ammoniak ausgewaschen.

Die Wicklung des Heizofens soll so bemessen sein, daß die Temperatur innerhalb 10 min auf Dunkelrotglut und daraufhin auf 1000° ansteigt, so daß bei Durchleiten von stündlich 300 g auf 200° überhitztem
Wasserdampf im Quarzrohr eine Vergasungstemperatur von 850 bis
900° erzielt wird.

Wichtig ist ferner, daß das gefüllte Verbrennungsschiffchen durch
ein Platinnetz mit einer Maschenweite von 0,9 bis 1 mm abgedeckt wird,
in das man das Schiffchen einschiebt.

Die lufttrockene Brennstoffprobe wird zunächst auf eine Korngröße
$< 0,1$ mm gemahlen. Sie wird bei einer Einwaage von 0,5 g in einem
Wägegläschen mit 0,8 bis 0,9 g einer Vergasungsmischung, die aus 67 %
reinstem Natronkalk, 22 % Eschkamischung und 11 % Molybdänsäureanhydrid besteht, innig vermischt, in ein Verbrennungsschiffchen aus
Porzellan oder Platin eingefüllt und die Oberfläche mit weiteren 0,1 g
der Vergasungsmischung abgedeckt. Nach Einschieben in die Platindraht-
netzrolle wird die Probe in das Verbrennungsrohr eingesetzt, wobei eine
eingelegte Manschette aus ausgeglühtem Asbestpapier das Quarzrohr
gegen Anfressungen durch verstäubte Vergasungsmischung schützen soll.

Nach Einschalten des Heizstromes und Erreichen einer Temperatur
von etwa 200° wird der Dampfüberhitzer angeschlossen und bei weiterer
Temperatursteigerung des Ofens auf 1000°[1]) die Dampfmenge zu rd.
300 g/h bemessen. Als Vorlage zur Absorption des gebildeten Ammoniaks
dient ein Kolben, der 25 cm 1 n-Schwefelsäure und 50 cm³ Wasser enthält und aus dem nachfolgend das Ammoniak unmittelbar ausgetrieben
werden kann.

Die Dauer der Vergasung beträgt etwa 60 bis 90 min; ihre Beendigung ist erkennbar an dem Aufhören der Gasentwicklung. Nach Abschluß des Versuchs kann ferner der Vergasungsrückstand durch Behandlung mit Salzsäure auf restlose Veraschung geprüft werden, wobei kein
schwarz gefärbter Rückstand mehr erkennbar sein darf.

In den Vorlagekolben werden nach Beendigung der Vergasung in
der bei Ammoniakbestimmungen üblichen Weise 20 cm³ 30 proz. Natronlauge und Siedesteinchen zugegeben und das Ammoniak wird abdestilliert. Zu seiner Absorption dienen 20 cm³ 0,1 n-Schwefelsäure, die
Rücktitration des Säureüberschusses erfolgt mit 0,1 n-Natronlauge und
Methylrot als Indikator.

---

[1]) Bei Kohlen soll die Temperaturzone bis 600° langsam durchlaufen werden,
damit der Teer genügend zersetzt wird; bei Verkokungsrückständen kann diese
Temperaturzone schnell durchschritten werden.

Für jede Versuchsreihe ist ein Blindversuch unter den gleichen Bedingungen erforderlich, bei dem sich ein Verbrauch von nicht mehr als 0,2 cm³ 0,1 n-Schwefelsäure ergeben soll. Bei einem höheren Verbrauch sind die Gummistopfen auf eine etwaige Überhitzung zu prüfen.

Versuchsbeispiel: Einwaage 0,500 g Kohle,

Hauptversuch	Verbrauch 0,1 n-Schwefelsäure		6,3 cm³
Blindversuch	» 0,1	»	0,2 »
Verbrauch			6,1 cm³.

Der Stickstoffgehalt der Probe ergibt sich somit zu

$$\frac{6,1 \cdot 0,0014 \cdot 100}{0,5} = 1,71\%.$$

Der Grad der Genauigkeit, bezogen auf den Brennstoff, beträgt ± 0,02%.

c) Verfahren nach Kjeldahl.

Das Kjeldahlverfahren zur Stickstoffbestimmung beruht auf einem Aufschluß der Brennstoffprobe mit einem Gemisch von konzentrierter Schwefelsäure und Kaliumsulfat unter gleichzeitigem Zusatz von Kupfersulfat oder anderen reaktionsbeschleunigenden Zusatzstoffen. Die Schwefelsäure oxydiert hierbei die organische Substanz zu Kohlendioxyd und Wasser; die gleichzeitige Bildung des Ammoniaks erfolgt nach E. Terres durch Anlagerung von Wasser an den organisch gebundenen Stickstoff ähnlich der Verseifung von Nitrilen. Die letztere Reaktion erfordert die Einhaltung möglichst niedriger Temperaturen, um die Abspaltung von gasförmigem Stickstoff zu vermeiden, während der Schwefelsäureaufschluß bei höheren Temperaturen schneller vonstatten geht. Das Erwärmen des Reaktionsgemisches soll daher zunächst möglichst langsam erfolgen, dennoch lassen sich Stickstoffverluste nicht vollständig ausschließen. Die gefundenen Werte sind daher zumeist etwas zu niedrig. Andererseits hat das Verfahren den Vorteil, daß der Aufschluß nur einer geringen Wartung bedarf und daß keine umständliche Versuchsanordnung erforderlich ist.

Durchführung der Bestimmung[1]. Nach feinster Pulverung im Achatmörser werden 1 g der lufttrockenen Brennstoffprobe mit 10 g wasserfreiem Kaliumsulfat, 2 g wasserfreiem Kupfersulfat und 30 cm³ konz. Schwefelsäure im Kjeldahlkolben gemischt. Der Kolben wird lose mit einer hohlen Glaskugel, die mit einer zugeschmolzenen ausgezogenen Spitze versehen ist, verschlossen und der schräggestellte Kolben auf einem Asbestdrahtnetz oder zweckmäßiger im Sandbad bei nur langsamer Steigerung der Temperatur im Verlauf von 4 h bis zum Sieden des Gemisches erhitzt. Man kocht so lange (in dem Maße, daß sich die

---

[1] H. Rittmeister, Glückauf 64 (1928), S. 626; vgl. ferner Laboratoriumsvorschrift des Kokereiausschusses L V 3 (1934).

Säure noch innerhalb des Siedegefäßes kondensieren kann), bis der Kolbeninhalt die Farbe der reinen Kupfersulfatlösung zeigt. Nach dem Erkalten wird der Kolbeninhalt mit etwa 200 cm³ destilliertem Wasser in einen 750.cm³ fassenden Erlenmeyerkolben übergeführt, einige Zinkgranalien werden zugegeben und der Kolben wird an eine Ammoniakdestillationsvorrichtung angeschlossen. Nunmehr läßt man aus einem Tropftrichter langsam 150 cm³ 30proz. Natronlauge zutropfen und destilliert das freigesetzte Ammoniak etwa 30 min lang in 25 cm³ vorgelegte 0,1 n-Schwefelsäure über. Das erkaltete Destillat wird unter Zugabe von Methylrot oder von Methylorange als Indikator mit 0,1 n-Natronlauge zurücktitriert. 1 cm³ 0,1 n-Säureverbrauch entspricht bei einer Einwaage von 1,000 g einem Stickstoffgehalt von 0,14%.

Da während des Aufschlusses Ammoniak aus der Luft aufgenommen werden oder in den Chemikalien enthalten sein könnte, ist ein Blindversuch in gleicher Weise durchzuführen und das dabei gefundene Ammoniak zu berücksichtigen. Der Fehler der Bestimmungen soll, bezogen auf Koks oder Kohle, weniger als 0,05% betragen. Seine Höhe wird, worauf schon an anderer Stelle hingewiesen wurde, maßgeblich von der Aufschlußtemperatur bestimmt.

Beispiel:

Einwaage. 1,2935 g Kohle
Verbrauch an 0,1 n-H_2SO_4 im Hauptversuch. . 6,8 cm³
desgl.   im Blindversuch . . 0,5 »
Verbrauch . . . . 6,3 cm³.

Der Stickstoffgehalt der Probe beträgt also:

$$\frac{6,3 \cdot 0,14}{1,2935} = 0,68\,\%.$$

An Stelle von Kupfersulfat kann vorteilhaft Selen als Beschleuniger für den Aufschluß verwendet werden[1]). Hierfür genügen, bezogen auf die Menge an Kaliumsulfat, 2% Selen. Mit diesem Katalysator wird die Kohle im Verlauf von 40 min klar gelöst und nach weiteren 80 min ist der Stickstoff vollkommen in Ammoniak übergeführt. Quecksilberoxad ist ebenfalls als Beschleuniger vorgeschlagen worden (Fuel-Research-Verfahren); bei dessen Verwendung ist jedoch zu beachten, daß das Ammoniak zum Teil eine Quecksilber-Ammonium-Komplexverbindung bildet, die durch Zugabe von Kaliumsulfid vor der Destillation zerstört werden muß.

d) Verbrennungsverfahren nach Dumas-Lambris[2]).

Die Überführung des im Brennstoff organisch gebundenen Stickstoffs in seine elementare Form zu gasförmigem Stickstoff ist wohl als

---

[1]) H. E. Crossley, Journ. Soc. chem. Ind. **51** (1932), Transactions S. 237; A. E. Beet u. R. Belcher, Fuel **17** (1938), S. 53.
[2]) G. Lambris, Brennstoffchem. **8** (1927), S. 69, 89.

ein sehr genaues und sicheres Verfahren zu bezeichnen. Es erfordert jedoch eine ziemlich umfangreiche Versuchsanordnung und geschulte Hilfskräfte, so daß es gegenüber dem Verfahren der Vergasung mit Wasserdampf in Ammoniak erhebliche Nachteile aufweist. Grundsätzlich beruht es darauf, daß die Anordnung zunächst mit luftfreiem Kohlendioxyd ausgespült und anschließend eine Brennstoffprobe mit reinstem Sauerstoff ähnlich der Durchführung der Elementaranalyse nach J. Liebig über Kupferoxyd verbrannt wird, wobei der Überschuß des letzteren nachfolgend wieder an metallischem Kupfer absorbiert werden muß. Um eine vollständige Verbrennung der bei der Entgasung der Probe entstehenden Gasbestandteile, insbesondere des schwer verbrennlichen Methans zu erzielen, ist es dabei notwendig, zu Beginn der Bestimmung in einem hinter das Verbrennungsrohr geschalteten Zwischengefäß reinen Sauerstoff aufzufangen, der daraufhin während der Verbrennung in geregeltem Strom in die Versuchsanordnung wieder eingeleitet wird. Die Verbrennung der so mit weiterem Sauerstoff gemischten gasförmigen Reaktionserzeugnisse erfolgt durch eine in den Gasstrom geschaltete, elektrisch beheizte glühende Platinspirale. Hierbei wird also eine Arbeitsweise, die bisher auf gasanalytische Verfahren beschränkt war, mit der elementaranalytischen Methode der Stickstoffbestimmung vereinigt.

Um die Zeitdauer bei mehreren Bestimmungen, insbesondere für das Ausspülen der Versuchsanordnung mit Kohlendioxyd abzukürzen, ist es möglich, zu Versuchsbeginn verschiedene Brennstoffproben in das Verbrennungsrohr hintereinander einzusetzen. Wenn die erste Bestimmung beendet und das Gas im Azotometer aufgefangen ist, so ist gleichzeitig die gesamte Versuchsanordnung für eine unmittelbar anschließende zweite und gegebenenfalls dritte Bestimmung vorbereitet. Nach Anschaltung eines neuen Azotometers kann die Verbrennung der neuen Probe sofort begonnen werden.

Am einfachsten gestaltet sich die Stickstoffbestimmung nach der Verbrennungsmethode bei Koks; für eine Probe erfordert sie einen Zeitaufwand von etwa 50, für zwei Proben von 90 min; bei Kohlen muß die Verbrennung langsamer erfolgen, damit Gewähr dafür gegeben ist, daß das abgespaltete Methan vollständig verbrannt wird.

4. Sauerstoffgehalt.

a) Berechnungsverfahren.

Der organisch gebundene Sauerstoffgehalt der festen Brennstoffe wird fast ausschließlich auf rechnerischem Wege wie folgt ermittelt:

$$O = 100 - (W + A + C + H + o.\, g.\, S. + N).$$

Darin bedeuten:

$$
\begin{aligned}
O \quad &= \text{Gehalt an Sauerstoff in \%,} \\
W \quad &= \text{»} \quad \text{» Wasser in \%,}
\end{aligned}
$$

A   = »   » Asche in %,
C   = »   » Kohlenstoff in %,
H   = »   » Wasserstoff in %,
o. g. S.   = »   » organisch gebundenem Schwefel in %,
N   = »   » Stickstoff in %.

In diesem Unterschiedswert sind somit sämtliche Fehler der Bestimmungen der Einzelbestandteile enthalten, die sich entweder ausgleichen oder auch addieren können. Ferner ist zu berücksichtigen, daß
der in der üblichen Weise gefundene Aschegehalt nicht dem wahren
Mineralgehalt des Brennstoffs entspricht (vgl. hierzu S. 66). Wenn
man die Zusammenhänge[1]) zwischen dem in der üblichen Weise bestimmten Aschegehalt und dem wahren Mineralgehalt der Kohle berücksichtigt,
so ergibt sich ein verbesserter Wert für den Differenzsauerstoff, der
dem wahren Sauerstoffgehalt des Brennstoffs sehr nahe kommen dürfte:

$$O_{korr.} = 100 - [W + A_{korr.} + (S - 0,535 \cdot FeS_2) + (C - 0,273 \cdot CO_2) + H + N] \text{ in } \%,$$

worin nur noch der Wasserstoffgehalt des Hydratwassers der mineralischen Bestandteile unberücksichtigt bleibt, der jedoch im allgemeinen
vernachlässigt werden kann.

b) Unmittelbare Bestimmungsverfahren.

Es hat daher nicht an Vorschlägen gefehlt, den Sauerstoffgehalt der
Brennstoffe unmittelbar zu ermitteln, und zwar entweder durch Verbrennung mit einer bestimmten Menge überschüssigen Sauerstoffs[2]), dessen
unverbraucht gebliebener Anteil zurückgemessen wird oder durch kataly-
tische Hydrierung[3]), wobei das gebildete Verbrennungswasser mit Chlor-
kalzium und das restliche Kohlendioxyd mit Natronkalk absorbiert wird.

Nach diesen Verfahren werden jedoch nur mit chemisch reinen organischen Stoffen zuverlässige Werte erhalten. F. Schuster[4]) hat nachgewiesen, daß bei dem Verbrennungsverfahren die Bildung von Sulfaten
in der Asche und die Oxydation von etwa vorhandenem Oxyduleisen
das wahre Ergebnis erniedrigen, während die Abspaltung von Hydratwasser und von Kohlendioxyd aus Karbonaten erhöhend wirkt. Bei der
Hydrierung werden der Sauerstoffgehalt des Hydratwassers und des
Karbonatkohlendioxyds als Sauerstoff mitbestimmt, weiteres Wasser
wird durch die Reduktion von Eisenoxyd gebildet.

---

[1]) F. Schuster, Laboratoriumsbuch f. Gasw. u. Gasbetriebe aller Art, S. 34,
Halle 1937.

[2]) M. Dolch u. H. Will, Brennstoffchem. **12** (1931), S. 141, 166.

[3]) H. ter Meulen u. J. Heslinga, Neue Methoden der org.-chem. Analyse,
S. 7, Leipzig 1927; Chem. Weekblad **27** (1930), S. 18; G. A. Brender à Brandis,
Brennstoffchem. **15** (1934), S. 372.

[4]) Gas- u. Wasserfach **73** (1930), S. 549; Brennstoffchem. **12** (1931), S. 403.

Beide Verfahren liefern daher zu hohe Werte für den wirklichen organisch gebundenen Sauerstoff, so daß ihre zeitraubende Durchführung nicht vertreten werden kann.

5. Chlorgehalt.

a) Allgemeines.

Der Gehalt der Kohlen an Chloriden und an organisch gebundenem Chlor ist im allgemeinen sehr gering. Er liegt zumeist unterhalb 0,1%, er erreicht jedoch bis zu 1%. Dies gilt insbesondere für sächsische Steinkohlen und für Rohbraunkohlen aus dem Gebiet von Staßfurt, Bruckdorf und Ammendorf. Der analytischen Bestimmung des Gesamtchlors in festen Brennstoffen kommt daher auch nur in Einzelfällen Bedeutung zu. Dies gilt vor allem dann, wenn bei einem überdurchschnittlichen Chlorgehalt der Kohle Korrosionen der Baustoffe von Entgasungsöfen oder von Kesselfeuerungen auftreten, in denen vor allem Ansinterungen und Anbackungen von Flugstaub stattfinden, oder ein Teer bei seiner Destillation Zerstörungserscheinungen an der Innenwandung der Blase hervorruft.

Für die Bestimmung des Chlorgehaltes werden bei dem zuweilen geübten Auswaschen der feingepulverten Kohle mit heißem Wasser, verdünnter Salpetersäure oder einem Alkohol-Wassergemisch nur die löslichen Chloride, nicht dagegen das organisch gebundene Chlor erfaßt. Von H. ter Meulen[1]) stammt daher der Vorschlag, den Brennstoff nach dem Eschkaverfahren (vgl. S. 97) aufzuschließen und in dem wasserlöslichen Auszug des Rückstandes den gesamten Chlorgehalt mit Silbernitrat auszufällen. Nach W. A. Selvig und F. H. Gibson[2]) kann das Gesamtchlor nach der Verbrennung des Brennstoffs in der Kalorimeterbombe durch Titration des Bombenwaschwassers nach Volhard ermittelt werden. W. Grote und H. Krekeler[3]) haben für den gleichen Zweck die Verbrennung im Sauerstoffstrom und die anschließende Bestimmung der aufgefangenen Chlorverbindungen vorgeschlagen.

Der Eschkaaufschluß hat den Nachteil des bei Reihenuntersuchungen störenden erheblichen Zeitaufwandes. Nach Erfahrungen von W. Mantel und W. Schreiber[4]) sind die dabei erhaltenen Ergebnisse zudem temperaturbedingt. Vergleichende Prüfungen der verschiedenen Verfahren durch die obengenannten Verfasser ergaben ferner, daß bei dem Verbrennungsverfahren im Sauerstoffstrom Kohlen mit höheren Alkalichloridgehalten zu deren restloser Vergasung ziemlich hohe Temperaturen erfordern. Einwandfreie Werte wurden bei der Verbrennung der Probe in der Kalorimeterbombe erzielt.

[1]) Rec. Trav. chim. Pays-Bas 48 (1929), S. 938.
[2]) Ind. Engng. Chem. Analytical Edition 5 (1933), S. 188.
[3]) Angew. Chem. 46 (1933), S. 106.
[4]) Glückauf 76 (1940), S. 397.

b) Verfahren von W. Mantel und W. Schreiber.

Ein neuartiges, von W. Mantel und W. Schreiber (s. o.) ausgearbeitetes Schnellverfahren zur Bestimmung des Gesamtchlors beruht in Anlehnung an ähnliche Verfahren zur Ermittlung des Schwefel- und Stickstoffgehaltes (vgl. S. 99) auf der restlosen katalytisch beschleunigten Vergasung der Brennstoffprobe im Wasserdampfstrom.

Als Versuchseinrichtung zur Vergasung dienen die gleichen Geräte, wie sie an anderer Stelle bereits beschrieben sind. Als wichtigste Bestandteile sollen kurz erwähnt werden: Dampfentwickler, Auffanggefäß für Kondenswasser, elektrisch beheizter Röhrenofen zur Überhitzung des Wasserdampfes, Quarzrohr, Silitstabofen, engeres Quarzrohr und die verschließbare, mit Ein- und Austritt versehene Vorlage.

Zur Durchführung der Chlortitration nach Volhard sind die üblichen Normallösungen erforderlich. Die Vergasungsmischung hat folgende Zusammensetzung: 65% Kalziumkarbonat, 20% Kalziumhydroxyd, 10% Kupferoxyd, 2,5% Kobaltoxyd, 2,5% Kaliumkarbonat.

Durchführung der Bestimmung. 2 g des feingepulverten Brennstoffs (Korngröße bei Kohle <0,2 mm, bei Koks <0,15 mm) werden in einem Wägegläschen innig mit 0,3 g der Vergasungsmischung vermengt und unter leichten Stauchen in ein Verbrennungsschiffchen aus Porzellan eingefüllt. Vor dem Versuchsbeginn heizt man den als Dampfüberhitzer dienenden Röhrenofen auf etwa 750° auf und bringt den Dampfentwickler in Bereitschaft, so daß er einen gleichmäßigen Dampfstrom von etwa 200 cm³ Kondensat je h erzeugt. Die an das Vergasungsgerät anschließende Vorlage wird mit 150 bis 170 cm³ 0,5proz. chlorfreier Natronlauge und mit etwa 1 g gepulverter chlorfreier Aktivkohle beschickt. Der Zusatz von Aktivkohle fällt bei nicht teerbildenden Brennstoffen, wie Koksen, fort. Ein mit etwa 30 cm³ 0,5proz. Natronlauge versehenes Kölbchen wird nachgeschaltet. Die Inhalte der Haupt- und Sicherheitsvorlage werden nach Beendigung des Versuches vereinigt. Nach der Einführung des Verbrennungsschiffchens in das Quarzrohr bis zum Ende des Silitstabofens wird der Dampfentwickler angeschlossen. Während der ersten 4 bis 5 min läßt man bei teerhaltigen Brennstoffen die Ofentemperatur nicht wesentlich über 600° ansteigen. Zur völligen Brennstoffvergasung wird die weitere Aufheizung des Ofens so geregelt, daß er selbsttätig nach Verlauf von etwa 20 bis 25 min bei Kohlen eine Temperatur von 1100°, bei Koksen von 1150° erreicht. Die Dampfströmung während der Vergasung wird so geregelt, daß die Hauptvorlage nach etwa 20 min ins Kochen gerät und der Dampf leicht in die nachgeschaltete Sicherheitsvorlage schlägt. Sollte gegen Ende des Versuches auch die zweite Vorlage ins Sieden kommen, so drosselt man den Dampfstrom etwas, um das Ende der Vergasung besser erkennen zu können. Während des Kochens wird der Teer in der Hauptvorlage von der Aktivkohle vollständig adsorbiert. Das Versuchsende hängt vom Vergasungsvermögen des Brennstoffes ab und gibt sich am Ausbleiben der Gasblasen zu erkennen. Die durchschnittliche Versuchsdauer beträgt 20 bis 25 min. Nach Beendigung des Versuches wird das als Luftkühler dienende engere Quarzrohr abgenommen und mit destilliertem Wasser kurz in die Vorlage ausgespült. Das vor dem Stopfen im Vergasungsrohr angesammelte Wasser läßt sich mit der Spritzflasche leicht in die Vorlage spülen, da das Rohr geneigt ist. Bei Brennstoffen mit sehr hohem Chlorgehalt kann sich im Vergasungsrohr ein weißer NaCl-haltiger Beschlag bilden, der ebenfalls durch leichtes Abspritzen mit destilliertem Wasser in die Vorlage gegeben werden muß. Die noch heißen, vereinigten Vorlagen werden von der Aktivkohle abfiltriert und diese wird einige Male mit heißem Wasser nachgewaschen. Das auf etwa 400 cm³ aufgefüllte Filtrat wird mit 2 cm³ Perhydrol versetzt, aufgekocht, mit chlorfreier Salpetersäure angesäuert und alsdann in noch heißem Zustande die erforderliche Menge n/10 AgNO₃-Lösung (5 bis 10 cm³) aus einer Mikrobürette zugegeben. Nach dem Abkühlen wird nach Volhard titriert.

1 cm³ 0,1 n-AgNO₃-Lösung entspricht 0,003546 g Cl. Die Fehlergrenze liegt im Bereich der Titrierfehler.

Arbeitsbeispiel:

Angewandte Kohle . . . . 2 g
Verbrauch an 0,1 n-AgNO₃ . . . . 3,77 cm³
Blindversuch 0,1 n-AgNO₃. . . . . 0,07 »
Verbrauch 0,1 n-AgNO₃ . . . . 3,70 cm³
Cl in der Kohle 3,70 · 0,003546 · 50 = 0,656% Cl.

Ein Blindversuch unter Einhaltung der Menge der im Hauptversuch angewandten Chemikalien muß durchgeführt werden. Bei Brennstoffen, die mehr als etwa 9% Schwefel enthalten, sind die Konzentrationen der Lauge in der Vorlage und die Menge des zugegebenen Perhydrols auf etwa das Doppelte zu erhöhen.

6. Phosphorgehalt.

a) Allgemeines.

Phosphor ist in festen Brennstoffen nur in anorganischer Bindung als Phosphat $Ca_3(PO_4)_2$ enthalten. Er verbleibt daher bei der Veraschung der Brennstoffe praktisch vollständig in der Asche[1]) und bei der Verkokung im Koks[2]).

Phosphor ist in festen Brennstoffen in nur sehr geringen Mengen, in Steinkohle im Durchschnitt zu weniger als 0,05%, enthalten. In

---

[1]) O. Simmersbach, Kokschemie, S. 152; F. Büchler, Glückauf **65** (1929), S. 161; W. Demann u. W. ter Nedden, Techn. Mitt. Krupp **4** (1936), S. 1.

[2]) H. Winter in W. Gluud, Handbuch d. Kokerei, S. 95; W. Demann und Mitarbeiter, Techn. Mitt. Krupp **4** (1936), S. 1, 6.

reiner Glanz- und Mattkohle fehlt er infolge von deren geringem Aschegehalt fast vollständig, er findet sich dagegen angereichert in Faserkohle
und in aschereichen Zwischenlagen und ist in diese wahrscheinlich durch
Infiltration gelangt. Eine gewisse Bedeutung hat die Phosphorbestim-
mung in Steinkohle in den letzten Jahren bei den Bestrebungen erlangt,
einen phosphorarmen Koks für die Erblasung von phosphorarmem Roheisen zu erzeugen. Im übrigen dürften Untersuchungen über den Phosphorgehalt in Kohle und Koks nur in besonders gelagerten Ausnahmefällen erforderlich sein.

Für die Bestimmung des Phosphorgehaltes in festen Brennstoffen
sind eine größere Zahl von Verfahren vorgeschlagen worden. Eine Über-
sicht hierüber haben Edwards, Marson und Briscoe[1] zusammengestellt.
Im nachfolgenden werden zwei neuere Untersuchungsverfahren wiedergegeben.

b) Oxychinolinverfahren.

Das von G. Deschalit, N. Proswirnina und A. Gurewitsch[2] ausgearbeitete o-Oxychinolinverfahren hat den Vorteil eines verhältnismäßig
geringen Zeitaufwandes, ohne daß dadurch die Genauigkeit der Ergebnisse beeinträchtigt würde. Es wird im einzelnen wie folgt durchgeführt.

1 g der feingepulverten Kohle- oder Koksprobe wird nach Ver-
mischen mit 2 bis 3 g Kalziumkarbonat unter mehrfachem Umrühren
mittels eines Platindrahtes in einem Muffelofen verascht. Der Veraschungsrückstand wird in einem 300 cm³ fassenden Becherglas mit einem
Gemisch von 20 cm³ verdünnter Salzsäure (1:1) und 5 cm³ konzentrierter
Salzsäure übergossen, das Ganze auf 60 bis 70⁰ erwärmt und einige Zeit
danach filtriert. Der Rückstand wird mit Wasser bis zur Chlorfreiheit
des Filtrats (Probe mit Silbernitratlösung) nachgewaschen.

Die für den weiteren Untersuchungsgang erforderlichen Lösungen
sind folgende:

a) 10proz. Ammoniummolybdatlösung (bei auftretender Trübung
ist sie zu filtrieren),

b) Oxychinolinlösung (6 g o-Oxychinolin werden in 10 cm³ konzentrierter Salzsäure gelöst und die Lösung wird mit Wasser auf
1000 cm³ verdünnt,

c) die Lösung zur Ausfällung der Phosphorsäure besteht aus 30
Vol.-% der Oxychinolinlösung, 40 Vol.-% der Molybdatlösung
und 30 Vol.-% konzentrierter Salzsäure,

d) die Lösung zum Auflösen des Niederschlages enthält 50 Vol.-%
96proz. Äthylalkohol und 50 Vol.-% konzentrierte Salzsäure.

Zu dem oben beschriebenen salzsauren Filtrat werden nacheinander
20 cm³ konzentrierte Salzsäure, 30 cm³ Ammonmolybdatlösung und

---

[1] Journ. Soc. Chem. Ind. **51** (1932), S. 179.
[2] Brennstoffchem. **17** (1936), S. 130.

20 cm³ Oxychinolinlösung hinzugegeben. Der sich bildende zunächst schleimige Niederschlag nimmt nach etwa halbstündigem Erhitzen auf dem Wasserbad eine gelbe körnige Beschaffenheit an. Nach Abkühlen wird die Lösung filtriert, der Rückstand sorgfältig ausgewaschen und schließlich mit dem Filter zusammen in einen Erlenmeyerkolben (Fassungsraum 300 cm³) übergeführt. In diesem wird der Niederschlag durch Übergießen mit 40 cm³ alkoholischer Salzsäure wieder in Lösung gebracht.

Die Lösung wird auf 150 bis 200 cm³ verdünnt und ihr Gehalt an Oxychinolin durch Titration mit Bromid-Bromatlösung volumetrisch bestimmt.

o-Oxychinolin bildet mit Brom Dibrom-o-oxychinolin gemäß der Reaktionsgleichung:

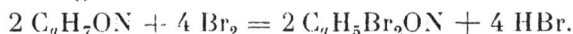

$$2 C_9H_7ON + 4 Br_2 = 2 C_9H_5Br_2ON + 4 HBr.$$

Die Zurückmessung der überschüssigen Bromid-Bromatlösung erfolgt in der üblichen Weise mit Natriumthiosulfat unter Zuhilfenahme von Kaliumjodid als Indikator.

Zu der Lösung, die das freigewordene o-Oxychinolin enthält, wird unter kräftigem Umschütteln solange 0,1 n, Bromid-Bromatlösung (10 g KBr + 2,823 g KBrO₃) zugegeben, bis der Überschuß derselben durch Gelbfärbung der Lösung erkennbar ist. Das überschüssige Brom wird nach Zugabe weniger Tropfen einer 10proz. Jodlösung mit 0,1 n-Natriumthiosulfatlösung zurückgenommen, wobei gegen Ende der Titration noch einige Tropfen Stärkelösung zugegeben werden, um den Endpunkt genau erkennen zu können.

1 cm³ verbrauchte 0,1 n-Bromid-Bromatlösung entspricht einem Gehalt von 0,000259 g Phosphor. Bei der Untersuchung von Brennstoffaschen und bei einer Einwaage von je 1,000 g erhält man durch Multiplikation der verbrauchten Bromid-Bromatlösung mit 0,0259 unmittelbar den Phosphorgehalt in Prozent. Die Zeitdauer einer Bestimmung beträgt einschließlich der Veraschung der Brennstoffprobe etwa 5 h.

c) Verfahren des Kokereiausschusses.

Im nachfolgenden wird ferner das Verfahren des Kokereiausschusses[1]) beschrieben.

Eine Teilprobe des Brennstoffs, die etwa 5 g Asche enthalten soll, wird bei 800⁰ verascht. Der Verbrennungsrückstand wird zerkleinert, bis er restlos durch das Prüfsieb Nr. 100 (Korngröße <0,06 mm) hindurchgeht und daraufhin nochmals etwa 2 h lang bei 800⁰ nachgeglüht.

1 g dieser vorbereiteten Ascheprobe wird nach Einwaage in einem Platintiegel nacheinander je zweimal mit 5 cm³ Flußsäure und mit einem Gemisch von 5 cm³ Flußsäure und 10 cm³ konz. Salpetersäure (D 1,41)

---

[1]) Laboratoriumsvorschrift des Kokereiausschusses L V/4 vom 9. 1. 1937.

abgeraucht. Das Erhitzen soll langsam auf einer regelbaren Heizplatte oder mit kleiner Flamme auf einem Sandbad erfolgen und die erneute Zugabe von Säure stets erst dann vorgenommen werden, wenn der Rückstand vollkommen trocken geworden ist. Ferner ist darauf zu achten, daß kein Spritzen des Aufschlusses stattfindet und daß durch entsprechendes Schütteln des Tiegels die Ascheprobe möglichst innig mit der Säure durchgemischt wird. Schließlich wird der Trockenrückstand noch einmal mit 10 cm³ Salpetersäure abgeraucht, damit die Gewähr dafür gegeben ist, daß restliche Spuren von Flußsäure vollständig entfernt worden sind. Anschließend wird der Rückstand in etwa 10 cm³ verdünnter Salpetersäure aufgenommen, der Tiegelinhalt mit heißem Wasser in ein etwa 400 cm³ fassendes Becherglas übergespült und die Lösung auf etwa 40 cm³ eingedampft.

Zu der klaren Lösung, die als Trübung höchstens Spuren von ungelöstem Kohlenstoff enthalten darf, werden nacheinander 30 cm³ einer 34proz. Ammoniumnitratlösung und 2 cm³ konz. Salpetersäure zugegeben. Daraufhin wird sie auf etwa 75⁰ erwärmt und die Phosphorsäure durch Zusatz von 30 cm³ einer auf die gleiche Temperatur vorgewärmten und frisch filtrierten 3proz. Ammoniummolybdatlösung unter kräftigem Umschütteln ausgefällt. Wenn der Niederschlag sich nicht sofort bildet, muß noch etwas konz. Salpetersäure zugetropft werden. Nach Erkalten der Lösung auf Zimmertemperatur wird der am Boden abgesetzte Niederschlag durch ein gehärtetes Filter (Blaubandfilter von Schleicher & Schüll) filtriert und mit einer 0,1proz. Kaliumnitratlösung nachgewaschen. Um eine Oxydation des Niederschlages zu vermeiden, ist dieser feucht zu halten. Nach Wechseln des Auffanggefäßes wird der Niederschlag durch Auftropfen von konz. Ammoniak in Lösung gebracht und das Filter mit heißem destilliertem Wasser und zuletzt mit 20 cm³ 34proz. heißer Ammoniumnitratlösung ausgewaschen. Das Filtrat, dessen Volumen 100 cm³ nicht überschreiten soll, wird nach Zugabe von 1 cm³ 3proz. filtrierter Ammoniummolybdatlösung auf 75⁰ erwärmt und daraufhin solange auf etwa 50⁰ angewärmte konz. Salpetersäure unter kräftigem Schütteln zugetropft, bis sich der Niederschlag zu bilden beginnt, worauf noch weitere 10 Tropfen Salpetersäure nachgegeben werden.

Der bei 75⁰ Fällungstemperatur in grobkristalliner Form erhaltene Niederschlag wird wiederum durch ein gehärtetes Filter abfiltriert und mit einer 0,1proz. Kaliumnitratlösung nachgewaschen, bis das Waschwasser neutral reagiert. Hierfür genügt ein etwa vier- bis fünffaches Auswaschen des Filters.

Das Filter einschließlich des Niederschlages wird in einem Becherglas mit 20 cm³ dest. Wasser übergossen, das Filter zerfasert und allmählich 0,1 n-Natronlauge bis zur klaren Lösung zugetropft; dann fügt man noch weitere 5 cm³ überschüssige Lauge zu. Der Überschuß der letzteren wird unter Zusatz von Phenolphtalein als Indikator zurücktitriert. Unter Einhaltung der gleichen Bedingungen ist die Durchführung eines Blindversuches unbedingt erforderlich. Die hierbei verbrauchten cm³ 0,1 n-Natronlauge sind in Abzug zu bringen.

Ein Verbrauch von 1 cm³ 0,1 n-Natronlauge entspricht 0,0001349 g Phosphor. Der Grad der Genauigkeit, bezogen auf den Ausgangsbrennstoff, beträgt 0,0005% Phosphor.

Berechnungsbeispiel:

Einwaage der Asche . . . . 1,000 g
Aschegehalt des Brennstoffs . . . . 7,5 %
Vorgelegt 0,1 n-NaOH . . . . 40,0 cm³
Zurücktitriert 0,1 n-H₂SO₄ . . . . 24,6 »
Verbraucht 0,1 n-NaOH . . . . 15,4 cm³
Verbrauch im Blindversuch . . . . 0,6 »
Wirklicher Verbrauch von 0,1 n-NaOH . . . . . . 14,8 cm³
Phosphorgehalt in der Asche in %
$$14,8 \cdot 0,0001349 \cdot 100 =\qquad 0,1997\%$$
Phosphorgehalt im Brennstoff in %
$$\frac{0,1997 \cdot 7,5}{100} = \qquad\qquad 0,0150\%.$$

G. Untersuchung von Brennstoffaschen und -schlacken.

1. Bestimmung der chemischen Zusammensetzung.

Die Kenntnis der chemischen Zusammensetzung von Brennstoffaschen ergibt Unterlagen über deren Schmelzverhalten bei der Vergasung und Verbrennung sowie in Einzelfällen über die Möglichkeit ihrer Verwendbarkeit für die Herstellung von Schlackenzement und sonstigen Baustoffen. Eine chemische Auswertung der Inhaltsstoffe der Brennstoffaschen wird bisher nicht durchgeführt und ist auch, abgesehen von Einzelfällen, wie z. B. der Gewinnung von Roheisen bei dem Betrieb von Abstichgaserzeugern, nicht zu erwarten.

In der Durchführung der chemischen Untersuchung der Brennstoffaschen hat sich nach eingehenden vergleichenden Prüfungen des Verfassers und seiner Mitarbeiter die Arbeitsvorschrift des Laboratoriumsausschusses des Kokereiausschusses sehr gut bewährt, so daß ausschließlich diese im nachfolgenden angeführt wird.

a) Kieselsäure.

Die Ascheprobe wird nochmals bei 800° nachgeglüht und auf eine Korngröße <0,09 mm (DIN-Gewebe Nr. 70) gemahlen. Von der so vorbereiteten Probe werden 1,000 g in einem Platintiegel (Höhe etwa 45 mm, Inhalt etwa 45 cm³) mit 10 g Natriumkaliumkarbonat sorgfältig vermengt, das Gemisch wird mit einer dünnen Schicht Natriumkaliumkarbonat überschichtet, mit aufgelegtem Deckel allmählich zum Schmelzen gebracht und bis zum ruhigen Fließen der Schmelze, zuletzt 10 min lang über einem Gebläse, erhitzt. Nach Abkühlung des Tiegels wird die Schmelze in einer halbkugelförmigen Porzellanschale mit stark verdünnter Salzsäure (15 cm³ konz. Salzsäure + 250 cm³ dest. Wasser) herausgelöst. Daraufhin wird der Tiegel herausgenommen, sorgfältig abgespritzt und von anhaftendem Kieselsäuregel durch Ausputzen mittels eines Gummiwaschers befreit. Der Inhalt der Schale (der sauer reagieren soll, andernfalls ist weitere Salzsäure zuzugeben) wird auf dem Wasserbad zur Trockene eingedampft und der Rückstand eine Stunde lang im Trockenschrank auf 130⁰ erhitzt. Nach dem Erkalten wird der Rückstand 10 min lang mit 10 cm³ konz. Salzsäure digeriert, die Aufschlämmung mit 50 cm³ heißem dest. Wasser verdünnt, 5 min lang erwärmt, durch ein dichtes Filter filtriert und der Niederschlag nacheinander dreimal mit verdünnter Salzsäure (1:4) und anschließend mit heißem Wasser so lange ausgewaschen, bis einige Tropfen des Filtrats auf einem Platinblech verdampft keinen Rückstand hinterlassen. Zur restlosen Abscheidung der Kieselsäure wird das gesamte Filtrat nochmals bis zur Trockne verdampft und in der gleichen Weise weiterbehandelt. Die vereinigten Niederschläge der Kieselsäure werden in einem Platintiegel verascht, etwa 15 min lang über einem Gebläse geglüht und gewogen. Darauf wird er mit wenigen Tropfen Schwefelsäure 1:5 angefeuchtet und einigen cm³ Flußsäure langsam abgeraucht, mäßig geglüht und gewogen. Der Gewichtsunterschied zwischen den beiden Wägungen ergibt die in der Asche enthaltene Kieselsäure (SiO_2).

Falls sich im Platintiegel ein Rückstand nach dem Abrauchen ergibt, wird dieser durch längeres Kochen mit wenig konz. Salzsäure in Lösung gebracht und die Lösung zu dem Filtrat der Kieselsäureabscheidung gegeben. Die vereinigten Flüssigkeiten werden in einem 500 cm³ fassenden Meßkolben mit destilliertem Wasser bis zur Marke aufgefüllt (Hauptfiltrat).

b) Eisenoxyd.

Die Bestimmung des Eisenoxyds erfolgt maßanalytisch in 100 cm³ des Hauptfiltrats entweder mit Kaliumpermanganat oder nach dem Titantrichloridverfahren.

Kaliumpermanganatverfahren. Erforderlich sind folgende Lösungen:

0,05 n - Kaliumpermanganatlösung. Man löst etwa 1,6 g Kaliumpermanganat in 1 l dest. Wasser, erhitzt die Lösung kurze Zeit zum Sieden, läßt einige Tage lang stehen und filtriert durch Glaswolle oder ausgeglühten Asbest. Der Titer wird mit Natriumoxalat oder mit Oxalsäure ermittelt und in Fe_2O_3 und für die Kalkbestimmung in CaO als Faktor der Lösung ausgedrückt.

Zinnchlorürlösung. Man löst 25 g Zinnchlorür in 20 cm³ konz. Salzsäure ($D_{15°} = 1,19$), verdünnt mit dest. Wasser auf 200 cm³, filtriert und bewahrt die Lösung vor Zutritt der Luft möglichst geschützt auf.

Quecksilberchloridlösung. 50 g Quecksilberchlorid werden unter Erwärmen in 1 l dest. Wasser gelöst.

Mangansulfat-Phosphorsäurelösung. Man löst 67 g kristallisiertes Mangansulfat ($MnSO_4 + 4\,H_2O$) in 500 bis 600 cm³ dest. Wasser, fügt 138 cm³ Phosphorsäure ($D_{15°} = 1,7$) und 130 cm³ konz. Schwefelsäure ($D_{15°} = 1,84$) hinzu und verdünnt mit dest. Wasser zu 1 l.

Zur Bestimmung des Eisenoxyds werden 100 cm³ des Hauptfiltrats im Erlenmeyerkolben von 500 cm³ Inhalt mit 20 cm³ Salzsäure (1:1) versetzt und zum Sieden erhitzt. Zu der heißen Lösung läßt man unter beständigem Schütteln tropfenweise Zinnchlorürlösung fließen, bis die gelbe Lösung eben entfärbt ist; ein größerer Überschuß von Zinnchlorür ist zu vermeiden. Die farblose Lösung wird nach dem Abkühlen mit dest. Wasser auf etwa 300 cm³ verdünnt, mit 25 cm³ Quecksilberchloridlösung versetzt, gut umgeschüttelt und nach einigen min mit etwa 500 cm³ dest. Wasser in eine 2 l fassende Porzellanschale gespült. Man fügt 15 cm³ Mangansulfat-Phosphorsäurelösung hinzu und titriert mit 0,05n-Permanganatlösung, bis die Rosafärbung erreicht ist und kurze Zeit bestehen bleibt.

Berechnung des Eisenoxydgehaltes der Asche: ... cm³ 0,05-n-Kaliumpermanganatlösung · Faktor · 5 · 100 = ... % Fe_2O_3.

Titantrichloridverfahren. 400 cm³ der käuflichen, etwa 15proz. Titantrichloridlösung werden mit 400 cm³ konz. Salzsäure ($D_{15°} = 1,19$) versetzt und mit dest. Wasser auf 4 l aufgefüllt. 1 cm³ der Lösung entspricht dann ungefähr 0,005 g Fe_2O_3. Die Lösung wird zweckmäßig unter einer Atmosphäre von Kohlensäure aufbewahrt in der Art, daß man die Vorratsflasche einerseits mit der Bürette, anderseits mit einem Kohlensäureentwickler verbindet. Die so aufbewahrten Vorratslösungen halten ihren Titer während mehrerer Monate konstant. Die genaue Einstellung, die täglich wiederholt wird, geschieht mit reinstem Eisenoxyd, von dem 0,05 bis 0,1 g eingewogen und in konz. Salzsäure gelöst werden. Die salzsaure Lösung wird nach dem Erkalten mit 50 bis 100 cm³ dest. Wasser verdünnt und unter Zusatz von einigen cm³ einer Rhodankalium- oder Rhodanammoniumlösung (1:10) als Indikator bis zum Verschwinden der Rotfärbung titriert. Aus der Anzahl der verbrauchten cm³ Titantrichloridlösung wird der Titer in Fe_2O_3 als Faktor der Lösung ausgedrückt.

Zur Bestimmung des Eisenoxyds werden 100 cm³ des Hauptfiltrats in einem Erlenmeyerkolben von 250 cm³ Inhalt mit 5 cm³ Wasserstoffsuperoxyd (1:30) versetzt, bis zur restlosen Zerstörung des überschüssigen Wasserstoffsuperoxyds gekocht und nach Zugabe von 25 cm³
konz. Salzsäure und einigen cm³ Rhodankalium- oder Rhodanammoniumlösung (1:10) mit Titantrichloridlösung titriert.

Berechnung des Eisenoxydgehalts der Asche: ... cm³ Titantrichloridlösung · Faktor · 5 · 100 = ... % Fe_2O_3.

Bemerkungen zum Titantrichloridverfahren. Für gelegent-
liche Bestimmungen kleiner Eisenoxydmengen ist es nicht erforderlich,
Bürette und Vorratslösung in ständiger Verbindung mit einem Kohlen-
säuregerät zu halten, wenn unmittelbar vor jeder Analysenreihe der
Titer ermittelt wird; zur Nachprüfung kann man eine zweite Einstellung
unmittelbar nachher vornehmen, die wohl stets mit der ersten übereinstimmen wird. Da die beiden Titerstellungen bei einer Einwaage von 0,05 g
Eisenoxyd zusammen höchstens 20 cm³ verbrauchen, kann zwischen
beiden mit derselben Bürettenfüllung eine größere Anzahl kleiner Eisen-
oxydgehalte bestimmt werden. Bei Neufüllung der Bürette ist jedoch
eine neue Einstellung vorzunehmen.

c) Aluminiumoxyd.

Zur Tonerdebestimmung werden 100 cm³ des Hauptfiltrats in ein
Becherglas von 600 cm³ Inhalt gebracht, mit dest. Wasser auf 200 cm³
verdünnt, mit Ammoniak ($D_{15°} = 0,91$) bis zur Entstehung einer schwachen Trübung versetzt und mit 4 cm³ Salzsäure (1:1) angesäuert. Zur
Reduktion der Eisenverbindungen gibt man 20 cm³ einer Ammonium-
thiosulfatlösung (1:3,5) hinzu, versetzt mit 15 cm³ konz. Essigsäure,
läßt kurz abstehen, fällt mit 20 cm³ Ammoniumphosphatlösung (1:10),
erhitzt zum Sieden, kocht 15 min lang und filtriert durch ein Blaubandfilter von Schleicher & Schüll, in das zweckmäßig zuvor in heißem Wasser
aufgeschlämmte Filterfasern gegeben werden. Der Niederschlag wird
mit möglichst wenig heißem dest. Wasser bis zum Verschwinden der
Chlorionenreaktion ausgewaschen, getrocknet, bei etwa 1000° geglüht
und als Aluminiumphosphat gewogen.

Berechnung des Tonerdegehalts der Asche: ... g Aluminiumphosphat · 0,4178 · 5 · 100 = ... % Al_2O_3.

d) Kalziumoxyd.

In weiteren 100 cm³ des Hauptfiltrats werden für die Kalkbestimmung zunächst die dreiwertigen Metalle in Form ihrer Hydroxyde abgeschieden. Die Lösung wird hierzu in einem 400 cm³ fassenden Becherglas mit Ammoniak ($D_{15°} = 0,91$) nahezu neutralisiert, mit Bromwasser
bis zur braunen Färbung oder mit 1 cm³ Perhydrol versetzt und zum

9*

Sieden gebracht. Nach Zugabe einiger Körnchen Ammoniumchlorid fügt man kohlensäurefreies Ammoniak ($D_{15°} = 0,91$) bis zur schwach alkalischen Reaktion hinzu, läßt auf dem Wasserbade absitzen, filtriert und wäscht dreimal mit heißer Ammoniumchloridlösung (1:20) aus, wechselt das Auffanggefäß und löst den Niederschlag mit heißer verdünnter Salzsäure (1:4) quantitativ wieder vom Filter. In der salzsauren Lösung wird die Fällung mit Bromwasser bzw. Wasserstoffsuperoxyd und kohlensäurefreiem Ammoniak wiederholt, der Niederschlag nach dem Absitzen auf dem Wasserbade möglichst rasch abfiltriert und mit heißem dest. Wasser ausgewaschen, bis einige Tropfen des Filtrats, auf Platinblech verdampft, keinen Rückstand hinterlassen (der Niederschlag ist für die unten beschriebene Phosphorsäurebestimmung zu verwenden). Die Filtrate werden in einem 800 cm³ fassenden Becherglas vereinigt und nach dem Einengen auf 400 bis 500 cm³ mit konz. Essigsäure schwach angesäuert. Man erhitzt die Lösung auf 80° und versetzt mit einer ebenfalls 80° heißen Ammoniumoxalatlösung (1:14). Nach sechsstündigem Stehen bei etwa 50° läßt man abkühlen, filtriert, wäscht dreimal mit kalter Ammoniumoxalatlösung (1:20) aus, stellt das Fällungsbecherglas unter das Filter und löst das Kalziumoxalat mit heißer verdünnter Salzsäure (1:4) quantitativ wieder vom Filter. Die Lösung wird mit 10 cm³ Ammoniumoxalatlösung (1:14) versetzt und zum Sieden erhitzt. Durch tropfenweise vorgenommenen Zusatz von Ammoniak fällt man siedendheiß erneut das Kalziumoxalat, läßt 6 h lang bei etwa 50° stehen, filtriert nach dem Abkühlen, wäscht dreimal mit Ammoniumoxalatlösung (1:20) und dann so lange mit kaltem dest. Wasser aus, bis 5 cm³ des Waschwassers nach Zusatz von einem Tropfen Schwefelsäure (1:4) einen Tropfen einer 0,05-n-Permanganatlösung nicht mehr entfärben. Das Kalziumoxalat wird feucht mit dem Filter in das Fällungsbecherglas gegeben, in etwa 200 cm³ heißem dest. Wasser und 50 cm³ verd. Schwefelsäure (1:4) unter Umrühren und Zerstören des Filters mit einem Glasstabe gelöst und die etwa 60° warme Flüssigkeit mit 0,05-n-Permanganatlösung titriert.

Berechnung des Kalkgehalts der Asche: ... cm³ 0,05-n-Permanganatlösung · Faktor · 5 · 100 = ... % CaO.

e) Magnesiumoxyd.

Die Filtrate des Kalkniederschlages werden vereinigt, auf 400 cm³ eingedampft, nach dem Erkalten ammoniakalisch gemacht, mit einem Siebentel ihrer Menge konz. Ammoniak ($D_{15°} = 0,91$) und mit 15 cm² Ammoniumphosphatlösung (1:10) kalt versetzt. Der Niederschlag wird nach halbstündigem Rühren oder 24stündigem Stehen unter Verwendung eines Blaubandfilters abfiltriert und mit verd. Ammoniak (1:3) bis zum Verschwinden der Chlorionenreaktion ausgewaschen. Man bringt das Filter in einen Porzellan- oder Platintiegel, befeuchtet mit einigen

Tropfen konz. Salpetersäure ($D_{15^o} = 1,4$), erhitzt mit einer kleinen Flamme, bis alle Ammonsalze verjagt sind, und glüht schwach, bis das Filter verascht ist. Der Rückstand wird mit einigen Tropfen rauchender Salpetersäure befeuchtet, auf dem Wasserbade zur Trockne verdampft und über dem Gebläse bis zur Gewichtskonstanz geglüht. Der Rückstand ist Magnesiumpyrophosphat.

Berechnung des Magnesiumgehalts der Asche: ...g Magnesiumpyrophosphat $\cdot$ 0,3621 $\cdot$ 5 $\cdot$ 100 = ... % MgO.

f) Alkalien.

Bei einer lückenlosen Gesamtaschenanalyse werden die Alkalien im allgemeinen als »Rest« angegeben. Für die unmittelbare Bestimmung der Alkalien eignet sich am besten das nachstehend beschriebene Verfahren der Aufschließung mit Kalk nach Lawrence Smith und Bestimmung der Alkalien als Sulfate.

1 g Asche wird mit der gleichen Menge sublimierten Chlorammoniums unter allmählichem Zusatz von 6 g alkalifreiem Kalziumkarbonat in einem Achatmörser sorgfältig verrieben. Man bringt die Mischung mit Hilfe schwarzen Glanzpapiers in einen Fingertiegel aus Platin oder in Ermangelung eines solchen in einen gewöhnlichen, nicht zu niedrigen Platintiegel und spült die Reibschale und das Pistill mit etwa 2 g Kalziumkarbonat in den Tiegel ab.

Der halb bedeckte Tiegel wird in das entsprechend ausgeschnittene Loch eines Stückes Asbestpappe in schwach geneigter Lage derart gehängt, daß sein oberer Teil etwa 1 cm hervorragt und von der Flamme nicht getroffen wird. Man erhitzt den Tiegel zunächst vorsichtig mit kleiner Flamme und nach dem Verschwinden des Ammoniakgeruchs etwa 45 min lang mit der vollen Flamme eines Teklubrenners oder zweier schräg gegeneinander gestellter Bunsenbrenner. Der glühende Tiegel wird in einer Porzellanschale, in der sich etwa 100 cm³ dest. Wasser befinden, abgeschreckt, umgelegt und der zusammengesinterte Kuchen durch Erhitzen und durch Zerdrücken mit einem Glasstabe aufgeweicht. Nach vollständiger Zersetzung der Masse nimmt man den Tiegel heraus, spült ihn mit heißem dest. Wasser ab, läßt in der Wärme absitzen, gießt die geklärte Flüssigkeit durch ein Filter, wäscht den Rückstand in der Schale viermal durch Dekantieren mit heißem dest. Wasser und spült ihn auf das Filter, auf dem er mit heißem dest. Wasser bis zum Verschwinden der Chlorionenreaktion (Tüpfelverfahren) ausgewaschen wird. Zur Prüfung der Vollständigkeit des Aufschlusses wird der Rückstand mit Salzsäure (1:1) behandelt; entsteht hierbei keine klare Lösung, bleiben vielmehr noch unzersetzte Aschenteilchen zurück, so ist der Aufschluß zu verwerfen und ein neuer vorzunehmen.

Das Filtrat wird zur Abscheidung des Kalziums auf etwa 40 cm³ eingedampft, mit 5 cm³ konz. Ammoniak und bis zur vollständigen Ausfällung des Kalziumkarbonats mit Ammonkarbonatlösung (1:10) versetzt, erwärmt und vom Niederschlag abfiltriert. Da dieser Niederschlag kleine Mengen Alkalien enthalten kann, löst man ihn quantitativ auf dem Filter in möglichst wenig Salzsäure (1:5). Ein unnötiger Überschuß erschwert die weitere Verarbeitung beim späteren Verjagen der Ammonsalze. In der salzsauren Lösung wird die Fällung des Kalziums mit Ammoniak und Ammonkarbonat wiederholt, der Niederschlag abfiltriert und bis zum Verschwinden der Chlorionenreaktion (Tüpfelverfahren) mit dest. Wasser ausgewaschen. Die vereinigten Filtrate verdampft man zur Trockne und verjagt die Ammonsalze durch sorgfältiges Erhitzen über bewegter Flamme. Nach dem Erkalten löst man den Rückstand in ganz wenig Wasser und fällt die letzten Spuren von Kalzium durch Versetzen mit Ammonoxalat und Ammoniak. Nach zwölfstündigem Stehen filtriert man vom Kalziumoxalat ab, wäscht es mit kaltem dest. Wasser so lange aus, bis einige Tropfen des Filtrats, auf Platinblech verdampft, keinen Rückstand hinterlassen, und verdampft das Filtrat in einem gewogenen Tiegel oder in einer Schale zur Trockne. Der Rückstand wird zweimal mit einigen Tropfen konz. Schwefelsäure ($D_{15^0} = 1,84$) abgeraucht, sodann schwach geglüht und nach dem Erkalten im Exsikkator gewogen. Die Auswaage liefert die Summe der Alkalisulfate. Da die Alkalien der Asche überwiegend aus Natriumsilikaten bestehen, genügt es, die Alkalisulfate lediglich als Natriumsulfate in Rechnung zu stellen, woraus sich der Alkaligehalt der Asche als Na_2O bei Anwendung von 1,000 g Asche folgendermaßen ergibt: ... g Alkalisulfate · 0,4364 · 100 = ... % Alkali (Na_2O).

g) Sulfat.

Zur Abscheidung der dreiwertigen Metalle werden 100 cm³ des Hauptfiltrats mit Bromwasser bis zur braunen Färbung oder mit 1 cm³ Perhydrol versetzt, zum Sieden gebracht, einige Zeit gekocht und mit Ammoniak schwach alkalisch gemacht. Man fügt noch etwa 5 cm³ Ammoniak ($D_{15^0} = 0,91$) zur Vermeidung der Bildung von basischen Salzen hinzu und läßt auf dem Wasserbade 10 min stehen. Der Niederschlag wird abfiltriert und mit heißem dest. Wasser so lange ausgewaschen, bis einige Tropfen des Filtrats, auf Platinblech verdampft, keinen Rückstand hinterlassen. Das Filtrat wird mit konz. Salzsäure ($D_{15^0} = 1,19$) schwach angesäuert, auf 300 cm³ verdünnt und zum Sieden erhitzt. Zu der siedend heißen Flüssigkeit gibt man 10 cm³ einer heißen 10proz. Bariumchloridlösung, der je 1 50 cm³ konz. Salzsäure zugesetzt sind, unter lebhaftem Umrühren mit einem Glasstabe in einem Gusse zu. Der sich schnell absetzende Bariumsulfatniederschlag wird nach kurzem Stehen in der Wärme durch ein Quantitativfilter (für Bariumsulfat) abfiltriert und bis zum Verschwinden der Chlorionenreaktion mit heißem Wasser ausgewaschen. Man verascht das Filter mit dem Niederschlag feucht im Platin- oder Porzellantiegel und glüht bei mäßiger Rotglut bis zur Gewichtskonstanz.

Berechnung des SO_3-Gehaltes der Asche: ... g Bariumsulfat · 0,3430 · 5 · 100 = ... % SO_3.

h) Sulfidschwefel.

1 g der feingepulverten Schlackenprobe wird in einem Zersetzungskolben mit 50 bis 75 cm³ verdünnter Salzsäure versetzt. Die Zugabe der Säure erfolgt durch einen Tropftrichter, dessen Rohr bis an den Boden des Kolbens herabreicht. Als Absorptionsflüssigkeit für den entwickelten Schwefelwasserstoff dient Zinkatlösung; zu deren Herstellung werden 25 g Ätznatron in möglichst wenig Wasser gelöst und zu der heißen Natronlauge wird langsam eine gesättigte Lösung von 25 g Zinksulfat zugegeben. Je 1 % zu erwartendem Schwefelgehalt in der Schlacke werden 4,5 cm³ dieser Zinkatlösung zugegeben und auf 50 cm³ verdünnt. Nachdem die durch die Einwirkung der Säure entwickelten Gase durch Erhitzen vollkommen übergetrieben worden sind, werden zu der Absorptionslösung 10 oder 25 cm³ 0,1-n-Jodlösung sowie das gleiche Volumen verdünnte Salzsäure zugegeben und der Jodüberschuß wird mit 0,1-n-Thiosulfatlösung zurücktitriert.

1 cm³ Verbrauch von 0,1-n-Jodlösung entspricht 1,704 mg Schwefelwasserstoff bzw. 1,603 mg Sulfidschwefel.

i) Verbrennliches in Schlacke.

Die Bestimmung des Verbrennlichen in Schlacke durch Veraschung nach dem Einheitsverfahren (vgl. S. 62) ist nur für laufende Betriebsuntersuchungen möglich. Bei genauen Bestimmungen treten nach dieser Methode insbesondere durch Oxydationsvorgänge, wie z. B. von zwei- zu dreiwertigem Eisen, erhebliche Fehler auf. In diesem Falle ist es daher erforderlich, an Stelle der Bestimmung der Gewichtsabnahme durch Glühen in Luft den Gehalt an Verbrennlichem unmittelbar durch eine Elementaranalyse vorzunehmen.

Die bei der Verbrennung oder Vergasung im Rostdurchfall enthaltenen verbrennlichen Anteile weisen nicht mehr die ursprüngliche Zusammensetzung des Ausgangsbrennstoffs auf sondern sie sind durch den Einfluß der Temperatur entgast worden, d. h. in Koks übergegangen. Es ist daher mit genügender Genauigkeit möglich, die Zusammensetzung des Verbrennlichen in Schlacke der eines Kokses durchschnittlicher Zusammensetzung gleichzusetzen, d. h. zu rd. 95% Kohlenstoffgehalt im Reinkoks.

Zur Bestimmung des Verbrennlichen in der Schlacke wird von der feingepulverten Probe (Einwaage 0,5 bis 1 g je nach dem Gehalt an Verbrennlichem) die Elementaranalyse durchgeführt. Aus dem gefundenen Kohlenstoffgehalt errechnet sich der Gehalt an Verbrennlichem durch Multiplikation mit 1,05. Bei karbonatreicheren Aschen ist noch eine getrennte Bestimmung des CO_2-Gehaltes der Asche vorzunehmen (vgl. unten) und der dabei gefundene CO_2-Wert von dem bei der Elementaranalyse gefundenen in Abzug zu bringen.

k) Karbonatgehalt in Schlacke.

Eine mittelbare Ermittlung des Kohlensäuregehaltes in Schlacken durch Bestimmung des Glühverlustes ist nur bei völlig wasserfreien, nicht oxydierbaren und leicht zersetzlichen Karbonaten anwendbar und daher für die Praxis von nur geringem Wert. Allgemein ist es vielmehr erforderlich, den Karbonatgehalt von Schlacken durch Zersetzung mit einer Mineralsäure abzuspalten und das Kohlendioxyd wie bei der organischen Elementaranalyse mit Natronkalk oder mit Kalilauge zu absorbieren und zur Wägung zu bringen. Hierfür hat sich folgende Versuchseinrichtung[1]) bewährt.

Auf einem Zersetzungskolben von 250 cm³ Fassungsvermögen steht über einer Schliffverbindung ein Kugelkühler senkrecht auf, von dem an seinem oberen Ende ein Gasabgangsrohr seitlich abzweigt und der einen Tropftrichter mittels einer Schliffverbindung oder eines Gummistopfens trägt. Das untere Ende des Tropftrichters ragt an seinem unteren Ende, zu einer Kapillare verjüngt, bis nahe an den Boden des Zersetzungskolbens, seine Spitze ist zu einer kleinen Schleife umgebogen, um ein Aufsteigen von Gasblasen im Rohr zu verhindern. An das seitliche Gasabgangsrohr schließen hintereinandergeschaltet vier U-Rohre mit Schliffhähnen und ein Tropfenzähler an. Das erste der U-Rohre ist mit Kupfersulfat-Bimsstein, das zweite mit getrocknetem Kalziumchlorid, das dritte und vierte jeweils in der ersten Hälfte mit Natronkalk und im zweiten Schenkel mit Kalziumchlorid gefüllt. Der Kühler dient dazu, den größten Teil der bei der Reaktion entwickelten Wasser- und Salzsäuredämpfe zu verdichten, der restliche Teil derselben und der abgespaltene Schwefelwasserstoff wird in den ersten beiden Vorlagen zurückgehalten.

Der Kupfersulfat-Bimsstein wird durch Tränken von erbsengroßen Stücken Bimsstein mit einer kaltgesättigten Kupfersulfatlösung und nachfolgendem Trocknen bei 150 bis 180⁰ hergestellt. Das Kalziumchlorid muß in der üblichen Weise zunächst mit Kohlendioxyd gesättigt werden, um basisches Salz abzusättigen.

Zur Durchführung der Bestimmung werden je nach dem Karbonatgehalt 2 bis 5 g der feingepulverten Schlacke in den Zersetzungskolben eingefüllt, 10 cm³ Wasser zugesetzt und in den Tropftrichter 10 bis

---

[1]) H. u. W. Biltz, Ausführung quantitativer Analysen, Leipzig 1930, S. 154.

20 cm³ konz. Salzsäure eingefüllt. Diese läßt man langsam in den Kolben herabfließen und schließt daraufhin unmittelbar an den Tropftrichter einen langsamen Strom von Stickstoff (3 bis 4 l/h) an, der durch Durchleiten durch Kalziumchlorid und Natronkalk gereinigt worden ist. An Stelle von Stickstoff kann auch entsprechend gereinigte Luft mittels einer Wasserstrahlpumpe und eines Aspirators durchgesaugt werden. Die Flüssigkeit im Zersetzungskolben wird allmählich unter starker Rückflußkühlung fast bis zum Sieden erhitzt, dies etwa 30 min lang fortgesetzt und abgekühlt.

Der Kohlendioxydgehalt der Probe ergibt sich als Gewichtszunahme der beiden Natronkalkrohre.

Durch Abzug des gefundenen Kohlendioxyds vom Glühverlust erhält man als Rest die Summe des Gehaltes an Wasser und organischen Stoffen.

2. Schmelzverhalten von Brennstoffaschen.

a) Allgemeines.

Bei der Bewertung eines festen Brennstoffs in der Feuerungs- und Vergasungstechnik ist neben seinem brenntechnischen Verhalten, das vor allem vom Heizwert, dem Gehalt an flüchtigen Bestandteilen, von der Zündtemperatur und der Reaktionsfähigkeit des Brennstoffs bestimmt wird, das Schmelzverhalten der Aschebestandteile zu beachten. Bei einem stark zur Verschlackung neigenden festen Brennstoff verringert sich sein Wert nicht verhältnisgleich mit der Erhöhung des Aschegehaltes, sondern in stärkerem Umfang, da die Schlackenbildung nicht nur zu betrieblichen Schwierigkeiten sondern auch zu erhöhten Brennstoffverlusten führt. Entscheidend für das Schmelzverhalten einer Asche ist hierbei nicht ein unter bestimmten Bedingungen einwandfrei ermittelter Schmelzpunkt sondern der Ablauf des Schmelzvorganges vom Erweichungsbeginn bis zum eigentlichen Fließpunkt, der einen Temperaturbereich von 50 bis 400° umfassen kann.

Erstmalig hat E. J. Constam[1]) auf die Bedeutung des Schmelzverhaltens von Brennstoffaschen hingewiesen und seine Beobachtungen wie folgt zusammengefaßt:

a) Der mengenmäßige Anteil der Brennstoffasche hat keinen Einfluß auf den Schmelzpunkt,

b) der Aschenschmelzpunkt wird bestimmt von der Zusammensetzung der Mineralstoffe eines bestimmten Brennstoffvorkommens,

c) der Schmelzpunkt der Asche eines Brennstoffs wird durch deren Verkokung nicht verändert.

[1]) Journ. f. Gasbel. u. Wasserverwendung **56** (1913), S. 1160.

Diese Feststellungen besitzen noch heute Gültigkeit. Sie sind jedoch nach zwei Richtungen zu erweitern. Wie bereits ausgeführt wurde, weisen die Aschen keinen einheitlichen Schmelzpunkt, sondern einen ziemlich weiten Bereich vom Erweichungsbeginn bis zum eigentlichen Schmelzen auf. Dieser Temperaturbereich wird ferner von der Art der Atmosphäre beeinflußt, je nachdem ob diese oxydierend oder reduzierend auf den Gehalt der Asche an Eisenoxyd einwirkt[1]).

In rein oxydierender Atmosphäre wird das Eisenoxyd der Asche in das sehr schwer schmelzbare Eisen-3-oxyd umgewandelt, in stark reduzierender Atmosphäre dagegen zu metallischem Eisen reduziert. In gemischter Atmosphäre, wie z. B. $H_2:CO_2$ oder $CO:CO_2$ mit etwa 6% Wasserstoff- bzw. Kohlenoxydgehalt bilden sich die bei wesentlich tieferen Temperaturen schmelzenden Eisen-2-Verbindungen, insbesondere Fe_2SiO_4 (Fayalit), so daß man bei eisenreichen Aschen in gemischter Atmosphäre Schmelzpunkte erhält, die um 120 bis 400⁰ tiefer liegen als in einer rein oxydierend oder reduzierend wirkenden Atmosphäre.

Der Übergang der Asche vom Erweichungsbeginn über eine teigige Schmelze bis zum Fließpunkt macht es unmöglich, die Aschen gemäß ihrem Schmelzpunkt in einzelne Gruppen, wie leicht-, mittel- oder schwerschmelzbar, zu unterteilen. Wichtiger ist der Erweichungsbeginn der Aschen und der anschließende Temperaturbereich bis zum eigentlichen Schmelzen.

Von den Inhaltsstoffen der Brennstoffaschen wirken vor allem Alkalien und Eisenoxyd sehr stark erniedrigend auf die Erweichungsund Schmelztemperaturen. Es ist daher besonders darauf zu achten, daß die Brennstoffprobe bei ihrer Zerkleinerung nicht durch weiteres Eisenoxyd verunreinigt wird. Kugelmühlen aus Gußeisen mit Stahlkugeln sind daher wenig geeignet. Dies gilt vor allem für die Zerkleinerung von Koks, die zweckmäßig in Walzenmühlen vorgenommen wird. Bei Kohle können Kugelmühlen zwar verwendet werden, zum Einsatz müssen jedoch Kugeln aus Hartporzellan dienen. Die gemahlene Brennstoffprobe ist fernerhin mittels eines Magneten sorgfältig von etwa abgeschlagenen Teilchen von Eisenhammerschlag zu befreien, der auf diese Weise leicht vollständig entfernt werden kann.

Die Brennstoffprobe von etwa 100 bis 1000 g wird in einem Muffelofen bei 700 bis 800⁰ verascht, die Asche auf eine Körnung <0,12 mm (2500-Maschensieb) zerkleinert und nochmals 2 h lang bei 800⁰ geglüht. Die Asche darf daraufhin höchstens 0,5% Verbrennliches enthalten.

Die Laboratoriumsprüfverfahren zur Bestimmung des Schmelzverhaltens von Brennstoffaschen lassen sich in folgende Gruppen unterteilen:

---

[1]) A. C. Fieldner, U. S. Bureau of mines, Bull. 129 (1918), daselbst zahlreiche Schrifttumsangaben: W. A. Selvig u. A. C. Fieldner, Bull. 209 (1922): Fuel 5 (1926), S. 24.

Ermittlung des Kegelschmelzpunktes,
Aufnahme des Schmelzverhaltens nach K. Bunte und K. Baum,
Sonstige Verfahren.

b) Ermittlung des Kegelschmelzpunktes.

Das Verfahren zur Bestimmung des Kegelschmelzpunktes ist von
der keramischen Industrie übernommen worden. Hierbei werden Seger-
kegel aus der Asche mit Dextrin als Bindemittel in einem Ofen mit festgelegter Anheizgeschwindigkeit erhitzt und die Temperatur wird beobachtet, bei der die Spitze des schmelzenden Kegels gerade den Boden
berührt.

Die feinkörnige Asche (<0,12 mm) wird mit einer 10proz. Dextrinlösung zu einem steifen Brei angerührt und in einer Bronzeform gemäß
der Abb. 42 zu dreikantigen Pyrami-
den von 25 mm Höhe und 8 mm Kantenlänge geformt. Nach Trocknung
durch Stehen an der Luft werden zwei
oder mehrere Probekörper mittels etwas
feuchter Asche auf ein Schamotteplätt-
chen aufgekittet und in einen Ofen mit
halbreduzierender Atmosphäre, wie
z. B. einen unten geschlossenen Kohlegrießofen oder in einen Gasglühofen
eingesetzt. Der Ofen wird im Verlauf
einer Stunde auf 800° aufgeheizt, wobei
das Dextrin aus den Proben heraus-

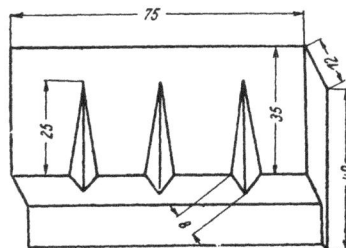

Abb. 42. Bronzeform für die Herstellung
von Formlingen zur Bestimmung des
Kegelschmelzpunktes.

brennt; die weitere Erhitzung soll etwa 5 bis 10° min betragen. Das
Verhalten der Formlinge in dem Ofen wird unmittelbar oder mittels
eines Metallspiegels beobachtet. Durch ein neben den Formlingen ein-
gebautes Thermoelement wird nacheinander die Temperatur des Erweichungsbeginns, kenntlich durch eine Formänderung infolge Sinte-
rung der Oberfläche, der Schmelzpunkt, bei dem die Plastizität der
Pyramide so groß wird, daß seine Spitze sich zu neigen beginnt und
schließlich der Fließpunkt ermittelt, bei dem die Viskosität der Schmelze
sich soweit verringert, daß auch der Rest der Form verlorengeht[1]).

Nachteilig wirkt sich bei diesem Verfahren der starke Einfluß der
Subjektivität des Prüfers aus, so daß selbst bei geschulten Beobachtern
für eine Asche nur eine Übereinstimmung der Ergebnisse auf 50° erzielt
werden kann. Allerdings ist hierbei zu berücksichtigen, daß die Beobachtung der Brennstoffprobe gewisse Schwierigkeiten bietet.

Da die Herstellung einer einwandfreien Pyramidenform aus der
Brennstoffasche nicht einfach ist, haben F. S. Sinnatt, Owless und Simp-

[1]) Vgl. auch J. F. Barkley. Fuel 4 (1925). S. 270.

kins[1]) vorgeschlagen, an Stelle der Pyramiden dünne Stäbchen zu verwenden. Zu diesem Zweck wird die mit Dextrinlösung angeteigte Brennstoffasche in einer Presse zu einem Faden von 0,78 mm Dmr. gepreßt. Von diesem werden nach dem Trocknen Stücke von 5 mm Länge abgeschnitten und in der gleichen Weise wie die Pyramiden in den Schmelzofen eingesetzt.

c) Aufnahme des Schmelzverhaltens nach K. Bunte, K. Baum und W. Reerink[2]).

Bei diesem Verfahren, das infolge seiner Vorzüge eine sehr weitgehende Verbreitung gefunden hat, werden die Nachteile der Messung des von subjektiven Einflüssen abhängigen Kegelschmelzpunktes weit-

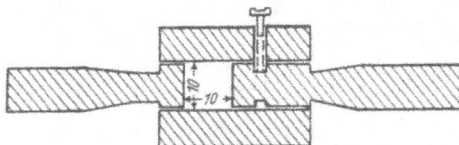

Abb. 43. Bronzeform zur Herstellung der Probekörper.

gehend vermieden. Ferner ergeben sich weitere Einblicke über den Erweichungs- und Schmelzvorgang, die sich bei den sonstigen Verfahren der Beobachtung entziehen oder wesentlich schwieriger erkennbar sind.

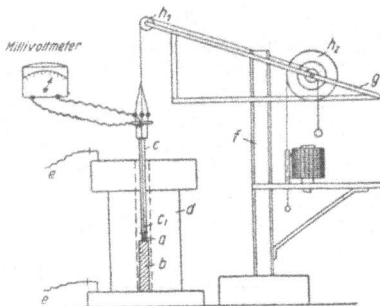

Abb. 44. Gerät zur Aufnahme der Erweichungskurven von Brennstoffaschen.
a) Probekörper, b) unterer Kohlestempel, c) oberer Kohlestempel, c_1) Thermoelement, d) Kohlegrießwiderstandsofen, e) Stromklemmer, f) festes Stativ, g) drehbarer Arm.

Zur Vorbereitung der Bestimmung werden etwa 4 bis 5 g der auf $< 0,12$ mm gepulverten Asche (2500-Maschensieb) mit einer 10proz. Dextrin-

---

[1]) Journ. Soc. chem. Ind. 42 (1923), S. 266 T; 44 (1925), S. 197 T.
[2]) Gas- u. Wasserfach 71 (1928), S. 97, 125; 72 (1929), S. 833; W. Reerink u. K. Baum, Wärme 53 (1930), S. 746; W. Reerink, Arch. f. Wärmewirtschaft 12 (1931), S. 76.

lösung angeteigt, in einer Form aus Bronze (vgl. Abb. 43) zu Probe-
körpern von je 10 mm Dmr. und Höhe geformt und anschließend im
Trockenschrank getrocknet.

Das Untersuchungsgerät (vgl. Abb. 44) besteht zunächst aus
einem elektrisch beheizten, unten geschlossenen Kohlegrießofen von
200 mm Dmr. und 230 mm Höhe. In diesem befindet sich ein senkrecht
angeordnetes Sillimanitrohr von 28 mm Innendurchmesser, durch das
von unten her ein eingepaßter Kohlestempel bis in die Mitte hineinragt.
Auf diesen wird ein Kohleplättchen aufgelegt, das den von oben eingesetzten Probekörper aus der Versuchsasche trägt. Auf den letzteren
wird ein weiteres Kohleplättchen aufgelegt und auf diesen ein 180 mm
langer und 15 mm starker Taststab aus Elektrodenkohle, der mit einer
Aufhänge- und Übertragungsvorrichtung mittels zweier Kugellager-
rollen versehen ist. Das Übergewicht des Taststabes soll 25 bis 30 g
nicht überschreiten, da diese gerade genügen, um die Reibung der Rollen
zu überwinden und das Schreibgerät zu betätigen. Die Aufzeichnung der
Veränderung der Höhe des Probekörpers erfolgt nach entsprechender
Vergrößerung des Ausschlages im Verhältnis 5:1 selbsttätig auf eine
Schreibtrommel, die in 3 h eine volle Umdrehung ausführt. Zur Temperaturmessung wird durch den Taststab von oben oder durch den Kohlestempel von unten ein Platin-Thermoelement eingeführt. Das Einsetzen
des Probekörpers in den Ofen erfolgt nach Aufheizen auf eine Temperatur
von 800°, die weitere Anheizgeschwindigkeit soll 5°/min betragen. Die
Bedingung der gemischten Atmosphäre ($CO:CO_2$) wird dadurch erfüllt,
daß in der Ofengrundplatte Luftdüsen angebracht sind, durch die infolge des Luftauftriebes ständig eine geringe Luftmenge eingesaugt wird,
von der bei Berührung in dem glühenden Kohlestempel der Luftsauerstoff zum Teil zu einem Kohlenoxyd-Kohlendioxyd-Gemisch umgewandelt wird, das den Aschekörper umspült.

Mit einer frischen Kohlegrießfüllung können etwa 30 Bestimmungen
durchgeführt werden. Daraufhin verschiebt sich infolge des Abbrandes
des Grießes die Heizzone, so daß die Füllung zu erneuern ist.

Bei sorgfältiger Arbeitsweise beträgt mit diesem Gerät die Genauigkeit der Aufnahme der Ascheschmelzkurven für deren gesamten
Verlauf etwa $\pm 5°$. Zur Prüfung einer einwandfreien Lage der Heizzone
wird zweckmäßig nach je 6 bis 8 Bestimmungen die Schmelzkurve einer
eigens hierfür hergestellten Kontrollasche aufgenommen. Bei der Auswertung der Meßergebnisse ist zu beachten, daß infolge des geschützten
Einbaues des Thermoelementes eine Verschiebung des Temperaturanstieges an der Meßstelle gegenüber der Temperatur des Prüfkörpers
von fast gleichmäßig 10° eintritt. Diese Verzögerung im Temperaturanstieg des Thermoelementes muß bei der Auswertung der Messungen
berücksichtigt werden.

Für die Beurteilung des Schmelzverhaltens der Asche eines Brennstoffes ist der gesamte Bereich vom Erweichungsbeginn bis zum Nieder-
schmelzen des Prüfkörpers maßgebend. Das Schmelzverhalten mehrerer
verschiedener Brennstoffaschen zeigt die Abb. 45. Die Asche *A* beginnt
bei 950⁰ zu erweichen und schmilzt daraufhin sofort vollkommen gleichmäßig glasflußartig zusammen, der Erweichungsbereich beträgt somit
nur 100⁰. Völlig andersartig
verhält sich die Asche *B*.
Nach einem Erweichungs-
beginn von 1050⁰ schmilzt
sie bis 1075⁰ gleichmäßig
herunter, bei dieser Tem-
peratur ergibt sich ein deut-
liches Anhalten bis 1100⁰ C,
erst daraufhin schmilzt sie
weiter und ist bei 1150⁰ zer-
laufen. Die Asche *C* zeigt ein
erstes Erweichen bei 1120⁰,
dann schließt sich von 1160
bis 1360⁰ ein längerer Um-
wandlungsbereich an. Die

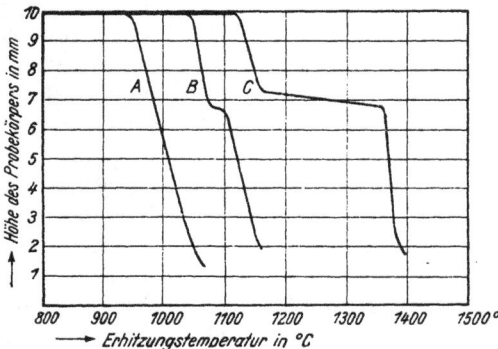

Abb. 45. Schmelzverhalten verschiedener Brennstoffaschen.

zwischenzeitlich gebildete Verbindung. hat einen wesentlich höheren
Schmelzpunkt; die Kurve verläuft bis 1360⁰ nahezu horizontal. Erst
bei dieser Temperatur beginnt das zweite Erweichen, worauf das senkrechte Abfallen der Kurve einen scharfen Schmelzpunkt anzeigt.

d) Sonstige Verfahren.

Dem Verfahren von K. Bunte, K. Baum und Reerink (s. o.) nachgebildet ist das Verfahren von Ebert[1]), bei dem die Veränderung der
Höhe der zu einem Zylinder geformten Ascheprobe jedoch auf optischem
Wege aufgezeichnet wird. Der zylindrische Probekörper wird im horizontal angeordneten Rohr eines elektrischen Ofens erhitzt, die Strahlung
einer vor dem einen Ende des Rohres aufgestellten Bogenlampe wirft
einen Schatten des Probekörpers auf einen Spalt am anderen Ende des
Rohres, hinter welchem im Zeitmaß des Temperaturanstieges ein Film
vorübergeführt wird, auf dem sich die Höhe des Probekörpers abbildet.

Das Verfahren von M. Dolch und E. Pöchmüller[2]) schließt sich
grundsätzlich dem von G. K. Burgess[3]) an, bei dem das Schmelzverhalten
der Asche auf einem durch direkten Stromdurchfluß beheizten Platin-
streifen beobachtet wird. In Abänderung desselben dient als Unterlage

[1]) Zentralorgan f. d. Fortschritte im Eisenbahnwesen (1930).
[2]) Feuerungstechnik **18** (1930), S. 149.
[3]) Bur. Standards, Bull. **4** (1913), S. 475.

für die Asche die etwas breitgeklopfte Lötstelle eines Platin-Thermo-elementes. Die Beheizung der Lötstelle und der darauf befindlichen Asche wird von unten durch die Strahlung eines zwischen zwei im spitzen Winkel zueinander stehenden Kohlen von 4 mm Dmr. übergehenden Lichtbogens bewirkt. Durch Näherung des Lichtbogens von unten nach der Lötstelle wird deren Temperatur und die der Ascheprobe rasch auf 900° gebracht und anschließend langsam weiter gesteigert. Diese An-ordnung (vgl. Abb. 46) befindet sich in einem mit Isoliersteinen ausgekleideten kleinen Ofen. Die Beobachtung der Asche erfolgt senkrecht von oben mit Hilfe eines Mikroskops (lineare Vergrößerung 1:3), wobei zwischen dem letzteren und der Asche horizontal in den Oberteil des Ofens ein durchlochtes Platinblech als Blende zwischengeschaltet ist. Gleichzeitig werden die vom Lichtbogen ausgehenden Strahlen von der Innenseite der Blende abgefangen und auf die Asche reflektiert, so daß ein Bildeindruck wie bei Beobachtung in auf-fallendem Licht entsteht. Die Tempera-turen des Sinterns und des völligen Zu-sammenschmelzens der Ascheprobe wer-den an dem zum Thermoelement zuge-hörenden Millivoltmeter abgelesen. Zur Reinigung der Lötstelle von der Asche wird diese mit Borax auf etwa 500° er-

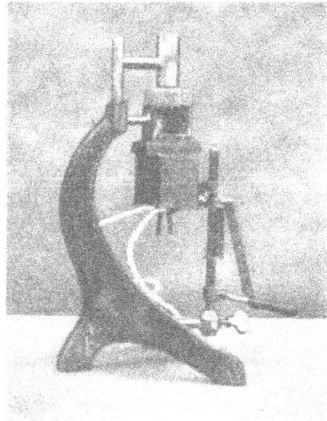

Abb. 46. Ofen mit Mikroskop zur Bestimmung des Erweichungsver-haltens von Brennstoffaschen nach M. Dolch und E. Pöchmüller.

hitzt, worauf die Schmelze mit Salzsäure befeuchtet und abgelöst wird.

Nachteilig ist bei diesem Verfahren die Abhängigkeit von den sub-jektiven Einflüssen des Beobachters und in Gegensatz zu dem Verfahren von K. Bunte, K. Baum und Reerink (s. o.) die Unmöglichkeit einer selbsttätigen Aufzeichnung der Meßergebnisse, dagegen für Einzelfälle von Vorteil, daß die Aschemenge nur wenige mg beträgt.

Auf Verbesserungen des Verfahrens durch J. Ludmilla[1]) sowie durch B. Simek, F. Coufalik und Z. Beranek[2]) sei kurz hingewiesen.

Für die Bestimmung der Zähigkeit von geschmolzenen Brennstoff-aschen haben P. Nicholls und W. P. Reid[3]) der Central Experimental Station des U. S. Bureau of Mines, Pittsburgh, ein Oszillationsviskosi-meter entwickelt, mit dem für einen Bereich von 1 bis 10^8 Poise vom Schmelzbeginn der Asche bis 1600° C die Zähigkeit unmittelbar im

---

[1]) Mitt. Kohlenforsch.-Inst., Prag 1 (1931), S. 82.
[2]) Feuerungstechnik 22 (1934), S. 1.
[3]) Trans. Amer. Soc. mech. Engrs. 62 (1940), S. 141; vgl. ferner D. Brownlie, Steam Eng. 9 (1940), S. 213.

CGS-System gemessen werden kann. Auf Grund zahlreicher Meßergebnisse für Aschen verschiedenster Zusammensetzung in oxydierender und reduzierender Atmosphäre ergibt sich folgendes. Die Zähigkeit einer geschmolzenen Asche wird im wesentlichen von ihrem Gehalt an SiO_2, Al_2O_3, CaO und MgO bestimmt. Der Einfluß von CaO und MgO ist nahezu gleich, wenn der Anteil des letzteren gering bleibt, wie dies in der Praxis allgemein der Fall ist. Es können daher beide Oxyde zusammen (CaO + MgO) erfaßt werden. Ferner zeigte es sich, daß bei einem Ver-

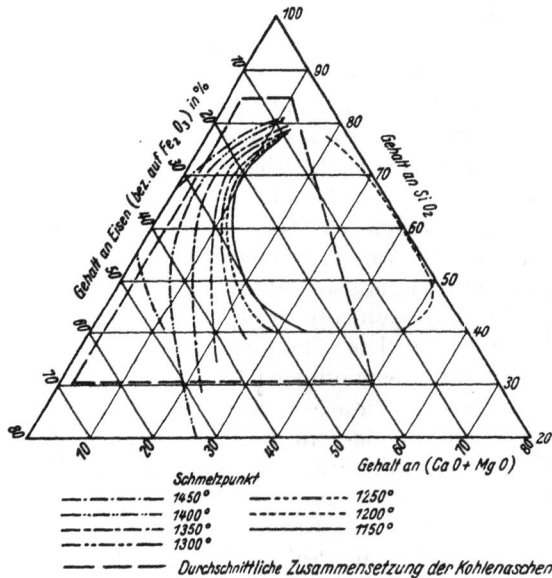

Abb. 47. Schmelzpunkte von Brennstoffaschen in oxydierender Atmosphäre.

hältnis von SiO_2 zu Al_2O_3 innerhalb der Grenzen 1,5 bis 3:1 der Gehalt an letzterem vernachlässigt werden kann und daß es genügt, die Aschezusammensetzung auf das Verhältnis SiO_2 + Fe_2O_3 + (CaO + MgO) = 100 zu beschränken. Die in der Originalarbeit in einzelnen Schaubildern getrennt dargestellten Kurven über den Schmelzpunkt der Brennstoffaschen in oxydierender Atmosphäre in Abhängigkeit von ihrem Gehalt an Fe_2O_3 + SiO_2 + (CaO + MgO) = 100 sind für den Temperaturbereich von 1150 bis 1450° in Abb. 47 zusammengefaßt. Diese Darstellung ergibt gleichzeitig die Möglichkeit, bei bekannter Zusammensetzung der Asche verschiedener Kohlen das Ascheschmelzverhalten entsprechender Kohlenmischungen vorauszubestimmen.

Das engbegrenzte Gebiet zähflüssiger Schlacken mit gleichzeitig niedrigem Schmelzpunkt, die bei der Verbrennung einzelner Brennstoffe auf dem Rost zu Störungen Anlaß geben können, liegt bei einem Gehalt von etwa 60 bis 80% SiO_2, 10 bis 30% Fe_2O_3 und 10 bis 20% CaO + MgO.

H. Verkokungstechnische Prüfverfahren.

1. Allgemeines.

Für die Beurteilung der Eignung der einzelnen festen Brennstoffe zur Schwelung und Hochtemperaturverkokung sind besondere Untersuchungsverfahren entwickelt worden, die den verschiedenartigen betrieblichen Verhältnissen möglichst weitgehend angeglichen sind.

Diese Prüfverfahren untergliedern sich wie folgt:

a) Verfahren zur Ermittlung der Ausbeuten an gasförmigen, flüssigen und festen Reaktionserzeugnissen,

b) Verfahren zur Bestimmung des sonstigen Verkokungsverhaltens der einzelnen Brennstoffe.

Bei den unter a) zusammengefaßten Verfahren soll unter weitgehender Annäherung an die Betriebsbedingungen der einzelnen Entgasungsverfahren in besonderen halbtechnischen Versuchseinrichtungen oder im Laboratoriumsmaßstab die zu erwartende Ausbeute an Gas, Teer, Leichtöl und Koks ermittelt werden.

Die Verfahren unter b sollen es ermöglichen, das Verhalten der verschiedenen Brennstoffe, insbesondere der Steinkohlen, während der Schwelung und Verkokung vorauszubestimmen. Bei diesen sollen daher vor allem die folgenden Eigenschaften der Brennstoffe laboratoriumsmäßig erfaßt werden:

> Backfähigkeit (Bindevermögen),
>
> Erweichungsverhalten,
>
> Entgasungsverlauf,
>
> Blähvermögen,
>
> Treibdruck und Quelldruck.

Die Eignung einer Kohle zur Verkokung, insbesondere zur Erzeugung eines Kokses von befriedigender Beschaffenheit kann mit keinem der einzelnen Prüfverfahren allein, sondern erst bei Kenntnis sämtlicher Eigenschaften der Verkokungsfähigkeit der Kohle beurteilt werden.

2. Ermittlung des Ausbringens an Schwelerzeugnissen bei der Tieftemperaturverkokung von Brennstoffen.

Im Gegensatz zu der Hochtemperaturverkokung werden bei der Schwelung der Brennstoffe die dampfförmig abgespaltenen flüssigen Kohlenwasserstoffe nahezu vollständig in unveränderter Form erhalten. Die Schwelanalyse gibt daher Aufschluß darüber, ob eine Kohle sich zur

Schwelung eignet, wozu als wichtigstes Erzeugnis neben der Menge und Beschaffenheit des Schwelkokses vor allem die Menge an gewinnbarem Schwelteer gemessen wird. Die meisten Verfahren beschränken sich daher auf die Messung der Ausbeuten an Schwelteer und Schwelkoks. Das gleichzeitig abgespaltene Schwelgas war in früheren Jahren ziemlich bedeutungslos; es diente bei der technischen Durchführung der Schwelung zumeist als Heizgas und wurde daher nur bei einem geringen Teil der vorgeschlagenen Untersuchungsverfahren mitbestimmt.

a) Schwelung in der Aluminiumretorte.

Für Laboratoriumsuntersuchungen wurde im Kaiser-Wilhelm-Institut für Kohlenforschung, Mülheim/Ruhr, von F. Fischer und H. Schrader[1]) die Schwelretorte entwickelt. Dieses handliche und einwandfrei arbeitende Untersuchungsgerät hat eine so weitgehende Anwendung gefunden, daß die nach diesem Verfahren erhaltenen Versuchsergebnisse allgemein als grundlegend anerkannt werden. Ebenso werden die im technischen Schwelbetrieb erzielten Ausbeuten zur vergleichenden Beurteilung der einzelnen Verfahren zumeist in Prozent der Ergebnisse der Schwelanalyse in der Aluminiumretorte angegeben, auch wenn sie, wie bei der Spülgasschwelung, 100% der Ausbeute bei diesem Laboratoriumsverfahren überschreiten.

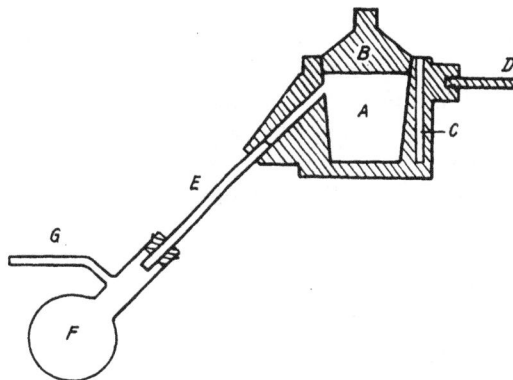

Abb. 48. Schwelretorte zur Tieftemperaturverkokung nach F. Fischer und H. Schrader.

Die Schwelretorte aus Aluminium (vgl. Abb. 48) besteht aus einem zylindrischen Schwelraum *A*, der von einem eingeschliffenen Deckel *B* abgeschlossen wird, der mit Graphitpaste abgedichtet wird. Die Temperaturmessung mittels eines Stickstoffthermometers oder Thermoelementes erfolgt in einer in der Zylinderwandung enthaltenen Bohrung *C*.

---

[1]) Brennstoffchem. **1** (1920), S. 87; Ztschr. f. angew. Chem. **33** (1920), S. 172; Stahl u. Eisen **40** (1920), S. 1448; für ein umfassendes Schrifttumsverzeichnis vgl. P. Hoffmann, Feuerungstechnik **29** (1941), S. 205.

Zur Befestigung der Retorte dient ein eingeschmolzener Eisenstab *D*. Die Abführung der Gase und Dämpfe erfolgt durch das Ableitungsrohr *E*, an das die wassergekühlte Vorlage *F* angeschlossen wird, wobei die Schwelgase durch das angesetzte Röhrchen *G* entweichen können. Zur Erleichterung der Abführung der Dämpfe kann ein Wasserdampf- oder Stickstoffstrom[1]) in die Retorte eingeführt werden, der nach einem Vorschlag von H. Schrader[2]) überhitzt wird, indem man ihn durch in den Aluminiumblock gebohrte Kanäle leitet.

Bei Retorten der normalen Größe werden 20 bis 25 g Kohle abgeschwelt. Diese Menge ist im allgemeinen ausreichend. Es sind jedoch für Brennstoffe mit sehr geringer Teerausbeute auch bereits Geräte mit einem Fassungsvermögen bis zu 500 g zur Anwendung gelangt.

Die Beheizung wird mit einem Bunsenbrenner vorgenommen. Die Anheizgeschwindigkeit kann nicht einheitlich festgelegt werden[3]), da die Abspaltung der Teerdämpfe bei den einzelnen Kohlen verschieden schnell erfolgt. Wenn die Temperatur zu schnell gesteigert wird, so treffen die Dämpfe an der Innenwandung der Retorte auf höhere Temperaturen und werden dabei überhitzt. Wenn dagegen die Temperatur zu langsam gesteigert wird, so verweilen die Teerdämpfe unnötig lange in der Retorte. In beiden Fällen werden die Teerdämpfe zum Teil aufgespalten und die Menge der bei der Kühltemperatur flüssigen Schwelerzeugnisse nimmt ab. Bei jeder Kohle müssen daher zwei oder drei Verschwelungen mit verschiedenen Anheizgeschwindigkeiten vorgenommen werden, um die für die untersuchte Kohle erzielbare Höchstausbeute an Schwelteer zu ermitteln. Zweckmäßig verfährt man derart, daß man zunächst die Normalschwelzeiten (Anheizgeschwindigkeit bei Steinkohle $15°/min$, bei Braunkohle $7,5°/min$) einhält und sodann eine langsamere und eine schnellere Schwelzeit wählt, um festzustellen, nach welcher Richtung sich die Teerausbeute verschiebt.

Nach Beendigung der Destillation wird zur Gewinnung des in den kälteren Teilen des Ansatzrohres der Retorte kondensierten Teeres dieses gelinde erwärmt. Zur Aufnahme des Teeres und Wassers dient eine wassergekühlte Vorlage von etwa $25 \ cm^3$ Inhalt. Durch Wägen des Kölbchens (auf $\pm 0,01$ g) erhält man Wasser und Teer. Der Wassergehalt wird ermittelt durch Destillation mit Xylol. Zwecks Bestimmung des Phenolgehaltes des Schwelteeres wird der Teer nach der Destillation des Wassers mit Äther verdünnt, die Lösung wird mit 10proz. Natronlauge ausgeschüttelt, die Lauge abgetrennt und nach Verdampfen des Äthers der Teerrückstand durch Wägung ermittelt. Es besteht aber auch die Möglichkeit, durch vorsichtiges Anheizen der Vorlage und Durch-

[1]) C. Bärenfänger, Brennstoffchem. **2** (1921), S. 106.

[2]) Brennstoffchem. **2** (1921), S. 182.

[3]) H. Broche, Brennstoffchem. **9** (1928), S. 379.

leiten eines Stickstoffstromes zur Vermeidung eines Stoßens und Schäumens die Leichtöle und das Wasser abzudestillieren. Um zu vermeiden, daß Korkverbindungen Wasser aufnehmen, werden die Korkstopfen, soweit sie nicht durch Glasverbindungen ersetzt werden können, mit Stanniol umwickelt.

Die Anheizgeschwindigkeiten sind folgende:

Anheizgeschwindigkeit	20⁰/min	15⁰/min	10⁰/min	7,5⁰/min	5⁰/min
für Steinkohle	schnell	normal	verlang-samt	langsam	—
für Braunkohle . . .	—	—	schnell	normal	langsam
Temperatursteigerung auf	Temperatur wird erreicht nach Minuten				
50⁰	—	—	5	—	10
100⁰	5	—	10	—	20
150⁰	—	10	15	20	30
200⁰	10	—	20	—	40
250⁰	—	—	25	—	50
300⁰	15	20	30	40	60
350⁰	—	—	35	—	70
400⁰	20	—	40	—	80
450⁰ ·	—	30	45	60	90
500⁰	25	35	50	70	100
Gleichbleibender Stand bei 500⁰ . .	20 min	20 min	20 min	20 min	20 min
Gesamtdauer der Schwelung in min .	45 min	55 min	70 min	90 min	120 min

Nach einem Vorschlag von B. G. Simek und Mitarbeitern[1] wird das Einbringen der Kohlenprobe und das Zurückwiegen des Schwelkokses durch das Einsetzen eines dünnen Zylinders aus Aluminium, der dem inneren Hohlraum der Retorte angepaßt ist, erleichtert. Gleichzeitig wird empfohlen, die Retorte aus Stahl anzufertigen und zur Abdichtung einen Kupferring mit Asbesteinlagen zu verwenden, worauf der Deckel mittels eines Bügels auf die Retorte fest aufgepreßt wird. Die Stahlretorte wird in einen Aluminiumblock eingesetzt, um eine gleichmäßige Erwärmung ohne Überhitzung des Retortenbodens zu erzielen. Zur Trennung des Schwelteeres von Wasser und Leichtöl wird das Schwelgas zunächst durch eine in einem Aluminiumblock auf 150⁰ beheizte Vorlage geleitet. Die nachfolgende Kühlung des Gases erfolgt in einem Wasserkühler.

---

[1] Mitt. d. Kohlenforschungsinstituts Prag **2** (1935), S. 3.

b) Schwelung in der Drehtrommel.

Bei den halbtechnischen Schwelverfahren ist vor allem auf die Verwendung einer Drehtrommel durch F. Fischer und W. Gluud[1]) hinzuweisen. Diese faßt eine Probemenge von 20 kg. Die Beheizung erfolgt von außen mittels eines Brennerrechens, die Entfernung der flüchtigen Schwelerzeugnisse wird durch Dampfzuführung in der Eingangsachse befördert, ihre Ableitung erfolgt ebenfalls axial. Anschließend werden die flüssigen Erzeugnisse nebst dem Spüldampf in einem Schlangenkühler abgeschieden. Auf die Ermittlung der Ausbeuten an Schwelkoks und Schwelgas wurde verzichtet, es wurde nur Menge und Beschaffenheit des Schwelteeres untersucht.

Das Drehtrommelverfahren wurde von F. Foerster[2]) durch Verkleinerung der Drehtrommel und Herabsetzung der Probemenge auf

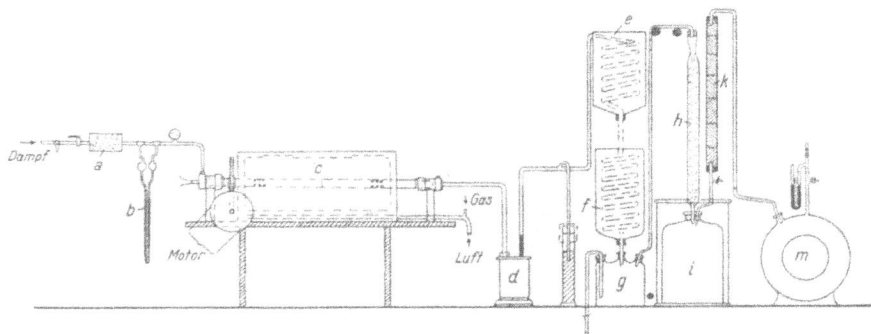

Abb. 49. Drehtrommelofen zur Schwelung von festen Brennstoffen nach F. Foerster.

3 kg Einsatzgewicht wesentlich vereinfacht. Die grundsätzliche Art der Durchführung dieses Verfahrens zeigt die Abb. 49. Die Länge der mit ihrer hohlen Achse in Stopfbuchsen gelagerten Drehtrommel beträgt 60 cm, ihr Durchmesser 20 cm. Zu ihrer Bewegung dient ein kleiner Elektromotor nebst Vorgelege, der der Trommel eine Umlaufgeschwindigkeit von 3 bis 4 Umdrehungen in der min erteilt. Die Achse ist geteilt, durch den vorderen Teil derselben wird während der Schwelung überhitzter Dampf eingeleitet, im hinteren Teil werden durch weitere Bohrungen die Schweldämpfe abgeleitet. Um eine Absaugung von Kohlestaub auszuschließen, wird dieser Teil der Achse mit einem engmaschigen Kupferdraht umwickelt. Die Temperaturmessung erfolgt mittels eines Thermoelementes, das im vorderen Teil der hohlen Achse bis nach der

---

[1]) Ges. Abh. z. Kenntnis d. Kohle **1** (1917), S. 114; Brennstoffchem. **1** (1920), S. 37; Beschreibung einer verbesserten Ausführungsform: Ges. Abh. z. Kenntnis d. Kohle **3** (1919), S. 253.

[2]) Brennstoffchem. **2** (1921), S. 33.

Mitte hineinragt. Zur Beheizung der Drehtrommel dient ein Gasreihen-
brenner, der längs unter ihr angeordnet ist.

Die aus der hinteren Stopfbuchse austretenden Dämpfe werden zunächst in einen durch einen Ringbrenner heiß gehaltenen Eisentopf geleitet, in dem sich noch mitgerissener Staub absetzen kann. Daraufhin
treten sie zunächst durch ein Rohr in eine von kaltem Wasser umgebene
Bleispirale und alsdann in eine längere gläserne Kühlschlange, aus der
die in den beiden Kühlern niedergeschlagenen Teer- und Wasserdämpfe
in eine weitere Vorlage abfließen. Die Abscheidung der restlichen Dämpfe
und Nebel erfolgt in einem abwechselnd mit Glaswolle und Watte gefüllten Rohr. Schließlich wird die Gasmenge mittels eines Gasmessers
gemessen, worauf sie in einem Gasbehälter gesammelt wird.

c) Steinkohlenschwelung nach dem Heizflächenverfahren.

Die neuere Entwicklung der technischen Durchführung der Steinkohlenschwelung in schmalen eisernen Entgasungskammern mit ruhender
Kohlenschicht erforderte die Schaffung eines auf den gleichen Grundlagen beruhenden Laboratoriums-
verfahrens, um vergleichbare
Untersuchungen durchführen zu
können. Eine entsprechende Retorte aus Sondergußeisen (vgl.
Abb. 50) wurde von J. Geller im
Hauptlaboratorium der Fa. Krupp
A.-G., Essen, konstruiert[1]. Ihre
Breite von 80/85 mm deckt sich
mit der der Zellen des Krupp-
Lurgi-Großschwelofens und anderer Schwelöfen. Die Konizität von
5 mm ist eingehalten, um den
Koksaustrag zu erleichtern. Die
Retorte wird in einen Eisenrahmen
eingesetzt und mittels Chromnik-

Abb. 50. Retorte für die Steinkohlenschwelung
nach dem Heizflächenverfahren.

kelstahl-Drahtspiralen, die durch Asbestschnur gegeneinander isoliert
sind, elektrisch beheizt. Als Wärmeschutz des Heizofens nach außen
dient eine Umpackung mit Sterchamolsteinen, die von einem Blech-
mantel umschlossen sind. Die Temperaturüberwachung erfolgt mittels
eines Thermoelementes, das, von einem Quarzrohr geschützt, in der
Mitte der äußeren Retortenwand an dieser anliegt. Die Retorte wird
zunächst oben und unten durch einen Sterchamolstein, der auf
dem in der vorstehenden Abbildung sichtbaren Wulstrand aufliegt,
verschlossen. Darauf ruhen etwa 10 mm starke Asbestdichtungen,

[1] K. Scheeben, Techn. Mitteilungen Krupp, Forschungsberichte **3** (1940),
S. 39.

als Abschluß dienen mittels Flügelschrauben befestigte Eisenplatten. Die obere derselben ist in der Mitte durchbohrt und an der Öffnung ist ein 1 mm starkes Panzerstahlrohr angeschweißt, das beim Aufsetzen der Verschlußplatte durch die Asbestdichtung und den Sterchamolstein bis in die Mitte der Kohlefüllung hineinragt. In dieses Rohr wird ferner ein zweites Thermoelement eingeführt, das während der Schwelung den Temperaturverlauf im Kohlekuchen anzeigt.

An das Gasaustrittsrohr, das vor jedem Versuch ausgebrannt und gereinigt wird, schließt sich eine Glasvorlage von rd. 1 l Fassungsraum an, das mit Wasser berieselt wird und in dem sich das erste Wasser-Teer-Kondensat niederschlägt. Der restliche Teer wird in einem elektrischen Entteerer und in einer nachfolgenden Woulffschen Flasche entfernt. Der letzteren nachgeschaltet folgen an einem Zwischen-T-Stück sitzend ein Manometer, dann eine mit Normalschwefelsäure beschickte Gaswaschflasche nach Drechsel und ein Chlorkalziumtrockenturm. Teervorlage, Kondensatgefäße, Gaswaschflasche und der erste Chlorkalziumturm werden vor jedem Schwelversuch gewogen. Hinter dem ersten Chlorkalziumturm geht der Weg des Gases durch einen mit Trockenreinigungsmasse gefüllten Entschweflungsturm und anschließenden zweiten Chlorkalziumturm in zwei mit Aktivkohle beschickte, hintereinandergeschaltete Adsorber, woselbst das Benzin festgehalten wird. Das nunmehr gereinigte Gas passiert weiter einen dritten Chlorkalziumturm, hierauf einen trockenen Gasmesser und wird schließlich in einem etwa 750 l fassenden, mit Wasser gefüllten Gasbehälter gesammelt.

Die Schwelretorte kann man allen geforderten Versuchsbedingungen angleichen, die Schweltemperatur, die Garungszeit, das Schüttgewicht werden der jeweiligen Schweleignung der Kohle angepaßt. Im allgemeinen wird vor Beginn eines jeden Schwelversuches die Retorte auf 600⁰ aufgeheizt, um damit den betrieblichen Verhältnissen des Schwelofens möglichst zu entsprechen. Gleichzeitig wird der Gasbehälter mit Wasser aufgefüllt. Ist alles soweit vorbereitet, werden 5 bis 5,5 kg genau gewogene Kohle, von der die Rohanalyse vorliegt, je nach Art derselben lose oder gestampft in der Körnung einer normalen Feinkohle in die Retorte so eingesetzt, daß vom oberen Kohleschichtrand bis zum Gasaustrittsrohr noch ein Abstand von etwa 3 cm verbleibt. Die Retorte wird sofort verschlossen und die Glasvorlage mit Wasser berieselt. Der Gasweg bleibt bis zur Woulffschen Flasche kurze Zeit offen, um die Luft aus der Versuchsanordnung zu verdrängen. Dann wird er geschlossen, der Elektroentteerer vorsichtig eingeschaltet und die Saugung eingestellt. Die Saugung wird am Wasserablauf des Gasbehälters mittels eines Schraubenquetschhahnes derart reguliert, daß das Manometer der Woulffschen Flasche einen Druck von ±0 mm WS anzeigt und an dem Manometer des Gasometers ein Unterdruck von 6 bis 7 mm Quecksilber während des Versuches gehalten wird. Die Absaugung des Gases ist unbedingt erforderlich, weil sonst falsche Werte im Ausbringen der Nebenerzeugnisse erzielt werden. Durch die Druckregulierung von ±0 hinter dem elektrischen Entteerer soll vermieden werden, daß durch etwaige kleine Undichtigkeiten an den Verschlußdeckeln der Retorte Luft angesaugt wird. Die Temperatur der Retortenwand sinkt sofort nach dem Füllen ungefähr 20 min lang um 30 bis 40⁰ ab, durch Regulierung mittels des Vorschaltwiderstandes ist dann aber die Schweltemperatur von 600⁰ wieder erreicht und wird während der Dauer des ganzen Schwelversuches gleichbleibend gehalten. Die Temperatur in der Mitte des Kohlekokskuchens und die Gasmenge an dem Gasmesser werden alle halbe Stunden abgelesen und aufgeschrieben. Gleich nach der Beschickung der Retorte setzt zuerst vorwiegend eine Wasserdampf- und CO_2-Entwicklung ein, die z. T. von dem Wassergehalt der Kohle abhängig ist, der im allgemeinen zwischen 8 und 9% beträgt. Nach annähernd 20 min ist diese jedoch beendet und eine schwache Teerentwicklung beginnt. Die Hauptteerentwicklung findet zwischen der ersten und dritten Garungsstunde statt, wobei der Teer quantitativ durch das Elektrofilter erfaßt wird. Die Glasvorlage vor dem Entteerer wird so lange mit Wasser gekühlt, bis die Gastemperatur vor Eintritt in den Entteerer auf 80⁰ gefallen ist, daraufhin wird die Wasserkühlung langsam gedrosselt und schließlich ganz abgestellt.

Nach fünfstündiger Garungszeit ist der Versuch beendet. Es werden zunächst die Entteerer und die Saugung stillgesetzt und dann wird die Verbindung zwischen dem Gasaustrittsrohr der Retorte und der Glasvorlage gelöst. Von der Retorte wird der obere Verschlußdeckel geöffnet und darauf der untere Deckel. Der Schwelkoks wird in einem eisernen, mit dichtschließendem Deckel versehenen Kasten aufgefangen und trocken gekühlt.

Zur Auswertung des Versuches werden die vorher gewogenen, oben bezeichneten fünf Auffanggefäße zurückgewogen und die Gewichtszunahme jedes einzelnen festgestellt. Die Wasser-Teer-Kondensate sammelt man in einem Scheidetrichter, aus dem man nach längerem Stehen das Wasser abläßt. Vom restlichen Teer wird eine Wasserbestimmung nach dem Xylolverfahren ausgeführt und das Teerausbringen auf wasserfreien Teer und Trockenkohle berechnet.

Die Gesamtgewichtszunahme der Auffanggefäße, vermindert um die Summe aus Wassergehalt der Kohle und Gewicht des wasserfreien Teeres, ergibt das Bildungswasser der Kohle, das, in % auf Trockenkohle bezogen, angegeben wird.

Der Koks wird nach dem Erkalten zurückgewogen und seine Ausbeute gleichfalls auf eingesetzte Trockenkohle bezogen berechnet.

Das aus den Aktivkohleadsorbern mittels überhitzten Dampfes abgetriebene Benzin wird gemessen, seine Dichte festgestellt und seine Menge in Gewichtsprozenten ermittelt.

Die während des Versuches erhaltene Gasmenge wird am Gasmesser abgelesen. Die Gasanalyse sowie das Gasausbringen werden auf luftfreies Gas in Nm^3/t trockene Kohle umgerechnet.

An Koks erhält man annähernd 4 kg, die ausreichen, um seine Festigkeit durch Sturzversuche in der Nedelmanntrommel[1]) zu prüfen (vgl. S. 49). Die anfallende Teermenge ist je nach der Beschaffenheit der durchgesetzten Kohle verschieden und schwankt zwischen 300 und 500 g wasserfreiem Teer. Auch diese Menge genügt, um eine 100 cm^3-Siedeanalyse durchzuführen und weitere physikalische und chemische Daten, wie Viskosität, Stockpunkt, Gehalt an sauren Ölen usw. festzulegen. An Benzin gewinnt man ungefähr 40 bis 50 g, immerhin genug, um z. B. den Gehalt an Aromaten und Aliphaten darin zu bestimmen. Da das gesamte Gas aufgefangen wird, je nach der Kohle 400 bis 600 l durchschnittlich, kann dies zu den verschiedenartigsten Sonderuntersuchungen herangezogen werden.

Im Laufe von nunmehr fast drei Jahren sind in dieser Laboratoriumsanordnung Kohlen aus den verschiedensten Herkunftsgebieten geschwelt worden, um sie auf Schwelwürdigkeit zu prüfen. Nachherige Großversuche haben die Nützlichkeit dieser entwickelten Einrichtung bestätigt. Zwischen dem laboratoriums- und betriebsmäßigen Ausbringen bestehen nur geringe Unterschiede, die auf Grund von Erfahrungen ein bestimmtes, feststehendes Verhältnis ausmachen. Jedenfalls kann man durch die laboratoriumsseitig festgestellten Ergebnisse mit Sicherheit voraussagen, ob die untersuchte Kohle für eine Schwelanlage in Frage kommt oder nicht, bzw. ob die Wirtschaftlichkeit der letzteren gewährleistet ist. Indessen waren die Ergebnisse der Schwelung in der Aluminiumretorte nach F. Fischer und H. Schrader bezüglich der Ausbeuten an Schwelerzeugnissen und Koksbeschaffenheit mit der den Betriebsverhältnissen angepaßten Laboratoriumsanordnung nicht vergleichbar, da die Versuchsbedingungen wesentlich andere sind.

d) Versuchsschwelofen der PTR für wasserreiche Brennstoffe.

Bei dem in der Physikalisch-Technischen Reichsanstalt[2]) entwickelten Schwelverfahren, das vor allem für wasserreiche Brennstoffe, wie für Torf und Rohbraunkohle entwickelt worden ist, wird das im Schwelgut enthaltene Wasser zur Erzielung einer Spülgaswirkung in der Weise verwendet, daß der bei der Anwärmung des Brennstoffes entwickelte Wasserdampf durch die Retorte über das in Schwelung befindliche Gut geleitet wird und dadurch ähnlich der Spülgasschwelung die Schweldämpfe rasch aus der heißen Zone abgeführt werden.

---

[1]) H. Broche u. H. Nedelmann, Glückauf 68 (1932), S. 769.
[2]) K. Krapf u. A. Schwinghammer, Chem. Fabrik 12 (1939), S. 195.

Der Versuchsschwelofen (vgl. Abb. 51) besteht aus einer liegenden Retorte von 4″ Dmr. mit einer durchgehenden Schnecke aus 3 mm starkem Eisenblech. Die Schwelzone, die mit einem Reihenbrenner beheizt wird, hat eine Länge von 5750 mm, daran schließt sich eine 950 mm lange Kühlzone an. Für die Zugabe des Brennstoffs dient ein durch einen Klappdeckel verschließbarer Einfüllbehälter, der oberhalb eines gasdichten Schiebers senkrecht über dem Beginn der Retorte angeordnet

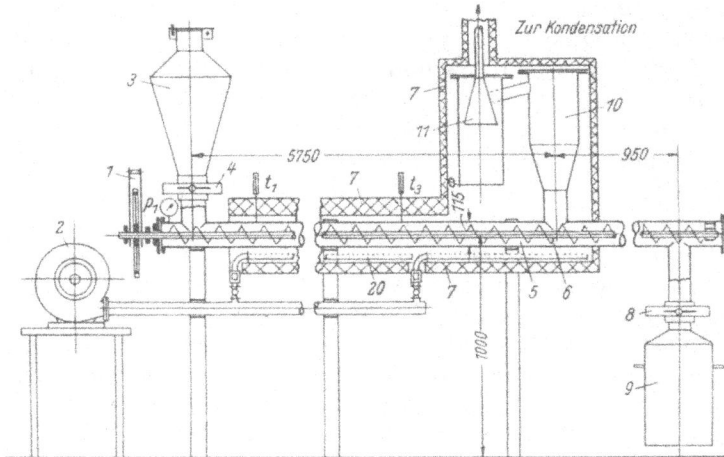

Abb. 51. Versuchsschwelofen der PTR für wasserreiche Brennstoffe.

ist und etwa 5 kg Schwelgut faßt. Am anderen Ende der Retorte ist der Koksaustrag senkrecht abgezweigt und ebenfalls durch einen gasdichten Schieber abgeschlossen, an den Wechselbehälter für den Koksabzug angeschraubt werden können.

Das Abzugsrohr der Schwelgase am Ende der Schwelzone erweitert sich nach oben, um eine möglichst geringe Austrittsgeschwindigkeit der Gase aus dem Ofen zu gewährleisten und ein Mitreißen von Koksstaub von Anfang an zu verhindern. Direkt an das erweiterte Gasabzugsrohr ist ein Staubabscheider angeschlossen, in dem der restliche Staub aus den heißen Schwelgasen abgeschieden werden soll. Vom Staubabscheider führt eine Leitung zur Kondensationsanlage. Um ein Abscheiden von hochsiedenden Teerteilen sicher zu verhindern, wird der Staubabscheider unmittelbar über die Schwelzone gesetzt und so isoliert, daß die abziehenden Heizgase an dem Gasabzugsrohr, dem Staubabscheider und längs der Leitung zur Kondensationsanlage vorbeistreichen müssen. Auf diese Weise beträgt die Temperatur der Schwelgase am Eintritt der Kondensationsanlage noch über 120⁰.

Die ungünstigen Erfahrungen, die an einem vorhandenen rotierenden Teerabscheider gemacht wurden, veranlaßten die Entwicklung einer Kondensationsanlage, die es ermöglicht, den Teer in schweren, mittleren und leichten Anteilen zu gewinnen. Bei der neuentwickelten Kondensationsanlage wird das Schwelgas mit geringer Geschwindigkeit durch ein System von 4 Röhrenkühlern mit verschiedenen Temperaturstufen hindurchgeleitet, dann durch einen Stoßabscheider und einen Waschturm von seinen kondensierbaren Bestandteilen befreit. Die Temperaturstufen in den Röhrenkühlern entstehen in der Weise, daß die Röhren des ersten und zweiten Kühlers von einem Luftmantel umgeben sind und der Außenmantel isoliert ist. Die Temperatur am Austritt des zweiten Kühlers beträgt etwa 90°. Es können sich bis dahin nur die über 90° kondensierbaren Anteile abscheiden. Sie sammeln sich in den nach unten verlängerten Kühlmänteln, welche heizbar sind, so daß noch abgeschiedenes Wasser verdampft und die ersten zwei Teerteilkondensate wasserfrei erhalten werden können. Die nachfolgenden zwei Kühler haben Wasserkühlung und werden so eingestellt, daß das Schwelgas den vierten Kühler mit Kühlwassertemperatur verläßt.

Der größte Teil des anfallenden Teeres scheidet sich in den vier Röhrenkühlern ab. Um noch die restlichen kondensierbaren Anteile zu erhalten, sind ein Stoßabscheider und ein Waschturm angebracht.

Der Waschturm ist mit Raschigringen gefüllt und wird mit Wasser berieselt. Hinter dem Waschturm sitzt an der tiefsten Stelle der Leitung zum Gasmesser ein Kondenswasserabscheider. Am Austritt des Gasmessers kann durch Drosselung eines Hahnes der Druck in der Kondensationsanlage beliebig eingestellt werden.

Zur Beheizung des Schwelofens dient das aus der Kondensationsanlage mittels eines Gebläses abgesaugte Schwelgas, oder falls dieses nicht ausreichend ist, zusätzlich aus dem Schwelkoks erzeugtes Generatorgas.

Der Antrieb der Schnecke erfolgt durch einen kleinen Motor mit regelbarer Drehzahl, die über einen weiten Bereich verstellt werden kann.

Im nachfolgenden werden vergleichsweise die Ausbeuten an Schwelerzeugnissen von zwei Torfen bei der Schwelung in der Aluminiumretorte nach F. Fischer und im PTR-Ofen nebeneinandergestellt.

Eigenschaften der Ausgangstorfe.

		Wiesmoor	Bürmoos
Wassergehalt	%	14,20	22,50
Aschegehalt	%	1,76	7,93
Brennbare Substanz	%	84,0	69,57
Flüchtige Bestandteile (lufttr. Material)	%	67,30	62,40
Flüchtige Bestandteile (Trockensubst.)	%	60,30	51,50
Fixer Kohlenstoff	%	23,50	18,07
Oberer Heizwert (lufttr.)	kcal/kg	4680	4475
Oberer Heizwert (Trockensubst.)	kcal/kg	5475	5715
Oberer Heizwert (wasser- und aschefrei)	kcal/kg	5570	6205

Ausbeuten an Schwelerzeugnissen bei der Schwelung in der Aluminiumretorte und im PTR-Ofen (bezogen auf wasserfreien Torf).

	Torf von			
	Wiesmoor		Bürmoos	
	Schwelung nach		Schwelung nach	
	F. Fischer	P T R	F. Fischer	P T R
Teer . . . . %	11,30	9,62	17,45	14,55
Koks . . . . . . %	46,50	43,83	49,60	45,33
Schwelwasser . . %	21,30	21,80	14,02	19,10
Gas und Verlust . %	20,50	24,75	18,93	21,02
Gasmenge . . . . l/kg	136,80	169,0	127,00	153,3

Dieser Vergleich zeigt, daß die Ausbeute an Teererzeugnissen bei der Schwelung in der Aluminiumretorte wesentlich höher ist als bei dem PTR-Schwelverfahren. Bei dem letzteren ist dagegen infolge der Bildung von Wassergas aus dem Wassergehalt des Ausgangsbrennstoffs am bereits gebildeten Schwelkoks die Gasausbeute erheblich größer als bei der Schwelung in der Aluminiumretorte.

3. Ermittlung des Ausbringens an Koks, Gas und Nebenerzeugnissen bei der Steinkohlenverkokung.

a) Allgemeines.

α) Betriebsverfahren.

Das Ausbringen an Koks, Gas und Nebenerzeugnissen bei der Verkokung von Steinkohle ist nicht nur von der Art der entgasten Kohle, sondern in weitgehendem Maße ferner von den Entgasungsbedingungen (Art der Entgasungsöfen, Ausstehzeit, Temperatur und anderen Einflüssen) abhängig. Bei der Überwachung von Ofenanlagen ist es aus wirtschaftlichen Gründen notwendig, diese nicht nur nach wärmetechnischen Gesichtspunkten, sondern auch hinsichtlich der Koksbeschaffenheit und eines größtmöglichen Ausbringens an Nebenerzeugnissen, insbesondere an Benzolen und Teer, zu überwachen. Ebenso ist es in vermehrtem Maße erforderlich, den Einfluß von Kohlenmischungen verschiedener Zusammensetzung auf die Koksbeschaffenheit versuchsmäßig zu ermitteln.

Bei Großanlagen sind daher zuweilen innerhalb der Ofenanlage einzelne Kammern für Versuchszwecke vorgesehen, die mit einer getrennten Kohlenmahl-, Misch- und Beschickungsanlage, Kokssortierung und Gasaufbereitungsanlage ausgerüstet sind. In anderen Fällen bestehen völlig getrennte Versuchsanlagen mit Öfen voller Betriebsgröße. Als Beispiel hierfür ist besonders zu erwähnen die Lehr- und Versuchsanstalt Karlsruhe, jetzt Gasinstitut. In deren Zweiretortenofen wurden in den Jahren 1909—1920 Entgasungsversuche mit nahezu sämtlichen deutschen und einer großen Zahl ausländischer Gas- und Kokskohlen durchgeführt und in besonderen Berichten[1]) die Ergebnisse über Gasausbeute, Gaszusammensetzung sowie über die Ausbeute an Koks, Teer und sonstigen Nebenerzeugnissen zusammengestellt. Mit der weiteren Entwicklung der Entgasungsräume von der Retorte zum Kammerofen sind die in der Versuchsanstalt erhaltenen Werte auf den Kammerofenbetrieb, insbesondere für die Koksbeschaffenheit, nicht mehr übertragbar, dennoch bilden diese Untersuchungen einschließlich der dabei entwickelten Prüfverfahren weiterhin die Grundlage für die späteren Arbeiten.

Die weitere Entwicklung für die betriebsmäßige Prüfung von Kohlen und Kohlenmischungen hat zur Ausbildung von Versuchskammeröfen normaler Kammerbreite mit einem Einsatzgewicht von 150 bis 600 kg Versuchskohle geführt.

Wenn die Versuchsverkokung nur zur Beurteilung der Koksbeschaffenheit dienen soll, genügt hierfür die Vornahme einer Kistenverkokung. Zu diesem Zweck wird in eine mit Stahlbändern verstärkte Holzkiste die Kohle oder Kohlenmischung unter Beachtung des Schüttgewichtes eingefüllt und die Kiste bei der Füllung einer Kammer in diese mit eingesetzt. Nach dem Drücken des Kokskuchens wird die Probe getrennt in einem abdeckbaren Kübel gekühlt und daraufhin auf ihre Beschaffenheit untersucht.

β) *Versuchskammerofen von F. Ulrich.*

Die erste halbtechnische Versuchsanlage zur Steinkohlenverkokung, insbesondere zur Prüfung der Eignung von Kohlengemischen für den Gaswerksbetrieb, wurde auf Anregung von F. Ulrich[2]) im Jahre 1935 im feuerungstechnischen Prüfstand des Rhein.-Westf. Kohlensyndikats von der Wirbelstrahlbrenner-Ofenbaugesellschaft m. b. H., Essen (vgl. Abb. 52) errichtet.

Die Horizontalkammer (Höhe 680 mm, Länge 850 mm, Breite 300 mm) faßt 125 kg Kohle. Sie wird beiderseitig von je drei Brennern beheizt, so daß die gewünschten Heizwandtemperaturen sich leicht sehr gleichmäßig einstellen und mit großer Genauigkeit einhalten lassen. Die Garungszeit beträgt bei der mittleren Kammerbreite von 300 mm und einer Heizwandtemperatur von 1100° rd. 12 bis 13 h, sie entspricht daher völlig den normalen Betriebsverhältnissen. Der Versuchsofen ist mit einer üblichen Ausstoßvorrichtung für den Koks ausgerüstet. Letzterer wird in einen doppelwandigen wassergekühlten und abdeckbaren

---

[1]) H. Bunte, Journ. f. Gasbel. **52** (1909), S. 725; ferner zahlreiche Einzelberichte im Journ. f. Gasbeleuchtung 1910 bis 1920. Ähnliche Versuchsgasanstalten waren bereits vorher im Gaswerk Berlin, (H. Drehschmidt, Journ. f. Gasbeleuchtung **47** (1909), S. 677) und im Gaswerk Mariendorf (R. Geipert, Journ. f. Gasbeleuchtung **52** (1909), S. 253) in Betrieb genommen worden.

[2]) Glückauf **75** (1939), S. 129.

Behälter gedrückt, in dem er trocken gelöscht wird, worauf die Koks-ausbeute mengenmäßig bestimmt werden kann.

Die anfallende Koksmenge von 70 bis 85 kg genügt nicht für deren Festigkeitsprüfung nach den üblichen Methoden. Zur Prüfung wurde daher eine kleinere Trommel für die Durchführung der Abriebprobe ent-wickelt, bei der ein Einsatz von 5 kg genügt. Diese Trommel ist innen

Abb. 52. Halbtechnischer Verkokungsofen nach F. Ulrich.

mit einem Reibkranz ausgestattet, der das Abriebmoment der Syndikats-trommel verstärken und gleichzeitig die Bewegung der zu untersuchenden Koksstücke während der Umdrehungen übernehmen soll. Bei einer Ver-suchsdauer von 4 min und einer Umdrehungsgeschwindigkeit von 50 U/min, bei also insgesamt 200 Umdrehungen, werden Versuchswerte er-halten, die mit den in der Syndikatstrommel gewonnenen ziemlich be-friedigend übereinstimmen.

γ) *Versuchskammerofen von Dr. C. Otto & Co.*

Eine ähnliche technische Versuchsverkokungsanlage[1]) ist von der Fa. Dr. C. Otto & Co., G. m. b. H., Bochum, bei der Kruppschen Berg-

[1]) W. Demann u. A. Adelsberger, Techn. Mitteilungen Krupp. Forschungs-berichte 4 (1941), S. 152; Sonderheft »Steinkohle 9«.

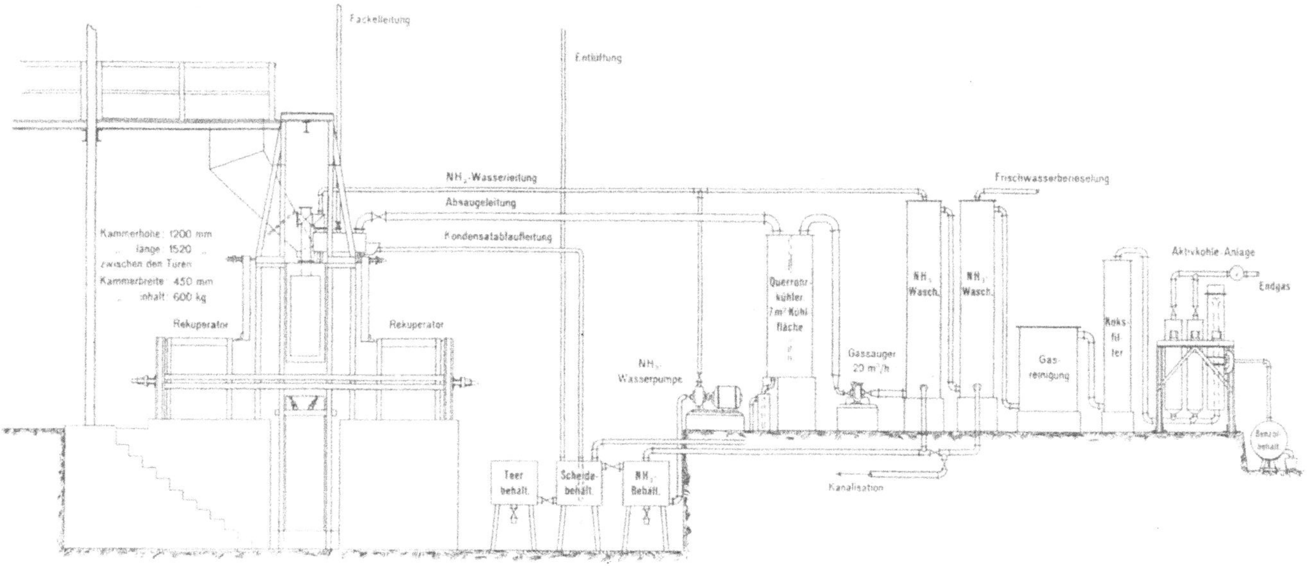

Abb. 53. Versuchsanlage zur Steinkohlenverkokung von Dr. C. Otto & Co.

bauverwaltung errichtet worden. Die Anlage besitzt eine vollständige
Einrichtung zur Mahlung und Mischung der Einsatzkohlen, einen Kammerofen von 450 mm Breite, 1200 mm Höhe und 1520 mm Länge mit
einem Fassungsvermögen von 600 kg Kohle und eine vollständige Neben-
gewinnungsanlage zur Bestimmung des Ausbringens und der Zusammensetzung der Nebenerzeugnisse. Einzelheiten über den Bau der Versuchsanlage zeigt die Abb. 53, eine Ansicht des Entgasungsofens vermittelt
ferner die Abb. 54. Der gasbeheizte Ofen erlaubt die Einhaltung der verschiedensten Garungszeiten innerhalb der im praktischen Betrieb vorkommenden Grenzen zwischen 16 und 24 h. Nur das Schüttgewicht der Ein-

Abb. 54. Ansicht des Versuchskammerofens von Dr. C. Otto & Co.

satzkohle ist infolge der geringen Schütthöhe niedriger als im Kammerofen.

Die hierbei erhaltene große Menge an Verkokungserzeugnissen, insbesondere an Koks, ermöglicht deren vollständige Untersuchung nach
den gleichen Methoden wie im praktischen Betrieb.

b) Laboratoriumsverfahren.

ג) *Allgemeines.*

Neben den im vorhergehenden Abschnitt besprochenen Prüfverfahren, die sich eng an die Betriebsverhältnisse angleichen, ist man seit
langer Zeit bestrebt gewesen, die Versuchsverkokung im Laboratorium
durchzuführen. Dabei ist zu beachten, daß im Laboratorium nur Anhaltswerte erhalten werden können, die zu dem jeweiligen Betriebsausbringen Verhältniszahlen darstellen.

In diesem Zusammenhang ist zu berücksichtigen, daß der Einfluß der Entgasungsbedingungen auf das Versuchsergebnis um so größer ist, je kleiner die Kohlenmenge gewählt wird. Ferner ist es bei Vergleichsverkokungen nur möglich, die Abhängigkeit der Ausbeuten an den einzelnen Entgasungserzeugnissen für verschiedene Einzelkohlen und Kohlenmischungen sowie von den dabei angewendeten Körnungen festzustellen. Die Einflüsse der Garungszeit, des Wassergehaltes der Einsatzkohle und andere im Entgasungsbetrieb veränderliche Größen in der im Betrieb möglichen Abstufung, die vor allem die Festigkeit des Kokses beeinflussen, können nur in beschränktem Umfang mit erfaßt werden.

Diese Laboratoriumsmethoden ermöglichen es dennoch[1]), das zu erwartende technische Ausbringen durch eine Laboratoriumsuntersuchung zu überwachen, um Rückschlüsse auf die betriebliche Überwachung und den baulichen Zustand der Entgasungs- und Nebenerzeugnisanlagen ziehen zu können. Es bietet sich ferner die Möglichkeit, bereits vor einem Übergang zu einer anderen Kohle von wesentlich verschiedener Zusammensetzung im Entgasungsbetrieb Anhaltszahlen über die zu erwartenden Veränderungen des Ausbringens an Nebenerzeugnissen zu erhalten.

Wenn andererseits bei anscheinend gleichbleibenden Kohlenverhältnissen im Betrieb vorübergehend eine größere Schwankung des Ausbringens an den einzelnen Nebenerzeugnissen beobachtet wird, so ermöglicht die Versuchsdestillation im Laboratorium nachzuprüfen, ob diese auf Veränderungen in der Kohlenzusammensetzung oder auf betriebliche Einflüsse zurückzuführen sind. Sie stellt daher auch für den Betrieb ein wertvolles Hilfsmittel dar.

Bei der Auswertung der bei dem Laboratoriumsversuch und der auf Grund der monatlichen Bestandserfassung festgestellten Ausbeuten einzelner Nebenerzeugnisse wird zweckmäßig als Wertzahl der Faktor Betrieb/Analyse gewählt, der angibt, wieviel Prozent des analytischen Ausbringens im Betrieb abhängig von etwaigen Veränderungen der Kohlenzusammensetzung jeweils erreicht werden. Gleichzeitig wird dadurch ein besserer Vergleich der verschiedenen Anlagen untereinander ermöglicht.

Die bisher entwickelten Laboratoriumsverfahren sind zu unterscheiden in solche, bei denen nur einzelne der Entgasungserzeugnisse bestimmt und in weitere Verfahren, bei denen sämtliche derselben erfaßt werden sollen.

Zu den ersteren gehören vor allem die Entgasung nach Geipert zur Bestimmung der Gaswertzahl von Gas- und Kokskohlen sowie die Laboratoriumsverfahren zur Bestimmung des Ausbringens an Nebenerzeug-

---

[1]) P. Hoffmann, Feuerungstechnik **29** (1941), S. 205; daselbst weiteres Schrifttum; vgl. ferner K. Scheeben, Techn. Mitteilungen Krupp, Forschungsberichte **4** (1941), S. 183.

nissen, bei denen die Koksbeschaffenheit nicht mitbestimmt werden kann, für die zweite Gruppe ist vor allem das Verfahren von A. Jenkner, F. L. Kühlwein und E. Hoffmann zu nennen.

β) *Bestimmung der Gaswertzahl nach R. Geipert*[1]).

Bei den im nachfolgenden beschriebenen Laboratoriumsverfahren zur Ermittlung des Entgasungsverhaltens von Steinkohle wird das Aus-

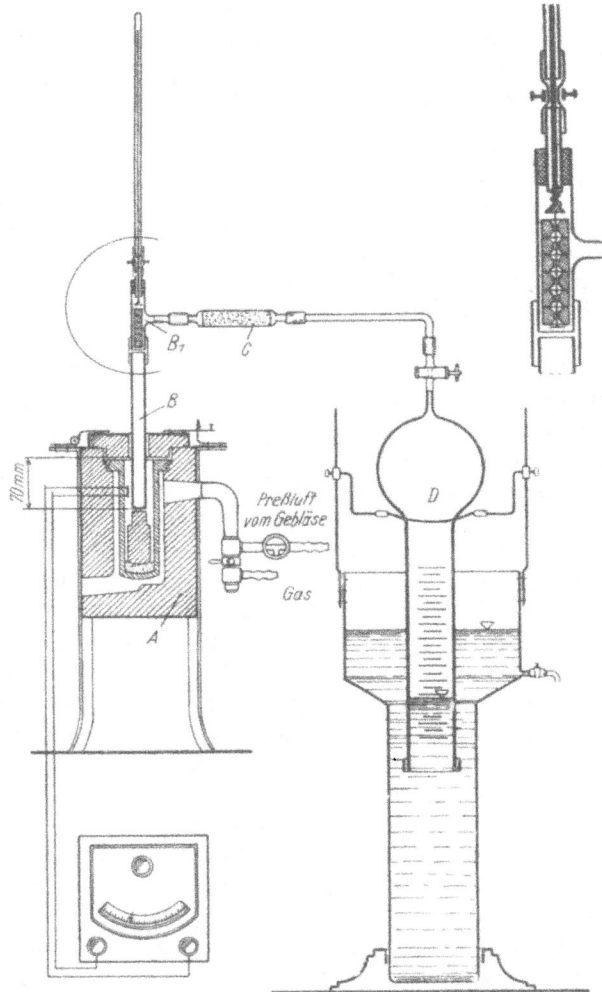

Abb. 55 a). Versuchsanordnung zur Bestimmung der Gaswertzahl nach R. Geipert.

----

[1]) Gas- u. Wasserfach **69** (1926), S. 629, 660, 861, **70** (1927), S. 15; vgl. ferner K. Bunte u. W. Zwieg, Gas- u. Wasserfach **71** (1928), S. 629, 660.

bringen an festen, flüssigen und gasförmigen Reaktionserzeugnissen nebeneinander bestimmt. Eine thermische Überhitzung der Gase und Dämpfe wird hierbei bewußt entweder vollkommen vermieden oder sie erfolgt nur in verhältnismäßig geringem Umfang. Die bei diesen Verfahren ermittelte Gaswertzahl als Produkt von Gasausbeute und Heizwert des Gases bleibt daher in jedem Fall hinter den im Betrieb der Gas- und Kokereiindustrie erhaltenen Gaswertzahlen zurück.

Bei dem Entgasungsverfahren von R. Geipert wird dagegen die Überhitzung der Gase und Dämpfe derart weitgehend durchgeführt, daß diese mit den Verhältnissen im Gaserzeugungsbetrieb weitgehend übereinstimmt und damit die im Laboratorium ermittelte Gaswertzahl sich ohne weiteres auf den praktischen Betrieb übertragen läßt.

Die Versuchsanordnung (vgl. Abb. 55a)[1]) besteht zunächst aus einem mit Gas und Preßluft beheizten und gegen Wärmeabstrahlung gut isolierten Ofen A. In diesen wird senkrecht von oben durch den Deckel ein auf der Unterseite zugeschmolzenes Quarzglasrohr B von 18 mm lichter Weite und 240 mm Länge eingesetzt, das genau 70 mm tief in den Ofen hineinragt und auf dieser Länge möglichst gleichmäßig auf 1100° beheizt werden soll. Um diese Temperatur genau einhalten zu können, wird der Ofen zunächst auf 1150° aufgeheizt und dann allmählich auf 1100° eingestellt, wobei die letztere Temperatur etwa 20 min lang unverändert bleiben soll. Die Temperaturmessung erfolgt unmittelbar neben der Retorte mittels eines Platin-Thermoelementes, das nur mit Asbestpapier umwickelt wird und dessen Lötstelle sich genau 35 mm unterhalb der Oberkante des Ofens, also in der Mitte des beheizten Retortenteils, befinden soll. Infolge der Berührung des Thermoelementes mit den heißen Abgasen ist es von Zeit zu Zeit nachzueichen. Das Quarzrohr ruht im Ofen auf einem Einsatzkörper aus Schamotte, der vom Boden des Heizzylinders durch eine Schicht Quarzsand getrennt ist. Auf die obere Öffnung der Retorte schließt sich mittels

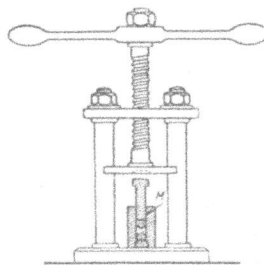

Abb. 55b. Brikettpresse für die Entgasung nach R. Geipert.

einer Gummiverbindung ein Dreiwegestück B₁ an. Durch dessen seitliche Abzweigung werden die Gase und Dämpfe fortgeleitet. Diese werden zunächst in einer mit Glaswolle dicht ausgestopften Vorlage C von ihrem Gehalt an Teernebeln und Brennstoffstaub befreit. Daran schließt sich ein in Sperrwasser eintauchender Meßkolben D an.

Zu einer Entgasung ist eine aus mehreren gepreßten Tabletten bestehende Brikettsäule von 48 ± 1 mm Höhe zu verwenden, deren Gewicht 10 ± 0,1 g genau betragen muß. Man erhält diese Menge mit aus-

[1]) DRP., zu beziehen durch die Didier-Werke A.-G., Berlin-Wilmersdorf.

11*

reichender Genauigkeit, wenn 10,1 g vor dem Pressen abgewogen und das genaue Gewicht der fertigen durchbohrten Preßlinge daraufhin nochmals festgestellt wird. Der Durchmesser der Preßlinge soll genau 15,4 ± 0,1 mm betragen, als Preßform M (vgl. Abb. 55b) dient eine solche, mittels deren Stahlform die Preßlinge in der Mitte eine Durchbohrung erhalten.

Die Kohlenpreßlinge werden in den oberen kalten Teil des Dreiwegestückes eingehängt (vgl. Abb. 55a, oben rechts). Nachdem die Retortentemperatur sich auf genau 1100⁰ eingestellt hat und die Versuchsanordnung gasdicht zusammengestellt worden ist, läßt man die Kohlepreßlinge in die Retorte hineinfallen. Gleichzeitig ist darauf zu

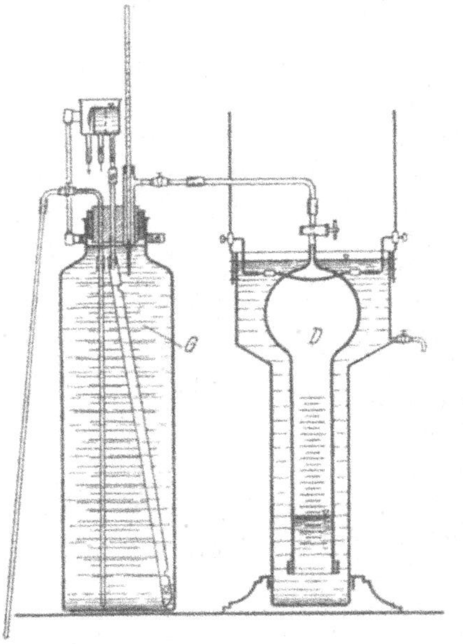

Abb. 55c. Überführung der Einzelgasproben aus dem Meßkolben in die Meßflasche.

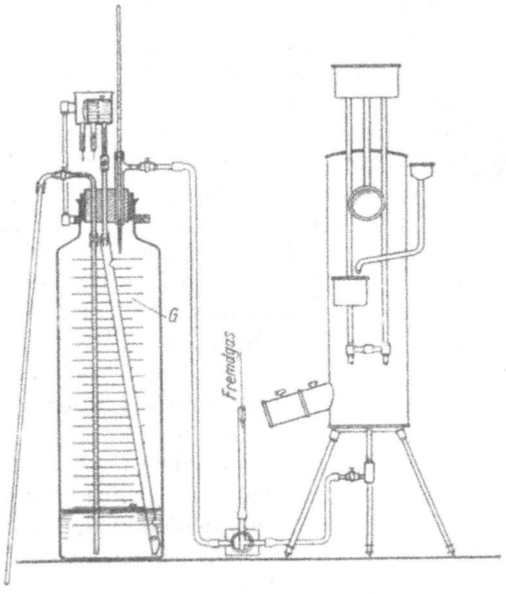

Abb. 55d. Versuchsanordnung für die Heizwertbestimmung bei dem Entgasungsverfahren nach R. Geipert.

achten, daß durch Verstärkung der Beheizung die vorgeschriebene Entgasungstemperatur von 1100⁰ innerhalb von zwei, längstens in drei min wieder erreicht wird.

Die gesamte Entgasungsdauer beträgt genau 12 min. Die genaue Einhaltung dieser von R. Geipert festgelegten Versuchsbedingungen ist die unerläßliche Voraussetzung für die Erzielung gleichmäßiger und richtiger Ergebnisse.

Zum Ausgleich kleiner Beobachtungsunterschiede ist die Entgasung zweimal zu wiederholen. Zur Heizwertbestimmung (vgl. Abb. 55c) werden die Einzelgasproben aus dem Meßkolben D in die Meßflasche G

übergeführt und mit Hilfe eines gleichmäßigen in die Meßflasche G eingeleiteten Wasserstromes wird eine an der Maßeinteilung ablesbare Gasmenge in einem Junkers-Kalorimeter verbrannt (vgl. Abb. 55d). Dieses Kalorimeter kommt nach Aufheizen mit Fremdgas (Stadtgas) durch die Verbrennung von 2 bis 3 l Versuchsgas in das Wärmegleichgewicht, so daß noch genügend Gas für die nachfolgenden erforderlichen Kalorimeterablesungen übrig bleibt. Der ermittelte Heizwert bedarf einer geringen einmal festzustellenden Korrektur, die durch die zunächst in der Versuchsanordnung enthaltene Luftmenge bedingt ist. Dieser Versuchsfehler beträgt rd. 2% des Heizwertes des Versuchsgases.

Die auf diese Weise erhaltene Gaswertzahl als Produkt von Gasausbeute und Heizwert des Versuchsgases deckt sich recht genau mit der im praktischen Entgasungsbetrieb erhaltenen Gaswertzahl. Hierbei ist jedoch Voraussetzung, daß im Betrieb weder eine Wassergasbildung, wie sie z. B. bereits bei der Entgasung wasserreicherer Feinkohlen stattfindet, noch eine Bildung von Generatorgas durch die Einsaugung von Verbrennungsabgasen aus den Heizzügen, deren Kohlendioxyd- und Wasserdampfgehalt am Koks zu Kohlenoxyd und Wasserstoff reduziert wird, erfolgt.

Eine unmittelbare Übertragung der Einzelwerte für die Gasausbeute und für den Heizwert des Versuchsgases auf den praktischen Betrieb ist nicht ohne Fehler möglich. Bei der Laboratoriumsuntersuchung sind die Werte für die Gasausbeute etwas geringer, für den Heizwert um etwa 200 bis 250 kcal/Nm³ höher als im Betrieb. Das Produkt beider Werte dagegen steht mit den praktischen Versuchsergebnissen in Übereinstimmung.

Für die Berechnung der Wassergaserzeugung in Kammeröfen sind zunächst von dem bei der Versuchsentgasung erhaltenen Gasheizwert 250 kcal/Nm³ abzuziehen, und im gleichen Verhältnis ist die Gasausbeute zu erhöhen. Diese korrigierten Werte dienen daraufhin als Ausgangszahlen für die rechnerische Ermittlung des Anteils der Wassergaszumischung.

Die Koksausbeute in der Entgasungsretorte stimmt mit dem praktischen Ausbringen an Trockenkoks unter der Voraussetzung, daß keine Generatorgas- oder Wassergasbildung stattfindet, mit genügender Annäherung überein.

Die Ausbeute an Teer, der sich in der Glaswolle der Vorlage befindet, wird nicht ausgewertet. Die Gesamtmenge an Teer beträgt bei 10 g Einwaage nur etwa 0,5 g, so daß eine Abweichung von ±0,05 g bereits einem Zehntel der gesamten Teererzeugung entspricht. Zudem ist es nicht zu vermeiden, daß bei schnell entgasenden Kohlen geringe Mengen von Koksstaub mitgerissen werden, und ebenso setzt sich auch etwas gebildetes Zersetzungswasser in der Teervorlage ab.

Die Versuchsergebnisse mit gleichen Kohlen, die von verschiedenen Bearbeitern und mit verschiedenen Versuchsanordnungen erhalten werden, stimmen nach K. Bunte und W. Zwieg (s. o.) sehr gut überein. Für die wirtschaftliche Auswertung derartiger Versuchsverkokungen auf den praktischen Betrieb wird auf die Arbeit von R. Geipert (s. o.) verwiesen.

γ) Verfahren von Bauer.

Eines der ältesten und verbreitetsten Laboratoriumsverfahren zur Bestimmung des Nebenproduktenausbringens ist das von Bauer[1]), das in verschiedenen Ausführungsformen Anwendung findet[2]). Bei dem Bauerschen Verfahren werden 20 g der Versuchskohle in einem einseitig zugeschmolzenen Jenaer Glasrohr in einem gasbeheizten Verbrennungsofen entgast. Der im Kammerofen allmählich erfolgende Fortschritt der Verkokung wird hierbei dadurch erreicht, daß die Versuchskohle zonenweise fortschreitend erhitzt wird. Zur Überhitzung der abgespaltenen Dämpfe werden diese durch eine besonders erhitzte Zone, die mit Schamottekörnern ausgefüllt ist, durchgeleitet.

Von den weiteren Ausführungsformen dieses Verfahrens ist vor allem auf die von Koppers[3]) hinzuweisen. Bei dieser erfolgt die Beheizung des Entgasungsofens auf elektrischem Wege. Zur Überhitzung der Dämpfe

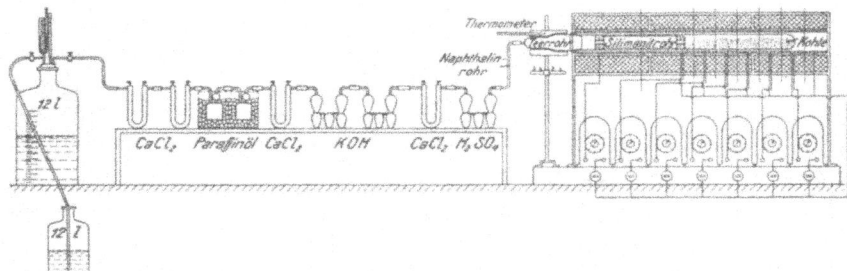

Abb. 56. Verkokungseinrichtung nach Bauer (Ausführungsform Koppers).

dient ein Sillimanitrohr, dessen gleichbleibende Oberfläche bei festgelegter Temperatur eine bei jedem Versuch gleiche Zersetzung der Dämpfe gewährleistet.

Die gesamte Versuchsanordnung in der Bauweise von Koppers (s. o.) ist aus der Abb. 56 ersichtlich. Die Arbeitsweise erfolgt derart, daß das

---

[1]) Beiträge zur Chemie der sog. trockenen Destillation der Steinkohle. Diss. Rostock 1908.
[2]) Vgl. hierzu Seelkopf, Glückauf 66 (1930). S. 989.
[3]) A. Jenkner, Glückauf 68 (1932), S. 274; A. Jenkner, F. L. Kühlwein u. E. Hoffmann, Glückauf 70 (1940), S. 473; L. Nettlenbusch u. A. Jenkner, Glückauf 70 (1934), S. 1165; vgl. hierzu ferner K. Scheeben, Sonderheft »Steinkohle 9« der Fr. Krupp A.-G., Essen (1941), S. 33.

aus Abb. 57 ersichtliche Entgasungsrohr aus Bergkristall mit 20 g luft-
trockner, auf etwa 1 mm gepulverter Kohle gefüllt und darauf das Sillimanitrohr in die Zersetzungszone zwischen zwei durchlochten Asbest-
stopfen eingebracht wird. Nach Einführung des Rohres in den elektrischen Ofen wird das mit Watte gefüllte eingeschliffene Teerrohr angesetzt
und mit dem S-förmig gebogenen Naphthalinröhrchen sowie den übrigen Absorptionsgefäßen verbunden. Das Teerrohr liegt in einem Aluminiumblock, den man vor Versuchsbeginn auf etwa 110° erhitzt, um

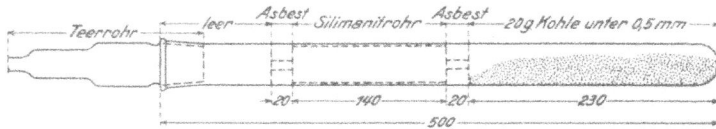

Abb. 57. Rohr für die Verkokungseinrichtung nach Bauer (Ausführungsform Koppers).

wasserfreien Teer zu erhalten. In dem angeschlossenen Glasröhrchen
werden Naphthalin, die letzten Teerreste und etwas Wasser niederge-
schlagen. Die erste Vorlage, die mit 5 cm³ $0,1 n \cdot H_2SO_4$, verdünnt mit
etwas Wasser, gefüllt ist, wobei als Indikator Methylorange zugesetzt
wird, nimmt das Ammoniak und weiteres Destillationswasser auf. Die
letzten Wasserreste hält ein nachgeschaltetes Chlorkalziumröhrchen fest.
Die beiden folgenden Absorptionsgefäße dienen zur Aufnahme von
Kohlendioxyd und Schwefelwasserstoff und sind mit Kalilauge 1:3 gefüllt. Zur Aufnahme etwa mitgerissener Feuchtigkeit ist wieder ein Chlorkalziumröhrchen nachgeschaltet. Die Auswaschung des Benzols erfolgt
in zwei mit Paraffinöl gefüllten, eisgekühlten Absorptionsgefäßen. Die
von den Nebenerzeugnissen befreiten Gase werden in einer Gassammel-
flasche aufgefangen. Die Gasmenge ergibt sich aus dem Gewicht des aus
der Flasche verdrängten Wassers.

Zur Vorbereitung des Versuchs wird der Aluminiumblock auf 110°
angewärmt. Nach Einsetzen des Destillationsrohres wird zunächst die
Zersetzungszone auf die den jeweiligen Betriebsverhältnissen entsprechende Temperatur erhitzt, wobei man die Temperatur mit einem Thermoelement zwischen Quarzrohr und Ofenwandung mißt. Hierauf wird mit
dem Anheizen der ersten, der Spaltzone zunächst liegenden Destillationszone begonnen. Zur Erreichung gleichmäßiger Versuchsergebnisse
muß man die durch Versuche festgestellte Anheizgeschwindigkeit genau
innehalten. Die in der Destillationszone gewünschte Temperatur soll bei
jedem Heizelement innerhalb von 25 min erreicht werden. Die Temperaturüberwachung erfolgt durch ein in einem Quarzröhrchen befindliches
Thermoelement, das während des Versuches zwischen den sechs Destilla-
tionszonen verschoben wird. Der Versuch ist nach etwa zweieinhalb
Stunden beendet. Nach dem Erkalten wägt man die vorher mit Luft

durchgespülten Absorptionsgefäße und untersucht das aufgefangene Gas.

Nach Angaben von A. Jenkner (s. o.) stimmen die nach dieser Laboratoriumsmethode erhaltenen Versuchswerte mit den Betriebsergebnissen befriedigend überein, wie dies folgende zwei Vergleichsversuche zeigen:

| | | | Ausbeute an | | |
		Koks	Teer	Benzol	Ammonsulfat
Kohle 1	Laboratoriumsversuch	80,9 %	2,8 %	1,01 %	1,20 %
	Betriebsergebnis . . .	80,0 %	2,6—2,8 %	0,85 0,90 %	1,18 %
Kohle 2	Laboratoriumsversuch	77,1 %	3,84 %	1,06 %	1,14 %
	Betriebsergebnis . . .	—	3,64 %	0,93 %	1,13 %

Diese engen Zusammenhänge wurden ferner von K. Scheeben[1]) durch mehrjährige Auswertungen der Bauerschen Versuchsverkokung

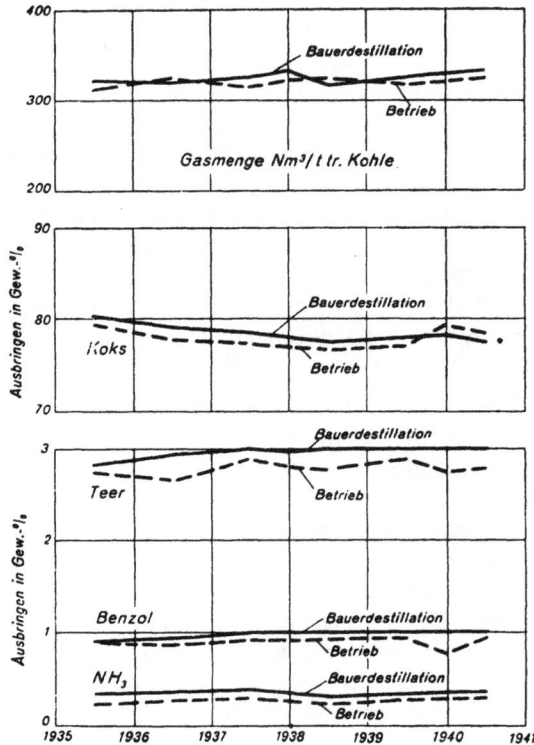

Abb. 58. Ausbeute an Einzelerzeugnissen nach der Bauerschen Destillation und im praktischen Betrieb einer Kokerei.

----

[1]) Sonderheft »Steinkohle 9« der Fa. Fr. Krupp A.-G., Essen (1941), S. 33.

und ihren Vergleich mit dem praktischen Betriebsausbringen in mehreren Kruppschen Kokereibetriebsgruppen bestätigt. So zeigt die Abb. 58 für einen Kokereibetrieb die gute Übereinstimmung der Ausbeutewerte an den Einzelerzeugnissen nach der Bauerschen Destillation und im praktischen Betrieb.

δ) *Verfahren von W. Schroth.*

Bei dem Laboratoriumsverfahren von Bauer und seinen verschieden-artigen Abänderungen und Verbesserungen ebenso wie bei dem Ver-fahren von R. Geipert wird in Anlehnung an die Betriebsverhältnisse bewußt eine Überhitzung der gas- und dampfförmigen Entgasungs-erzeugnisse herbeigeführt. Nachteilig hierbei wirkt der Umstand, daß man je nach der Festlegung der Versuchsbedingungen fast jede beliebige Zersetzung der Urerzeugnisse erzielen kann und somit je nach den Ver-suchsbedingungen verschiedenartige Ausbeuten an Hochtemperaturteer, Leichtöl und Entgasungsgas erhalten werden. Es ist zudem schwierig, die Zersetzung eindeutig zu leiten.

Um die Ausbeute an Entgasungserzeugnissen unter Vermeidung ihrer Überhitzung genau miteinander vergleichen zu können, ist von W. Schroth[1]) ein Kleinentgasungsverfahren ausgearbeitet worden, das es gestattet, Koks, Schwelteer, Schwelbenzin, Zersetzungswasser und ein Gasgemisch zu erhalten, das aus dem bis 600⁰ abgespaltenen Schwel-gas und dem im Temperaturbereich oberhalb 600⁰ entwickelten Ent-gasungsgas besteht.

Dieses Kleinentgasungsverfahren ist also dadurch gekennzeichnet, daß bei der Verkokung die höchste Teerausbeute (nahezu gleich der-jenigen der Fischer-Schwelung) und die Gasausbeute für jede beliebige Verkokungstemperatur ermittelt wird. In der Regel wird die Erhitzung der Kohle bis 1100⁰ durchgeführt.

Die Versuchsanordnung besteht zunächst zur Aufnahme der zu untersuchenden Kohle aus einem Entgasungsrohr (vgl. Abb. 59) aus Sicromalstahl von 800 mm Länge, einer lichten Weite von 38 mm und einer Wandstärke von 4 bis 5 mm. In dem Rohr ist in 330 mm Ent-fernung von dem unteren Ende ein Zwischenboden eingeschweißt. Die Entgasung wird in einem elektrischen Ofen vorgenommen, der als Heiz-element ein keramisches Rohr von 595 mm Länge und 52 mm lichter Weite mit Platinfoliewicklung besitzt. An dem oberen Ende der Ent-gasungsretorte sind seitlich das 230 mm lange Gasableitungsrohr (Außen-durchmesser 13 mm und lichte Weite 9 mm) und ein Rohr von 9 mm Dmr. für den Manometeranschluß angeschweißt. Zur besseren Wärme-isolierung müssen die Retorte an diesem Ende, soweit sie aus dem Ofen herausragt, und das Gasableitungsrohr gut mit Asbest umwickelt werden.

---

[1]) Unveröffentlicht, die Mitteilung erfolgt mit Genehmigung von Herrn Direk-tor Dr. W. Schroth, Dresden.

In das Entgasungsrohr wird zur leichteren Entfernung des Kokskuchens ein ¼″-Gasrohr eingeführt, das an dem Bodenende eine runde Platte, am oberen Ende drei Führungsnasen besitzt. Die letzteren sind mit 30 mm langen Eisenwinkeln versehen, die bis knapp an den Deckelverschluß heranreichen, wodurch eine vorzeitige Kondensation der Teerdämpfe verhindert werden soll.

Der zentrisch durchbohrte Verschlußdeckel trägt ein einseitig geschlossenes Stahlrohr, das zur Aufnahme eines Thermoelementes für die Messung der Verkokungstemperatur in der Kohle dient. Das Rohr wird in das Koksaustragsrohr geschoben und der Deckel wird mit einem Bügel und einer zur Einführung des Thermoelementes durchbohrten Spindel fest auf das Sicromalrohr geschraubt. Der Verschluß muß gasdicht sein: man verwendet am besten Kupferasbest- oder Bleiasbestdichtungen. Das als Teervorlage dienende Kölbchen (etwa 150 cm³ Inhalt) ist mit zwei Hälsen versehen, die zueinander in einem Winkel von 45⁰ stehen und einen Durchmesser von je 20 und 12 mm haben. Auf den schmalen Hals wird, durch einen Gummischlauch verbunden, das 420 mm lange Entteerungsrohr aufgesetzt. Dieses besteht aus einem engen Rohr von 12 mm Dmr., das sich zu einem Elektrodenaufsatz von 20 mm Dmr. erweitert. Die Länge des engen Rohres beträgt 180 mm, die des weiten Rohres 290 mm. In einer Entfernung von 70 mm von dem oberen Ende befindet sich seitlich ein nach unten geneigtes Ansatzrohr, durch welches das Gas abströmt. Im oberen Teil des Aufsatzes wird die elektrische Entteerung vorgenommen. Ein um das Rohr gewickelter Kupferdraht dient als Niederschlagselektrode, was den Vorteil hat, jederzeit den

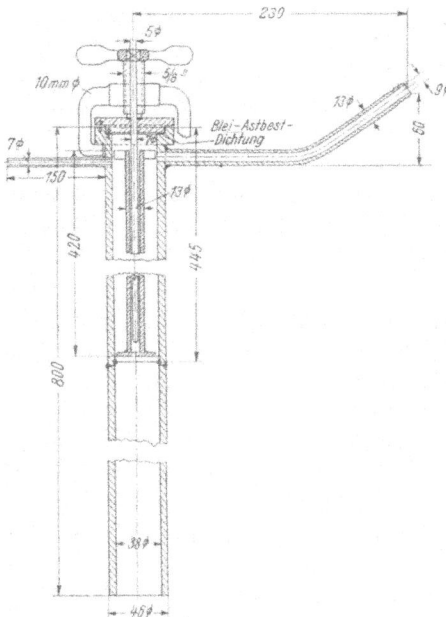

Abb. 59. Schwelretorte nach W. Schroth.

Wirkungsgrad der Entteerung überwachen zu können. In das Rohr hängt zentrisch die durch einen Gummistopfen geführte Kupferdraht-Sprühelektrode. Die Zuführungsdrähte vom Induktor, der mit einer Primärspannung von 4 V betrieben wird, werden in Glasröhren verlegt. Anschließend an das Entteerungsrohr wird ein CaCl₂-Rohr geschaltet, welches das in dem Kölbchen nicht zur Kondensation gekommene Wasser auffängt. Hierauf folgt die Versuchsanordnung zur Gewinnung der im Gas enthaltenen Leichtöle. Nach Durchgang durch ein Gefäß von rd. 120 cm³ Inhalt mit Gasreinigungsmasse und einen ungefähr 250 cm³ fassenden, mit $CaCl_2$ gefüllten Trockenturm gelangt das Gas in das mit Aktivkohle gefüllte und das mit Gashähnen versehene U-Rohr. Zur Sicherheit wird ein zweites kleineres U-Rohr (Inhalt mindestens 100 cm³) nachgeschaltet. Zwischen diesem und dem Gasbehälter wird ein Waschfläschchen mit verdünnter Schwefelsäure angeordnet.

Das Sicromalrohr, in welches das Koksaustragsrohr eingeschoben wurde, wird mit 100 g der grubenfeuchten oder lufttrockenen auf 0,3 mm zerkleinerten Probe vorsichtig beschickt, so daß keine Kohle in die seitlichen Öffnungen für den Gasabzug und den Manometeranschluß fällt. Die Öffnung des Koksaustragsrohres wird während des Einfüllens der Kohle mit einem Kork verschlossen. Das gefüllte, mit dem sorgfältig aufgesetzten Deckelverschluß versehene Entgasungsrohr wird in den kalten Ofen eingeschoben, so daß die Kohle in die Mitte des Ofens zu liegen kommt. Das Entgasungsrohr wird mit dem Manometer verbunden, wobei zweckdienlich ein kleines leeres Waschfläschchen zwischengeschaltet wird. Durch die Teervorlage über das Entteerungsrohr und die folgende Versuchsanordnung wird die Verbindung mit dem etwa 40 l fassenden Gasbehälter hergestellt. Die Teervorlage wird mit fließendem Wasser ständig gekühlt. Die Versuchsanordnung muß völlig gasdicht sein, wovon man sich vor jedem Versuch durch Anlegen eines genügend großen Unterdruckes, der gleich bleiben muß, zu überzeugen hat. Der Druck in der Retorte wird während des Versuchs auf —2 bis —5 mm WS gehalten, ein Überdruck ist zu vermeiden. Die Regelung des Druckes geschieht in bekannter Weise durch Ausfließen des Wassers aus dem Gasbehälter. Das Thermoelement wird durch die hohle Spindel in das Stahlrohr bis in die Mitte des Kohlekuchens eingeführt.

Die mittlere Anheizungsgeschwindigkeit soll 8 bis 10° in der min betragen. Das Anheizen erfolgt in der Weise, daß zunächst auf eine Stromstärke von 13 A (bei 220 V Spannung) geschaltet wird. Nach 20 min, wenn 100° erreicht sind, wird die Stromstärke auf 12 A vermindert. Sind 1000° erreicht, wird die Stromstärke auf 9 A ermäßigt, bei der die Temperatur bis zur Beendigung der Entgasung gleich bleibt. Der Versuch ist beendet, wenn nur noch geringe Mengen Gas anfallen. Die Hochspannung für die Entteerung wird bei ungefähr 350° eingeschaltet, wenn bereits eine größere Menge Gas (etwa 1,5 l) die in der Versuchsanordnung befindliche Luft verdrängt hat und der Teer in das Kölbchen auszufließen beginnt, damit Verpuffungen von Gas-Luft-Gemischen verhindert werden.

Den Koksrückstand läßt man in dem verschlossenen Sicromalrohr erkalten und hierauf wird er gewogen.

Zur Schwelteerbestimmung werden das Entteerungsrohr und die Teervorlage mit dem Kondensat gewogen. Dann wird der Teer und das Wasser mit Xylol quantitativ in einen Destillierkolben gespült und durch Destillation das Wasser bestimmt. Die Teerausbeute ergibt sich aus dem Unterschied des Gesamtgewichtes des Kondensates und der Menge des gefundenen Wassers.

Zur Bestimmung der Leichtöle wird das Aktivkohlerohr vor und nach dem Versuch gewogen. Die Wägung erfolgt, nachdem das in dem Rohr befindliche Gas durch getrocknete Luft verdrängt wurde. Die Gewichtszunahme ergibt die Ausbeute an Schwelbenzin. Es empfiehlt sich nicht, das Aktivkohlerohr nach jedem Versuch auszudämpfen, da die adsorbierte Menge Schwelbenzin bei einem Versuch 1 g nicht überschreitet. Das Ausdämpfen und damit die Nachprüfung der gefundenen Mengen Benzin geschieht am besten jeweils nach dem 3. bis 5. Versuch.

Die Bestimmung des gesamten Wassers geschieht in der Weise, daß die Gewichtszunahme des $CaCl_2$-Rohres zu dem in der Teervorlage gefundenen Wasser zugezählt wird.

Die gebildete Gasmenge wird unmittelbar durch Messung des verdrängten Wassers festgestellt. Da bei Beendigung des Versuchs die Retorte mit 1000⁰ heißem Gas gefüllt ist, während sie bei Beginn kalte Luft von Zimmertemperatur enthält, muß eine Korrektur erfolgen. Diese beträgt etwa 100 cm³, die von dem gemessenen Gasvolumen abgezogen werden. Das Gas wird auf 0⁰ und 760 Torr, trocken umgerechnet. Das Gas wird auf seine Zusammensetzung untersucht, insbesondere wird der Sauerstoffgehalt genau nach der Methode von Lubberger bestimmt. Das Dichteverhältnis des Gases wird mit dem Bunsen-Schilling-Gerät ermittelt und trocken angegeben.

Da diese Bestimmung mit dem lufthaltigen Gas erfolgt, muß das Litergewicht für luftfreies Gas errechnet werden. Als Korrektur ist für den bei Versuchsbeginn aus der Versuchsanordnung stammenden Luftanteil das Litergewicht des bei Beendigung zurückbleibenden Gases zu berücksichtigen.

Mit dem ermittelten Litergewicht des luftfreien Gases erfolgt die weitere Umrechnung des Gasvolumens in Gewichtsprozenten.

Der Heizwert wird mit dem Gaskalorimeter von Junkers bestimmt. Der auf luftfreies Gas berechnete obere Heizwert wird mit den aus 1 kg Trockenkohle erhaltenen cm³ Gas zur Ermittlung der Gaswertzahl multipliziert.

Die Ergebnisse der Entgasung von vier verschiedenen backenden Steinkohlen nach dem Verfahren von W. Schroth sind im nachfolgenden zusammengestellt wiedergegeben.

Zahlentafel 3. **Ergebnisse der Entgasung von vier Backkohlen nach dem Verfahren von W. Schroth.**

Art der Kohle	Gaskohle (Saar)	Kokskohle (Ober- schlesien)	Kokskohle (Nieder- schlesien)	Kokskohle (Ruhr)
Rohzusammensetzung der Kohle:				
Wassergehalt .... %	1,8	1,5	1,6	1,5
Aschegehalt .... %	4,7	6,8	6,0	5,2
Gehalt an Reinkohle %	93,5	91,7	92,4	93,3
Flücht. Bestandteile . %	31,8	25,9	23,0	18,9
Backfähigkeit (nach P. Damm)	24	24	10	21
Retortenschwelung nach F. Fischer (bei 520°)				
Teer .... %	12,3	8,7	6,0	4,6
Wasser .... %	4,2	3,3	3,8	1,3
Schwelkoks ..... %	75,9	82,7	84,5	87,3
Entgasung n. W. Schroth				
Teer .... %	11,5	8,5	6,2	4,4
Wasser .... %	5,3	4,1	4,5	1,9
Koks .... %	68,5	73,1	75,0	79,4
Gasausbeute..... nm³/t	288	301	309	326
Gaszusammensetzung				
CO_2 .... %	1,4	1,0	1,8	1'8
sKW .... %	1,4	1,2	1,2	0,8
CO .... %	6,6	6,0	8,2	5,2
H_2 .... %	59,8	61,2	59,2	66,1
CH_4 .... %	23,1	24,2	22,4	20,5
C_2H_6 .... %	4,6	3,2	3,2	2,7
N_2 .... %	3,1	3,2	4,0	2,9
Oberer Heizwert d. Gases kcal/nm³	5330	5165	4980	4820
Gaswertzahl ...... kcal/kg	1530	1555	1540	1570

Daraus ergibt sich folgendes. Bei dem Entgasungsverfahren von W. Schroth, das auf einer Schwelung und nachfolgenden Hochtemperaturentgasung der Kohle beruht, ist die Ausbeute an Schwelteer nur unwesentlich geringer als bei der Schwelung nach F. Fischer. Dafür ist die Menge an Zersetzungswasser höher. Die Ausbeute an Koks bleibt bei dem Entgasungsverfahren von W. Schroth erwartungsgemäß gegenüber der bei der reinen Schwelung erheblich zurück.

Ein Vergleich der Zusammensetzung des Gemisches von Schwelgas und Hochtemperaturentgasungsgas mit reinem Steinkohlengas zeigt keinen grundlegenden Unterschied. Da die Teerdämpfe keine Überhitzung erfahren haben, sind der Gehalt des Gases an ungesättigten Kohlenwasserstoffen sowie an Methan und dessen Homologen und schließlich die Gasausbeute erheblich geringer. Bei Kohlenoxyd und Wasserstoff zeigen sich dagegen gegenüber Steinkohlengas keine größeren Unterschiede. Der geringe Gehalt des Gases an Kohlenwasserstoffen gegenüber der Verkokung wirkt sich ferner im Heizwert des Gases und in der Gaswertzahl aus.

Für die Auswertung dieser Laboratoriumsergebnisse werden die betrieblichen Ausbeuten an Koks, Hochtemperaturteer und Gas in Beziehung zu den ersteren gebracht. Insbesondere wird der Zersetzungsgrad der flüssigen Schwelerzeugnisse (Schwelteer + Schwelbenzin) derart errechnet, daß die Ausbeuten an Hochtemperaturteer und Leichtöl, die sich auf einen geringen Bruchteil ermäßigen, in Prozenten der Schwelerzeugnisausbeuten angegeben werden. Die betriebliche Trockenkoksausbeute beträgt etwas mehr als die Koksausbeute der Kleinentgasung, da die festen Zersetzungsprodukte des Schwelteeres im betrieblichen Koks mit enthalten sind.

Auf drei ostdeutschen Kokereianlagen wurde als Jahresdurchschnitt im Betrieb folgendes Ausbringen an Verkokungserzeugnissen gegenüber den bei der Versuchsverkokung nach W. Schroth erhaltenen Werten erzielt:

	Ausbringen an		
Anlage	Koks %	Teer %	Leichtöl (einschl. Endgasbenzol) %
1	101,85	25,55	11,40
2	101,40	28,60	10,72
3	101,50	25,75	11,23

Die Erprobung des Verfahrens im Kokereibetrieb zeigte, daß der Zersetzungsgrad der Schwelerzeugnisse sich bei einwandfreiem Betrieb in engen Grenzen hielt. Wenn die Ausbeute an Schwelerzeugnissen aus der Kohle sich verringerte, verminderte sich auch im Betrieb die Ausbeute an Hochtemperaturteer und Leichtöl, der Zersetzungsgrad der Schwelerzeugnisse blieb jedoch unverändert.

ε) *Verfahren von A. Jenkner, F. L. Kühlwein und E. Hoffmann[1].*

Das vom Bureau of Mines[2] entwickelte Verfahren zur laboratoriumsmäßigen Verkokung von Steinkohle wurde im Laboratorium der H. Koppers G. m. b. H., Essen, weiter ausgebildet. Dieses Verfahren weicht von den im vorhergehenden beschriebenen insofern ab, daß eine wesentlich größere Kohlenmenge zur Verkokung gelangt, so daß neben der Ermittlung der Ausbeute an Nebenerzeugnissen auch die Festigkeit des erzeugten Kokses geprüft werden kann.

Die Versuchsanordnung ist in der Abb. 60 grundsätzlich dargestellt. Für die Aufnahme der Kohle, die in Mengen von 1,5 kg in Betriebskörnung bei entsprechendem Wassergehalt verkokt wird, dient eine zylindrische Retorte aus nichtzunderndem Sonderstahl. Während des Füllens wird die Kohle durch Einpressen verdichtet, bis das mittlere

---

[1]) Glückauf **70** (1934), S. 473.
[2]) U. S. Department of Commerce, Bureau of Mines, Bull. **344** (1931).

Betriebsschüttgewicht erreicht ist. Nach Aufschrauben des mit einer Dichtung versehenen Deckels wird die Retorte in den auf die gewünschte Temperatur bis zu 1000⁰ C aufheizbaren Ofen eingeführt. Durch Einschaltung der geeigneten Widerstände ist die Einstellung jedes gewünschten Verkokungsfortschrittes von der Tief- bis zur Hochtemperaturverkokung möglich. Die Ofentemperatur wird durch Thermoelemente über-

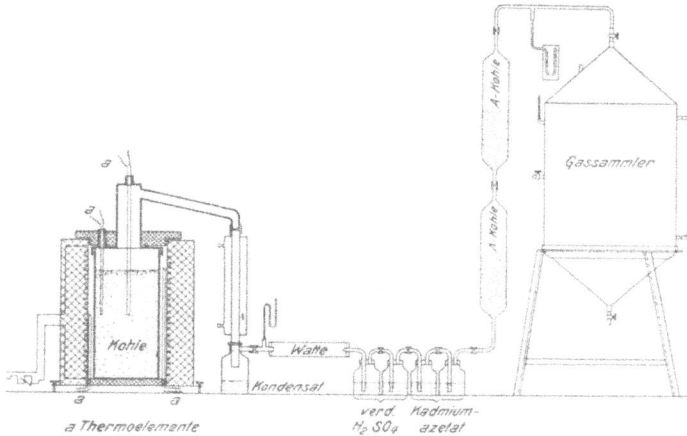

Abb. 60. Retortenverkokung zur Bestimmung der Koksbeschaffenheit und des Ausbringens an Nebenerzeugnissen (nach A. Jenkner, F. L. Kühlwein und E. Hoffmann).

wacht, die an den Innenwandungen des Heizrohres angebracht sind. Für die Beobachtung des Temperaturverlaufes im Kohleneinsatz dienen an der Retorteninnenwand und in der Mitte des Einsatzes Thermoelemente, die sich in Pythagoras-Schutzrohren befinden.

Die Abb. 61 zeigt den Temperaturverlauf an der Retorte sowie in ihrer Mitte bei zwei mit gleicher Kohle und unter denselben Bedingungen

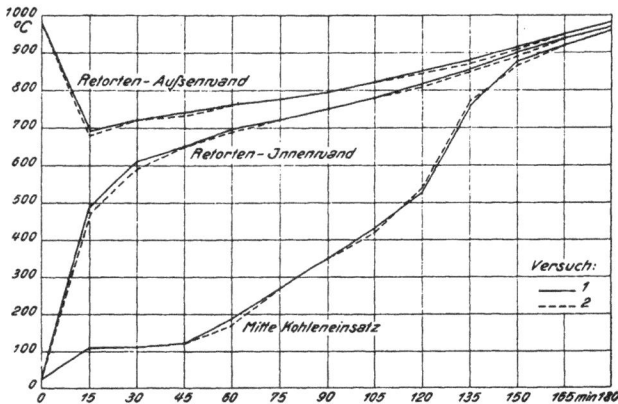

Abb. 61. Temperaturverlauf in der Retorte während der Verkokung.

vorgenommenen Verkokungsversuchen. Die größten Temperaturunterschiede betragen nur 15° C und sind teilweise schon durch geringe Zeitunterschiede in der Ablesung bedingt.

Die Kondensation des Destillationswassers und des Großteils des Teeres erfolgt im Rückflußkühler. Die letzten Teerreste werden durch ein Wattefilter zurückgehalten. Bei der mengenmäßigen Teerbestimmung befreit man die Watte durch Auspressen von den Hauptmengen des Teeres und vereint den ausgepreßten Teer mit dem der Vorlage. Der kleine Teerrest im Wattefilter wird durch Wägung bestimmt. Destillationswasser und Teer trennt man im Scheidetrichter und befreit den Teer durch Destillation von den letzten Wasserresten. Die erhaltene Teermenge ist für weitere Untersuchungen, wie für eine Gesamtdestillation usw. ausreichend. Steht im Laboratorium hochgespannter Gleichstrom zur Verfügung, so kann die quantitative Erfassung des Teeres durch elektrische Entteerung erfolgen.

Das vom Teer befreite Gas tritt durch zwei zur Auswaschung des Ammoniaks mit verdünnter Schwefelsäure gefüllte Waschflaschen. Will man auch das erzeugte Benzol erfassen, so befreit man das Gas noch durch Kadmiumazetat von Schwefelwasserstoff. Die Verwendung von Raseneisenerz ist nicht zu empfehlen, weil der damit verbundene Benzolverlust bei der geringen Gesamtbenzolmenge eine Fehlerquelle bedeutet. Das erzeugte Gas wird in einem Gassammler aufgefangen und durch entsprechendes Öffnen seines Abflußhahnes für die Einhaltung bestimmter Druckverhältnisse in der Vorrichtung während des Versuches gesorgt. Die Ermittlung der Gasmenge erfolgt auf Grund der volumen- oder gewichtsmäßig bestimmten abgelaufenen Wassermenge. Die je nach Art und Menge der verwendeten Kohlen erzeugten Gasmengen liegen zwischen 300 und 500 l und sind für Heizwertbestimmungen im Junkers-Kalorimeter ausreichend.

Die mittels dieser Versuchsanordnung gewonnenen Versuchsergebnisse stimmten nach vergleichenden Untersuchungen der Verfasser sehr befriedigend mit den im Kokereibetrieb erhaltenen Ausbeuten überein. Bei der Laboratoriumsverkokung waren allerdings die Teermenge und die Gaswertzahl etwas größer als die entsprechenden Betriebszahlen.

Zahlentafel 4. **Beschaffenheit der Versuchskohlen.**

Kohle	Verkokung im	Rohzusammensetzung der Kohle		
		Flüchtige Bestandteile %	Wassergehalt %	Aschegehalt %
Ruhrkokskohle	Betrieb Laboratorium	20,95	11,8	6,95
Oberschles. Kokskohle	Betrieb Laboratorium	29,10	13,5 12,0	7,0

Ausbringen an Koks und Nebenerzeugnissen.

Kohle	Verkokung im	Koks %	Teer %	Roh-benzol %	Ammon-sulfat %	Gaswert-zahl kcal/kg
Ruhrkokskohle	Betrieb	78,9	2,5	0,77	1,14	1500
	Laboratorium	79,6	2,9	0,75	1,19	1475
Oberschles. Kokskohle	Betrieb	72,8	3,9	1,20	1,30	1550
	Laboratorium	73,2	4,4	1,16	1,28	1580

Einzelheiten über das Ausbringen an Koks und an Nebenerzeugnissen bei der Betriebs- und Retortenverkokung von zwei Kokskohlen verschiedener Herkunft zeigt die vorstehende Zusammenstellung.

Infolge einer Kohleneinsatzmenge von 1,5 kg in die Versuchsretorte beträgt das Koksausbringen rd. 1 kg. Dieses ist ausreichend, um eine Prüfung der mechanischen Eigenschaften des im Betrieb zu erwartenden Kokses zu ermöglichen. Hierfür dient als brauchbares Gerät die Laboratoriumstrommel von H. Broche und H. Nedelmann[1]).

Diese Versuchstrommel besteht aus einer kleinen Hammermühle (vgl. Abb. 62). Die Trommel mit 250 mm Dmr. und 75 mm Breite hat eine Klappe zum Füllen und Entleeren und vier Leisten, die innen gleichmäßig am Umfang verteilt sind. Die konzentrisch laufende Hauptwelle

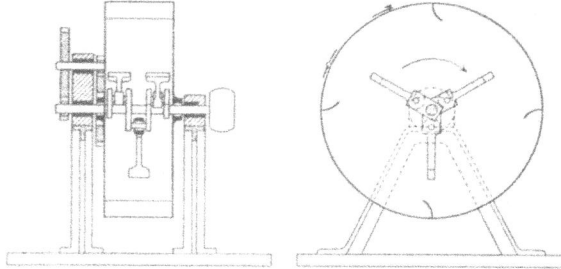

Abb. 62. Hammermühle zur Bestimmung der Abriebfestigkeit von Koks.

trägt drei eiserne Schläger, die mit Gelenkbolzen an ihr befestigt sind und die gesamte Breite der Trommel bestreichen. Von der Welle aus wird die Trommel durch eine Zahnradübersetzung im Verhältnis 1:55 im gleichen Drehsinn angetrieben. Bei der hohen Umlaufzahl der Welle üben die drei Schläger eine sehr starke Schlagwirkung auf den zu prüfenden Koks aus. Die nach unten fallenden Stücke werden durch die Leisten der sich langsam drehenden Trommel immer wieder nach oben befördert, um erneut der Schlagwirkung ausgesetzt zu werden.

Für die Bestimmung beschickt man die Trommel mit 100 g Koks der Körnung 15 bis 20 mm und läßt sie genau 1 min bei etwa 930 U/min

---

[1]) Glückauf **68** (1932), S. 769.

laufen. Anschließend wird der Trommelinhalt auf einem 10-mm-Sieb abgesiebt und der Rückstand gewogen; durch eine zweite Siebung wird der Kornanfall < 1 mm festgestellt. Aus drei Einzelbestimmungen, die höchstens um 3% voneinander abweichen dürfen, wird der Mittelwert gebildet.

Als Koksfestigkeitsziffer gilt der anteilmäßige Kornanfall über 10 mm; der Körnungsanteil unter 1 mm gibt einen Hinweis für die Höhe der Grusbildung. Diese Werte zeigen eine befriedigende Gleichsinnigkeit mit der Festigkeit der entsprechenden Kammerofenkokse.

4. Backfähigkeit.

a) Allgemeines.

Für die Bestimmung der backenden Eigenschaften von Gas- und Kokskohlen wird in zunehmendem Umfang die Backfähigkeit ermittelt. Das Backvermögen der einzelnen Kohlen läßt sich zwar bereits durch die Beurteilung der Beschaffenheit des Koksrückstandes bei der Tiegelverkokung abschätzen, bei diesem visuellen Verfahren können Unterschiede jedoch nicht zahlenmäßig festgelegt werden.

Der Begriff der Backfähigkeit betrifft lediglich die Bindekraft und das Schmelzvermögen einer Kohle und gibt daher nur Anhaltspunkte dafür, in welchem Umfang einzelne Kohlen zugemischt werden können. Auf die bei der Verkokung zu erwartenden Kokseigenschaften darf aus der Backfähigkeit der Ausgangskohle in keinem Fall geschlossen werden. Andererseits kann aber auch kein Zweifel darüber bestehen, daß eine Kohle, die z. B. eine sehr hohe Backfähigkeitszahl sowie einen durchschnittlichen Erweichungs- und Entgasungsverlauf aufweist, im allgemeinen einen Koks von günstigerer Beschaffenheit erhalten läßt, während von einer Kohle mit einer ganz ungenügenden Backfähigkeitszahl in jedem Fall ein minderwertiger Koks zu erwarten ist.

Backfähigkeit und Verkokungsvermögen stehen somit nur in mittelbarer, nicht in unmittelbarer Beziehung, die Höhe der Backfähigkeitszahl stellt daher auch keinen Wertmesser für die Verkokungsfähigkeit einer Kohle dar.

Als wertvoll hat sich die Bestimmung der Backfähigkeit ferner erwiesen als Betriebsverfahren für die Prüfung der gleichmäßigen Beschaffenheit von Gas- oder Kokskohlen gleicher Herkunft; um bei längeren Lieferungsverträgen die Abnahme von Kohlen mit nur geringer Backfähigkeit, die z. B. durch längere Lagerung verwittert ist, zurückweisen zu können. Das Verfahren kann ferner mit gutem Erfolg zur Ermittlung der Alterungsneigung Verwendung finden, da bei Verwitterung der Kohle (durch Sauerstoffaufnahme) die Backfähigkeit sich stark vermindert.

Zur Durchführung der Bestimmung der Backfähigkeit bestehen zwei grundsätzliche Gruppen von Verfahren[1]). Bei der ersten wird die Druckfestigkeit eines verkokten Gemisches von Kohle und eines Vielfachen an Sand mit oder ohne Berücksichtigung des Abriebes ermittelt. Diese Ausführungsform ist von Meurice[2]) entwickelt und von G. M. Marshall und B. M. Bird[3]) sowie vor allem von R. Kattwinkel[4]) verbessert worden. Bei der zweiten Gruppe wird die Backfähigkeitszahl als solche bestimmt, bei der der Abrieb eines verkokten Gemisches von Kohle unter wechselndem Zusatz von Sand gerade 1 g beträgt. Diese Verfahrensart ist von Camprédon[5]) eingeführt und von P. Damm[6]) verbessert worden.

Die nach diesen beiden Arten von Verfahren bei den gleichen Kohlen erhaltenen Versuchsergebnisse stehen untereinander nicht eindeutig in einem gleichbleibenden Verhältnis. Dies kann auch nicht erwartet werden, da einmal die Druckfestigkeit, bei der zweiten Art der Durchführung des Verfahrens der Abrieb des Koks-Sandkuchens bestimmt wird, es besteht jedoch eine gewisse Gleichsinnigkeit[7]).

Ein Entscheid, welchem der beiden Verfahren der Vorzug zu geben ist, kann noch nicht getroffen werden. Die Anwendung des Kattwinkelschen Verfahrens erstreckt sich vor allem auf die westdeutschen Kohlengebiete und die Gaswerke, während die Ausführung nach Damm im Bereich der schlesischen Kohlenreviere bevorzugt wird.

b) Verfahren von R. Kattwinkel.

Die Bestimmung der Backfähigkeit nach dem Verfahren von R. Kattwinkel wird wie folgt durchgeführt:

Kohle: Die getrocknete Kohle wird im Porzellanmörser so fein gerieben, bis sie ein Normalsieb mit 900 Maschen auf 1 cm² restlos passiert. Kohlen mit einer hygroskopischen Feuchtigkeit von unter 2% können bei 105° C getrocknet werden. Alle anderen Kohlen werden lufttrocken verwendet. Normalerweise soll die Kohle den Aschengehalt einer guten Kokskohle, etwa 6 bis 8%, haben. Höhere Aschengehalte verringern die Backfähigkeitszahl merklich.

Sand: Als Mischsand ist nur ein Sand zu verwenden, dessen Körner keine scharfen Kanten besitzen, der völlig frei von Erdalkalien ist und keinen Glühverlust aufweist. Als Korngröße kommt nur die Fraktion

---

[1]) Zusammenfassung des Schrifttums bis 1929 vgl. G. Agde u. A. Winter, Brennstoffchem. **11** '(1930), S. 394.
[2]) Ann. Mines Belg. **19** (1914), S. 625.
[3]) Am. Inst. Eng. Techn. Publ. Nr. 216 (1929); ref. in Brennstoffchem. **11** (1930), S. 94.
[4]) Brennstoffchem. **13** (1932), S. 103.
[5]) Compt. rend. **121** (1895), S. 820.
[6]) Glückauf **64** (1928), S. 1172.
[7]) A. van Ahlen, Glückauf **70** (1934), S. 1178.

zur Anwendung, welche zwischen dem Sieb mit 225 und dem mit 335 Maschen/cm² liegt, d. h. der Sand muß das 225-Maschensieb passieren und auf dem 335-Maschensieb liegen bleiben. Der von der Firma W. Feddeler, Essen, gelieferte Sand enthält etwa 80% brauchbare Bestandteile. Man reinigt den Sand, indem man ihn mit konzentrierter Salzsäure (Dichte 1,125) auf dem Wasserbade durchrührt, chlorionfrei wäscht, trocknet und glüht. Zur Aussiebung wird der Sand in Teilmengen von je 100 g entweder von Hand oder auf einer Siebmaschine 10 min lang kräftig geschüttelt.

Verkokungstiegel: Zur Verwendung gelangt ein normaler, halb-hoher Porzellantiegel mit folgenden Maßen: Höhe 35 mm, Durchmesser am Rand 41 mm, Durchmesser am Boden 20 mm, Inhalt 30 cm³. Der Deckel ist aus Quarz, mit Griff und einem Loch von 2 mm Dmr. versehen.

Verkokungsofen: Zum Verkoken wird ein Tiegelofen von Norman-Frerichs, Fabrikat Fa. Hugershoff, Leipzig (vgl. Abb. 63), benutzt. Hierbei soll der Gasdruck 250 bis 300 mm WS und der untere Heizwert des Gases 4300 kcal/m³ betragen. Bei diesen Bedingungen wird die Verkokungstemperatur von 1000° C (±50° C), im Tiegel gemessen, schnell erreicht. Der Tiegelofen besteht aus einem Eisenblechmantel, der mit Steinen aus feuerfestem Material von hochporöser Beschaffenheit (Diatomit) ausgekleidet ist. Verschlossen wird der Ofen mit einem Diatomitstein, der in der Mitte eine runde Öffnung von 25 mm hat. In den unteren Teil bringt man das kleine Modell des aus feuerfester Masse bestehenden, dreiteiligen Glühofens von Hugershoff, jedoch ohne den Aufsatz, legt ein Quarzdreieck auf und führt einen Mekerbrenner Nr. 3 durch die zu erweiternde Öffnung des Glüh-

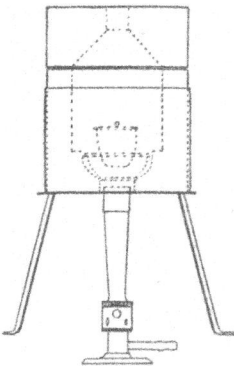

Abb. 63. Verkokungsofen nach Norman-Frerichs.

ofens. Auf diese Weise hergerichtet, ist der Ofen gebrauchsfertig. Beim Einsetzen des Porzellantiegels geht die Temperatur nur wenig zurück. Die Verkokung ist meist nach 2 min beendet.

Elektrische Öfen haben den Nachteil, daß durch Einsatz der Tiegel ein starkes Sinken der Temperatur, die man nur langsam wieder hochbringt, hervorgerufen wird. Auch kann man das Ende der Verkokung nicht wie bei dem Tiegelofen für Gasfeuerung an der Flammenentfärbung erkennen, sondern muß nach Zeitdauer beurteilen.

Druckpresse: Die Druckpresse von R. Kattwinkel[1]) (Abb. 64) ist ein Prüfgerät, bei dem der Druckzuwachs gleichmäßig bemessen und die Belastung gewogen wird. Sie besteht aus zwei Teilen, der eigentlichen Presse und dem Aufgabebehälter, welcher senkrecht über der Presse

[1]) Glückauf 67 1410 (1931).

angeordnet ist. Die Presse setzt sich zusammen aus dem in einem Kugel-
lager beweglichen Stahlstempel, der mit einer dünnen Metallplatte verbunden ist, auf welche ein Behälter aus Zinkblech von 2 l Inhalt zur
Aufnahme des Belastungsgewichtes gestellt wird, und dem Stahlzylinder-
block, auf den der Kuchen gelegt wird. Der Aufgabebehälter ist ein
zylindrischer Trichter aus Zinkblech mit einer 6 bis 7 mm weiten Aus-
flußröhre aus Messing, die durch einen waagerecht angebrachten Hebel
entweder von Hand oder durch eine Zugvorrichtung automatisch verschlossen wird. Als Belastungsmaterial wird entfetteter und gereinigter
Tarierschrot in einer Korngröße von 1 bis 1,25 mm
genommen. Der sekundliche Lastzuwachs beträgt
bei einer Füllmenge von 10 kg Schrot und bei
einer Ausflußdüse von 6 mm Dmr. etwa 25 g. Sowohl die Presse als auch der Aufgabebehälter sind
in der Mitte eines doppelten Stativs an dessen
Stäben festgeschraubt, so daß das Belastungsgewicht genau senkrecht zulaufen und der Stempel
genau in dieser Richtung drücken kann. In der
Stativplatte befindet sich ein Ausschnitt, in den
der Auflageblock für den Kokssandkuchen geschoben wird. Mit Hilfe dieses Ausschnittes erzielt
man mühelos stets die gleiche Stellung zum Druckstempel. Eine runde Vertiefung in dem Ausschnitt
ist für die Aufnahme des Tiegels bei der Vorpres-
sung des Kohle-Sand-Gemisches bestimmt.

Für jede Bestimmung werden 100 g des nach
der im obenstehenden gegebenen Vorschrift gerei-
nigten Sandes abgewogen und diese Menge wird
mit einem Hornlöffel für sich gut durchgemischt.

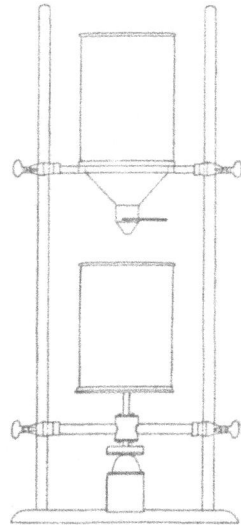

Abb. 64. Druckpresse nach
R. Kattwinkel.

Diese besondere Abwägung ist notwendig, weil der
Sand sich in der Vorratsflasche entmischt. Man beschickt 5 Tiegel mit
je 17 g Sand und bringt in jeden Tiegel einen Tropfen Glyzerin. Hierzu
verwendet man eine enge Pipette und keinen Glasstab, weil von dem
letzteren die Tropfen ungleichmäßig groß abfallen. Man rührt den Sand
mit dem Glyzerintropfen mittels eines Nickelspatels 2 min lang durch,
fügt dann jeweils 1 g Kohle hinzu und rührt weitere 5 min lang. Nach
dem Mischen ebnet man die Oberfläche mittels eines Blechs oder mit
einem passenden Korkstopfen und preßt die Mischung mit einem Gewicht
von 6 kg während 30 s (Stoppuhr), wozu man die Druckpresse verwendet,
bei der man sich mittels des Tarierschrots eine Belastung von 6 kg hergestellt hat. Hierbei drückt die Presse mit einem passenden Stahlzylinder auf die Oberfläche des Tiegelinhalts.

Bei dem Tiegelofen von Frerichs-Normann werden zunächst die
Wandungen auf Rotglut erhitzt. Dies erreicht man in der Weise, daß

man einen Quarzdeckel auf das Dreieck legt, der die Flamme so weit ver-
breitert, daß sie die notwendige Wandhitze erzeugen kann. Beim Einsetzen und Herausnehmen der Tiegel ist darauf zu achten, daß keine
Erschütterungen eintreten. Man bringt zunächst den Tiegel ohne Deckel
in den Ofen, dann folgt der Deckel und zuletzt der Verschlußstein. Beim
Herausnehmen der Tiegel geht man umgekehrt vor. Sämtliche Griffe
sind möglichst schnell auszuführen. Die Verkokung beginnt nach einigen
Sekunden. Die aus der Öffnung des Verschlußsteines austretende
Flamme färbt sich gelb. Das Ende der Verkokung ist erreicht, wenn
die gelbe Flammenfärbung verschwindet und die Flamme wieder ihre
ursprüngliche Blaufärbung angenommen hat. Dies erfolgt meist bereits
nach 2 min. Man läßt die Tiegel zugedeckt auf einer Asbestplatte stehend
im Raum erkalten. Nach vierstündigem Warten beginnt man mit der
Ermittlung der Druckfestigkeit.

Man füllt den Tiegel mit dem Verkokungsmaterial aus früheren
Versuchen oder mit Sand bis zum Rand an, legt den Deckel auf, stülpt
das Ganze um und entfernt den Tiegel. Auf den Auflegeblock hat man
eine 4 mm dicke weiche Gummiplatte gelegt. Auf diese bringt man nun
den Kuchen mit der breiten Seite nach unten, schiebt das Ganze unter
die hochzuhebende Presse, setzt den Druckstempel nach Unterlegung
einer zweiten gleich dicken weichen Gummiplatte vorsichtig auf, dann
den Aufnahmebehälter, dessen oberer Rand jetzt 4 cm von der Ausflußdüse entfernt sein soll, und öffnet den Verschluß des Schrotbehälters, den
man vorher mit 10 kg Schrot beschickt hat. Man stellt den Zulauf sofort
ab, sobald der Kuchen zu Pulver zerdrückt ist. Bei der Druckpresse mit
automatischem Verschluß wird der letztere beim Sinken der Presse von
selbst zugezogen. Hierauf wird das gesamte Belastungsgewicht ermittelt.

Von jeder Kohle werden fünf bis sechs Verkokungsproben ausgeführt.
Trotz sorgfältigem Arbeiten zeigen die Einzelwerte untereinander zwar
erhebliche Streuungen, die gebildeten Mittelwerte stimmen bei mehreren Versuchsreihen jedoch gut überein. Aus dem Mittelwert wird die
Backfähigkeitszahl berechnet nach der Formel

$$BZ = \frac{g \text{ Druckfestigkeit}}{17}.$$

Versuchsbeispiel:

Tiegel I	Tiegel II
3800 g	4700 g
4100 g	4000 g
4800 g	4250 g
4700 g	5000 g
4550 g	4650 g
i. M. 4441 g	i. M. 4510 g
BZ 261	265

Kohlen, deren Kokse keine Druckfestigkeit aufweisen, auch wenn sie einen zusammenhängenden Kokssandkuchen geben, haben keine Backfähigkeit. Kohlen mit einer BZ bis 50 haben geringe Backfähigkeit, Kohlen mit einer BZ, welche zwischen 50 und 100 liegt, sind ziemlich gut und solche mit einer BZ von 100 bis 200 sind gut backend. Kohlen mit einer BZ über 200 sind sehr gut backend. Zu der letzten Gruppe gehören die Fettkohlen, die den besten Koks liefern, während die bituminöseren Gaskohlen eine BZ von 100 bis 200 aufweisen.

. c) Verfahren von H. A. J. Pieters und G. Smeets.

Auf der gleichen Grundlage beruht das in England genormte Verfahren von H. A. J. Pieters und G. Smeets[1]) zur Bestimmung der Backfähigkeit, bei dem die Methode von Meurice jedoch verschiedene Abänderungen erfahren hat. Die Backfähigkeit wird angegeben als das höchste Verhältnis von Sand und Kohle, das nach der Verkokung noch eine zusammenhängende Masse ergibt, die ein Gewicht von 500 g trägt, wobei die Menge des abgefallenen losen Pulvers weniger als 5% der Sand- und Kohlenmenge betragen soll. Zur Verkokung gelangen 25 g des Kohle-Sand-Gemisches in einem Quarztiegel von 42 mm Höhe, 26 mm unterem und 39 mm oberem Dmr. mit einer Wandstärke von 1,25 bis 1,5 mm. Der Sand, dessen Korngröße 0,18 bis 0,25 mm betragen soll, muß zuvor mit Salzsäure ausgekocht und ausgeglüht werden; die Körnung der Kohle soll < 0,125 mm sein. Das Gemisch wird in dem Tiegel gleichmäßig eingedrückt und durch Einsetzen in einen auf $900 \pm 15°$ erhitzten mit Gas oder elektrisch beheizten Ofen verkokt. Nach 7 min läßt man den Tiegel mit aufgelegtem Deckel abkühlen, nach weiteren 30 min wird der Deckel abgenommen. Der erkaltete Inhalt wird unter sorgfältiger Auffangung der losen Teilchen herausgenommen und vorsichtig mit einem 500-g-Gewicht belastet, wobei der Kuchen gerade nicht zerbröckeln darf. Die beim Herausnehmen des Koks-Sand-Kuchens angefallene Menge des losen Pulvers wird ebenfalls gewogen.

Das Bindevermögen wird angegeben als das höchstzulässige Verhältnis von Sand und Koks, bei dem der Kokskuchen gerade noch einer Belastung mit 500 g standhält, wobei gleichzeitig der sandige Anteil des Verkokungsrückstandes 5% der verkokten Menge nicht überschreiten soll. Die Kohlen werden unterteilt in einzelne Gruppen, deren Bindevermögen mehr als 35, 35 bis 31, 30 bis 26, 25 bis 21, 20 bis 16, 15 bis 11, 10 bis 6 und weniger als 5 beträgt.

d) Verfahren von P. Damm.

Die Durchführung der Bestimmung geschieht wie folgt.

Die Probe der zu untersuchenden Kohle wird wie üblich aufbereitet und durch Mahlen und Sieben auf eine Korngröße unter 0,1 mm gebracht.

---

[1]) Het Gas **51** (1931), S. 228: vgl. ferner British Standard Method for the Determination of the Agglutinating Value of Coal. BSI. Nr. 705/1936.

Als Sand wird Seesand (nicht gebrochenes Material) in einer Körnung zwischen 0,3 und 0,4 mm verwendet, der zuvor mit konz. Salzsäure und dann mit dest. Wasser gewaschen wurde.

Zur Ausführung des Versuches wird 1 g mit einer bestimmten Menge Sand (z. B. 15 g) in einem Porzellantiegel mit folgenden Abmessungen: Höhe 43 mm, oberer Durchmesser 52 mm, unterer Durchmesser 25 mm, Gewicht ohne Deckel 25 bis 26 g innig gemischt.

Es ist dabei so zu verfahren, daß zuerst ein Tropfen Glyzerin gleichmäßig in dem Sand verteilt und dann nach Zugabe der Kohle das Gemisch mit einem am unteren Ende rechtwinklig gebogenen Glasstab so lange durchgerührt wird, bis die Mischung ein gleichmäßiges Aussehen besitzt. Zum Schluß wird die Oberfläche eben gestrichen. Nach dem Mischen darf der Inhalt des Tiegels auf keinen Fall durch hartes Aufsetzen verdichtet werden. Nach Auflegen eines Deckels wird der Tiegel in einen auf 850° C aufgeheizten Muffelofen gestellt, dessen Wärmekapazität so groß sein soll, daß durch das Einsetzen der Tiegel kein nennenswerter Temperaturabfall eintritt. Das Öffnen und Schließen der Tür hat so rasch wie möglich zu erfolgen, um den Temperaturabfall im Ofen auf ein Mindestmaß zu beschränken. Sobald die Flamme, die zwischen dem Tiegel und Deckelrand heraustritt, erlischt, wird der Tiegel rasch aus der Muffel entfernt.

Vergleichende Untersuchungen des Verfassers bei einer Überprüfung des Verfahrens haben ergeben, daß in Muffelöfen verschiedener Größe mit indirekter Beheizung, deren Einsatzmöglichkeit 2 bis 30 Tiegel betrug, völlig übereinstimmende Backfähigkeitszahlen erhalten werden.

Nach dem Erkalten stülpt man den Tiegel langsam und vorsichtig auf einem Kartenblatt um und läßt den Kokskuchen herausgleiten, der Kuchen selbst wird entfernt und der lose Abrieb gewogen.

Die Menge des losen Abriebes, der sich nach der Verkokung vom Kuchen absondert, ist abhängig von der Menge des der Kohle beigemengten Sandes. Die erforderliche Sandmenge muß in einigen Versuchen durch Probieren ermittelt werden. Ein Beispiel soll dies näher erläutern:

Sandmenge g	Abrieb g	Sandmenge g	Abrieb g
18	0,54	22	0,99
19	0,84	22	1,00
20	0,85	22	1,01
20	0,79	22	1,00
21	0,88	22	0,99
21	0,95	22	1,01

Als Bindevermögen wird unbenannt die Zahl angegeben, die den g Sand entspricht, die von 1 g Kohle mit einem Abrieb von 1 g gebunden wurde; im obigen Beispiel beträgt das Bindevermögen somit 22.

Die Abweichungen der Einzelbestimmungen für die Backfähigkeit sollen 1 nicht überschreiten.

Vergleichsversuche mit gleichen Kohlen unter Einhaltung der oben gegebenen Versuchsvorschrift durch vier verschiedene Laboratorien zeigten recht gut übereinstimmende Werte:

Ergebnisse von Backfähigkeitsuntersuchungen mehrerer Steinkohlen nach dem Verfahren von P. Damm in verschiedenen Laboratorien.

Laboratorium		A	B	C	D	Mittelwert
Kohle	I	11	12	9	11	11
	II	16	20	21	16	18
	III	22,5	22	23	23	22,5
	IV	26	24	24	24	25

Zu den Backfähigkeitszahlen ist folgendes zu bemerken:
Es bedeuten

0 bis 10	keine bis geringe,	
10 » 15	geringe bis mittlere,	
15 » 20	mittlere bis ziemlich gute,	
20 » 25	ziemlich gute bis gute,	
25 » 30	gute bis sehr gute,	
über 30	sehr gute	

Backfähigkeit.

5. Erweichungsverhalten.

a) Allgemeines.

Die Verkokung der Steinkohle erfordert die Verwendung von bakkenden Kohlen, die einen stückigen Koksrückstand ergeben. Als solche sind geeignet Gas- und Kokskohlen, d. h. Kohlen von mittlerem Inkohlungsgrad und einem Gehalt an flüchtigen Bestandteilen von etwa 18 bis 36%. Jüngere, gasreichere Steinkohlen, wie Gasflamm- und Flammkohlen, sowie ältere Kohlen, wie Eß- und Magerkohlen sind als Sinter- oder Sandkohlen hierfür nur als Zusatzkohlen in beschränktem Umfang geeignet.

Die zur Verkokung gelangende Backkohle beginnt bei Temperaturen von 350 bis 420⁰ zu erweichen, und in einem Bereich von etwa 100 bis 150⁰ vollzieht sich die Zersetzung, die Wiedererstarrung und die Umwandlung zu Schwelkoks, in dem das Koksgefüge bereits fertig gebildet vorliegt. Gleichzeitig erfolgt die Abspaltung des Schwelteeres, die für sämtliche Kohlen bis 550⁰ beendet ist. Das nachfolgende weitere Erhitzen dieses Schwelkokses dient dazu, den restlichen Anteil an gasförmigen flüchtigen Bestandteilen auszutreiben, wobei der ursprüngliche Schwelkoks unter Schwindung, Zerklüftung und infolge Graphitierung des Kokskohlenstoffes in Hochtemperaturkoks übergeht.

Das Erweichungsverhalten der Backkohlen ist von grundsätzlicher Bedeutung für die Ausbildung eines dichten und »geschmolzenen« Kokses. Es hat daher nicht an Versuchen gefehlt, den Verlauf des Erweichens der Kohlen im Laboratoriumsmaßstab vorauszubestimmen. Diese Verfahren lassen sich in folgende drei Gruppen unterteilen:

  a) unmittelbare Beobachtung der Kohle,
  b) Bestimmung des Widerstandes gegen den Durchgang von Gasen,
  c) sonstige Meßverfahren (Verfolgung der Bewegung fester Körper in der erweichenden Kohle).

Trotz der Vielzahl ausgearbeiteter Laboratoriumsverfahren ist deren weitere Entwicklung noch nicht so weit abgeschlossen, daß es möglich wäre, durch Auswertung der Versuchsergebnisse eindeutige Rückschlüsse auf die Beschaffenheit der im Betrieb erzeugten Kokse zu ziehen. Dennoch ergeben sich bereits wertvolle Unterlagen durch die Kenntnis des Erweichungsverhaltens. Dies gilt insbesondere für die Veränderung des Koksbildungsvermögens der Kohlen bei ihrer Lagerung (Alterung infolge von Luftoxydation) und für das Erweichungsverhalten von Kohlengemischen, vor allem in den Fällen, wenn eine der Zusatzkohlen als Gasflamm- oder als Magerkohle allein verkokt keinen »geschmolzenen« Koks erhalten läßt.

b) Unmittelbare Beobachtung des Erweichungsverhaltens.

Von dem Gedanken ausgehend, daß die Kohle als ein kolloider Stoff keinen ausgeprägten Erweichungspunkt aufweist, hat R. Kattwinkel[1]) eine einfache Vorrichtung zur Feststellung der Erweichungszone vorgeschlagen, mit der sowohl die Temperaturen für Beginn und ungefähr für das Ende der Bildsamkeitszone gemessen als auch die sich während des Schmelzvorganges abspielenden Vorgänge visuell beobachtet werden.

Bei diesem Verfahren (vgl. Abb. 65) wird von der zu prüfenden Kohle ein Preßling a im Gewicht von etwa 1 g in einem Bergkristallrohr b erhitzt, das sich in der zentralen Aussparung eines kurzen dickwandigen Aluminiumzylinders c befindet, mit je einer Gaszu- und Gasableitung d und e ausgestattet und mit einem Schliffstopfen f verschlossen ist. Zur Beobachtung des Erhitzungsvorganges enthält der Aluminiumzylinder einen keilförmigen, mit einer Glimmerscheibe verschlossenen Ausschnitt g, der einen schmalen Streifen des Bergkristallrohres freigibt. Zur Temperaturmessung dient ein Stickstoffthermometer mit einem Meßbereich bis 550°, dessen Kugel sich in der gleichen Höhe mit dem Kohlepreßling befindet. Dessen Beobachtung erfolgt mittels einer Mikrosko-

---

[1]) Brennstoffchem. **11** (1930), S. 329; Glückauf **68** (1932), S. 518; vgl. ferner K. Gieseler, Glückauf **69** (1933), S. 604; H. A. J. Pieters u. H. Koopmans, Fuel **11** (1932), S. 447.

pierlampe als Lichtquelle. Die Aufheizgeschwindigkeit der Brennstoffprobe wird bis 200⁰ auf 20⁰/min, von 200 bis 300⁰ auf 10⁰/min und
oberhalb 300⁰ auf 5⁰/min eingestellt. Um die Kohle vor Oxydation zu
schützen, wird während des Versuchs ein schwacher Strom von Kohlendioxyd durchgeleitet. Letzterer bewirkt ferner eine schnellere Abführung der Teerdämpfe, die von einem Wattebausch aufgefangen werden,
den man auf das Gasableitungsrohr aufsteckt.

R. Kattwinkel unterscheidet folgende vier kennzeichnende Temperaturpunkte:

1. den Bitumenzersetzungspunkt Z, bei dem die
   ersten Destillationserzeugnisse in Form von
   hellgelb gefärbten Ölen von der Watte aufgenommen werden,
2. den Erweichungspunkt E, bei dem braun bis
   schwarzgefärbter Schwelteer abgespalten wird,
3. den Blähpunkt B, bei dem der Kohlepreßling
   zu blähen beginnt,
4. den Wiederverfestigungspunkt W, bei dem das
   Blähen beendet ist und die erweichte Kohle
   wieder erstarrt.

Der Erweichungspunkt E soll nach R. Kattwinkel (s. o.) mit den nach dem Penetrometerverfahren erhaltenen Versuchswerten gut übereinstimmen. Ebenso wird angegeben, daß die obengenannten
vier Festpunkte sich bei Vergleichsversuchen mit nur
2 bis 3⁰ Unterschied wiederholen lassen. Über das
Ausmaß des Erweichens der Kohle werden jedoch
keine vergleichbaren Zahlenwerte irgendwelcher Art
erhalten.

Abb. 65. Vorrichtung
zur Bestimmung des
Erweichungsverhaltens
von Backkohle nach
R. Kattwinkel.

Die somit erhaltenen Aufschlüsse über die Breite der Erweichungszone werden zweckmäßigerweise ergänzt durch die Bestimmung des
Entgasungsverlaufs (vgl. S. 193), um die Verteilung der flüchtigen Bestandteile im Vor-, Haupt- und Nachentgasungsabschnitt gleichzeitig
mitzuerfassen. Auf diese Weise erhält man nach R. Kattwinkel (s. o.)
folgende Aufteilung des Entgasungsverlaufes einer Backkohle:

unterhalb Z Vorentgasungszone
von Z bis E 1. Abschnitt ⎫
 » E » B 2.   »   ⎬ der Erweichungszone,
 » B » W 3.   »   ⎭
oberhalb W Nachentgasungszone.

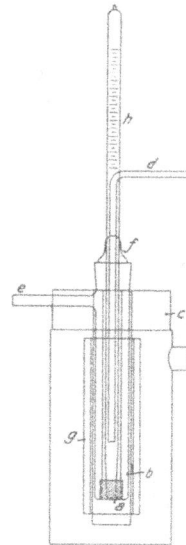

c) Foxwellverfahren in der Ausführungsform von K. Bunte, H. Brückner und W. Ludewig.

Das von G. E. Foxwell[1]) ausgearbeitete Verfahren beruht darauf, daß durch eine gleichmäßig erhitzte Kohleschicht von festgelegter Körnung ein Stickstoffstrom hindurchgeleitet wird. Mit Beginn der Erweichung der Kohle wird dem Gasstrom ein Widerstand entgegengesetzt, der zunächst bis zu einem Höchstwert ansteigt, um daraufhin wieder bis nahezu auf den Ausgangswiderstand abzufallen. Dieses Verfahren ist mehrfach, so u. a. von T. E. Layng und W. S. Hathorne[2]), T. E. Layng und A. W. Coffman[3]), W. Schroth[4]), K. Bunte und H. Löhr[5]) sowie von K. Bunte, H. Brückner und W. Ludewig[6]) verbessert worden.

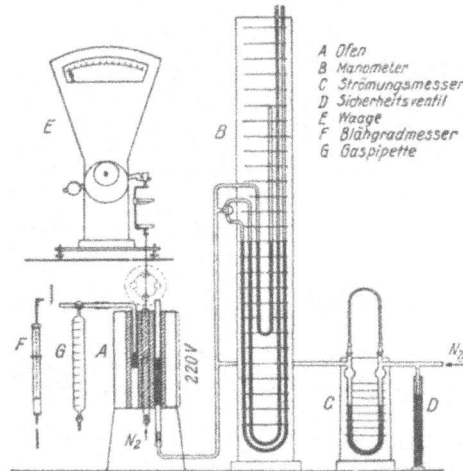

Abb. 66. Bestimmung des Erweichungsverhaltens, des Blähgrades und des Entgasungsverlaufs nach K. Bunte, H. Brückner und W. Ludewig.

Die von den letztgenannten Verfassern entwickelte Ausführungsform des Verfahrens[7]), bei dem neben der Bildsamkeitskurve zugleich noch das Blähvermögen sowie der gewichtsmäßige und volumetrische Entgasungsverlauf gemessen werden, ist in Abb. 66 grundsätzlich dargestellt.

Das Gerät besteht aus einem stehend angeordneten Metallblockofen aus Rotguß von 30 cm Länge und 12,5 cm Dmr., der vier um 90°

---

[1]) Journ. chem. Ind. **40** (1921), S. 193; Fuel **3** (1924), S. 122; **11** (1932), S. 13
[2]) Ind. Engng. Chem. **17** (1925), S. 165.
[3]) Ind. Engng. Chem. **19** (1927), S. 924.
[4]) Gas- u. Wasserfach **73** (1930), Sonderheft S. 18.
[5]) Gas- u. Wasserfach **77** (1934), S. 242, 261.
[6]) Glückauf **69** (1933), S. 765.
[7]) Hersteller Fa. W. Feddeler, Essen, Michaelstr. 24.

gegeneinander versetzte Bohrungen von je 2,4 cm Dmr. mit einem mittleren Abstand von 25 mm vom Blockmittelpunkt und eine Bohrung in der Blockachse bis zur Mitte von 10 mm Dmr. zur Aufnahme eines Temperaturmeßgerätes (Thermoelement oder Quarzthermometer) enthält. Die Beheizung des Metallblocks erfolgt auf elektrischem Wege mit einer Anheizgeschwindigkeit bis 250° mit 10°/min, darauf mit 1 oder 3°/min bis etwa 550° C.

Bestimmung des Erweichungsverhaltens. Für die Ermittlung des Erweichungsverhaltens wird in einem Quarzrohr von 50 cm Länge und 20 mm Außendurchmesser (1 mm Wandstärke) kurz unterhalb der Rohrmitte eine Kupferdrahtnetzspirale von 10 cm Länge eingesetzt und darauf die Kohlenprobe (von 0,5 bis 1 mm Korngröße entsprechend dem 144- bis 36-Maschensieb) eingefüllt, die nach kräftigem Zusammenrütteln (durch Klopfen mittels eines Holzstückes an der Rohrwandung) eine Schichthöhe von 5 cm besitzen soll. Auf die Probe wird locker eine Kupferspirale von 2 cm Länge aufgesetzt. Die zur Verwendung gelangende Kohlenprobe ist somit nur bis zu einem Durchgang durch das 36-Maschensieb zu zerkleinern, der dabei das 144-Maschensieb passierende Staub wird in einer Presse zusammengedrückt, die Preßstücke werden zerschlagen und dies wiederholt, bis die Gesamtprobe die erforderliche Körnung erreicht.

Zwecks Bestimmung der Änderung der Gasdurchlässigkeit leitet man durch das Rohr von unten einen Stickstoffstrom von 50 cm³/min, dessen Einstellung bei Entnahme aus einer Stahlflasche mit Hilfe eines Strömungsmessers und eines Feinregulierventils mühelos erfolgen kann, wobei während der Versuchsdurchführung keine Änderung der Einstellung erforderlich ist. Für die Messung des Durchgangswiderstandes werden in die Gaszuleitung hinter dem Strömungsmesser drei Manometer eingeschaltet, die mit Wasser, Azetylentetrabromid und Quecksilber gefüllt sind (Dichte 1, 3 und 13,6) und bei verschiedenen Durchgangswiderständen wahlweise verwendet werden können; ferner ist in die Gaszuleitung ein mit Quecksilber gefülltes Sicherheitsventil für einen Höchstdruck von 3000 mm WS eingeschaltet.

Bestimmung des Blähvermögens. Für die Bestimmung des Blähvermögens werden 5 g feingepulverte Kohle in ein Stahlrohr von 300 mm Länge, 12 mm innerem Durchmesser und 2 mm Wandstärke eingefüllt, das am unteren Ende einen Ausdrückstempel enthält und dessen Einsatzhöhe im Ofen durch einen Führungsring festgelegt ist. Auf die Kohle wird ein Stempel von nur 20 g Gewicht lose aufgelegt, den eine aufgesetzte Kappe führt. Die Messung des Blähgrades erfolgt durch Beobachtung der Höhenverschiebung des aufgelegten Stempels in mm.

Volumetrische Bestimmung des Entgasungsverlaufes. Die volumetrische Bestimmung des Entgasungsverlaufes erfolgt durch

Entgasung von 3 g der Kohlenprobe in einem rechtwinklig gebogenen Entgasungsrohr von 10 cm Innendurchmesser sowie 1 mm Wandstärke und
Auffangen des entwickelten Gases in einer 300 cm³ fassenden Meßbürette.

Gewichtsmäßige Bestimmung des Entgasungsverlaufs.
Die gewichtsmäßige Bestimmung des Entgasungsverlaufs erfolgt nach
dem von B. Hofmeister (vgl. S. 193) vorgeschlagenen Grundsatz, jedoch
mit wesentlichen Abänderungen. Durch Umgestaltung einer selbsttätigen
Waage (Weka 1) der Vereinigten Göttinger Werkstätten gelang es, das
mühselige mehrere Stunden dauernde Auswechseln der Gewichte für
die Bestimmung der Gewichtsabnahme zu vermeiden.

In einen Platintiegel, der an einem 0,1 mm dicken Platindraht etwa
40 cm unter der Waage aufgehängt ist, wird 1 g der Kohlenprobe eingebracht. Der Tiegel hängt in der Mitte eines im Blockofen befindlichen
Quarzrohres und wird somit bei der Temperatursteigerung des Ofens
gleichmäßig erhitzt. Zwecks Abführung der dampfförmig abgespaltenen
Zersetzungserzeugnisse leitet man einen schwachen Stickstoffstrom von
unten durch das dort mit einem Gummistopfen abgeschlossene Rohr.

Die Waage enthält eine auf 2 mg unterteilte Skala für einen Gesamt-
meßbereich von 500 mg, so daß der Entgasungsvorgang auf 1 mg entsprechend 0,1% der Einwaage genau bestimmt werden kann. Zu Beginn
des Versuchs wird die Waage durch entsprechende Belastung auf einen
Ausschlag von etwa 300 mg eingestellt, daher kann eine Gewichtsabnahme der Kohlenprobe bis zu 30% stattfinden, ohne daß ein Gewichtsausgleich erforderlich ist.

Durch Differenzbildung zwischen gewichtsmäßigem und volumetri-
schem Entgasungsverlauf — unter Annahme eines Dichteverhältnisses
des Schwelgases von 1— erhält man mit genügender Annäherung ein
Bild von dem Verlauf der Abspaltung flüssiger Zersetzungsprodukte
(Wasser + Teer).

Der erhebliche Vorteil der neuen Versuchseinrichtung besteht in
einer zweckmäßigen Ausgestaltung der einzelnen Bestimmungsverfahren,
die nur eine Überwachung und Aufzeichnung der festgestellten Werte
erfordern. Durch diese Vereinfachung ist es möglich, in einem Arbeitsgang gleichzeitig sämtliche für die Beurteilung des Koksbildungsvor-
ganges erforderlichen Meßergebnisse zu erhalten, ohne daß der Beob-
achter infolge zu starker Beanspruchung den Überblick über die gesamte Versuchsanordnung verliert.

Die Darstellung der Bildsamkeitskurve, des Blähvermögens und
des Entgasungsverlaufs in Abhängigkeit von der Erhitzungstemperatur
erfolgt durch Auftragen der Meßwerte auf graphischem Wege. Daneben
ist es häufig zweckmäßig, den Verlauf der Plastizitätsentwicklung durch
die Aufstellung der $\frac{d_p}{d_t}$ -Kurve, d. h. der Zunahme der Plastizität je Zeiteinheit zu kennzeichnen.

Die Meßergebnisse für eine Kokskohle sind in der Abb. 67 dargestellt. Die ausgezogene Kurve stellt die Bildsamkeit, die gestrichelte Kurve den Blähgrad und die strichpunktierte Kurve den gewichtsmäßigen Entgasungsverlauf dar. Im einzelnen ist zu der Bildsamkeitskurve noch folgendes zu bemerken. Der Übergang der Kohle in den plastischen Zustand (Erweichungsbeginn) wird sehr genau erfaßt, dieser Punkt deckt sich ferner genau mit dem Beginn des Blähens. Der Wiedererstarrungspunkt (Schwelkokspunkt) fällt jedoch nicht mit dem Höchstwert der Bildsamkeitskurve zusammen, er liegt vielmehr auf dem ab-

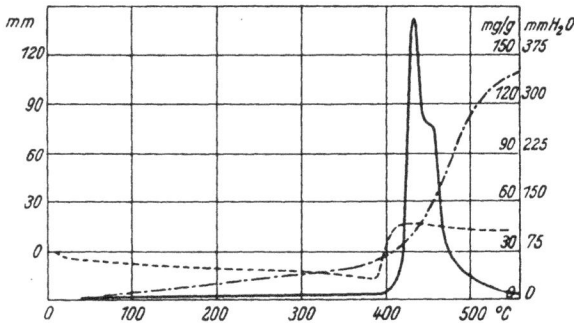

Abb. 67. Erweichungsverhalten, Blähgrad und gewichtsmäßiger Entgasungsverlauf einer Kokskohle.

fallenden Kurvenast. Der in diesem letzteren Teil erkennbare Knick deutet auf ein Nachschmelzen weiterer Bitumenanteile der Kohle mit einem höheren Zersetzungspunkt hin, eine Erscheinung, die vor allem für Saargaskohlen sehr charakteristisch ist und bei den letzteren häufig sogar zu einem nochmaligen Ansteigen der Bildsamkeitskurve führt. Wenn die Kurve sich daraufhin wieder der Nullinie nähert (Kokspunkt), haben sich die Poren des zunächst gebildeten Schwelkokses infolge des Beginns der Nachentgasung wieder geöffnet.

Der Druckwiderstand der Bildsamkeitskurve von gut backenden Gas- und Kokskohlen liegt bei rd. 300 bis 1200 mm WS, ein höherer Druckwiderstand ergibt sich bei treibenden Kokskohlen (bis 3000 mm WS); Druckwiderstände von weniger als 300 mm WS weisen auf ungenügendes Schmelzverhalten hin, das entweder auf einer zu starken Depolymerisation und Abdestillation des Kohlebitumens unterhalb des Erweichungsbeginns (Gasflammkohlen), auf einem zu geringen Bitumengehalt (Magerkohlen) oder auf einer Alterung von Backkohlen durch Verwitterung beruht. Bemerkenswert für die Anwendung des Verfahrens ist die gute Übereinstimmung der Meßwerte bei Vergleichsversuchen. Das Verfahren dient im wesentlichen für wissenschaftliche Untersuchungen. So konnte hierbei nachgewiesen werden, daß bei der

Verkokung von Kohlengemischen die Bitumina der Einzelkohlen nicht
unabhängig nebeneinander erweichen, sondern ein Mischbitumen von
völlig andersartigem Erweichungsverlauf ergeben. Ebenso hat es seine
Brauchbarkeit erwiesen bei der Prüfung lagernder Kohlen auf deren
Neigung zur Verwitterung, die vor allem zu einer geringeren Festigkeit und anteilmäßig größeren Kleinstückigkeit des Kokses führt.

d) Sonstige Meßverfahren.

Das Penetrometerverfahren[1]) zur Ermittlung des Erweichungsbeginns und der Breite der Erweichungszone beruht darauf, daß eine
Nadel auf einen Kohlepreßling aufgesetzt wird. Die Temperatur, bei der
die Nadel einzusinken beginnt, ergibt den Erweichungsbeginn; die Temperatur, bei der die Bewegung der Nadel zum Stillstand gelangt, entspricht dem Wiederverfestigungspunkt. Im einzelnen senkt sich zunächst die Nadel infolge des Eindringens in die Kohlenprobe, bei blähen-
den Kohlen wirkt daraufhin die emporsteigende Kohleoberfläche einem
weiteren Einsinken der Nadel entgegen und drückt diese schließlich sogar mit der Kohle hoch. In jedem Fall gibt erst der endgültige Stillstand der Nadel den Wiederverfestigungspunkt an.

Bei weiteren Verfahren soll unmittelbar die Viskosität der erweichten
Kohle ermittelt werden. So wird in dem Plastometer[2]) der Torsions-
widerstand eines mit Schaufeln versehenen Stiftes, der sich in der
rotierenden Kohleschicht befindet, bei dem Gerät von K. Gieseler[3]) der
mechanische Widerstand einer mit rhombischen Rührarmen versehenen,
in der Kohlefüllung eines Zylinders angeordneten Welle gemessen.

Bei einem von W. Schroth[4]) vorgeschlagenen Verfahren, über dessen
Brauchbarkeit keine näheren Mitteilungen erfolgt sind, wird zur Ermittlung des Erweichungszustandes der Kohle ein Rührer hindurch-
gedreht, wobei die Stromaufnahme des Antriebsmotors als Maß für die
Zähigkeit angenommen wird.

Ein neuartiges Versuchsgerät zur Messung des Fließvermögens von
Backkohlen im Erweichungszustand hat schließlich H. Macura[5]) mit-
geteilt, wobei die Viskosität der erweichten Kohle im absoluten Maß-
system erhalten werden soll. Eine weitergehende Erprobung dieses Verfahrens, das vor allem für wissenschaftliche Untersuchungen erhebliche
Bedeutung erlangen dürfte, steht jedoch noch aus.

---

[1]) G. Agde u. L. von Lyncker, Brennstoffchem. **10** (1929), S. 86; vgl. ferner
F. Schimmel, Brennstoffchemie **10** (1929), S. 319; K. Gieseler, Glückauf **68**
(1932), S. 1102.
[2]) J. D. Davis, F. W. Jung, B. Juettner u. D. A. Wallace, Ind. Engng.
Chem. **25** (1933), S. 1269.
[3]) Glückauf **70** (1934), S. 178.
[4]) Angew. Chem. **49** (1936), S. 567.
[5]) Öl u. Kohle **14** (1938), S. 1097; **15** (1939), S. 1; **36** (1940), S. 117, 161; **37**
(1941), S. 727.

6. Entgasungsverlauf.

Im Zusammenhang mit dem Erweichungsverhalten wird häufig der Entgasungsverlauf im Temperaturgebiet bis 500° bestimmt. Seine Ermittlung erfolgt zumeist gewichtsmäßig, seltener volumenmäßig, da im letzteren Fall der abgespaltene Schwelteer und das Zersetzungswasser nicht mit erfaßt werden.

P. Damm[1]) hat den Entgasungsverlauf in drei Abschnitte unterteilt. Er hat unterschieden zwischen der Vorentgasung bis 25° C unterhalb des Erweichungsbeginns und der nachfolgenden Hauptentgasung in dem anschließenden Bereich von 50° Temperatursteigerung, worauf sich die Nachentgasung anschließt. Bis zu diesen Entgasungsabschnitten wird jeweils der Gewichtsverlust einer Brennstoffprobe ermittelt, so daß daraufhin für die einzelnen Entgasungsbereiche die gewichtsmäßige Entgasung berechnet werden kann.

Genauer wird als Vorentgasungsabschnitt die Entgasung bis zu dem z. B. nach dem Foxwellverfahren bestimmten Erweichungsbeginn und als Hauptentgasungsabschnitt der Temperaturbereich zwischen Erweichungsbeginn und Wiederverfestigungspunkt angenommen, worauf sich die Nachentgasung anschließt.

Für die experimentelle Bestimmung des Entgasungsverlaufs wird nach einem Vorschlag von B. Hofmeister[2]) eine Kohlenprobe von 1 g in einem elektrisch beheizten Ofen mit einer festgelegten Anheizgeschwindigkeit von 3°/min erhitzt, wobei die Probe sich in einem kleinen Platintiegel befindet, der unterhalb der Schale einer analytischen Waage mittels eines Platindrahtes aufgehängt ist. Der Gewichtsverlust wird durch Verminderung der Gewichte auf der zweiten Schale der Waage laufend ermittelt. Auf eine selbsttätig arbeitende Ausführungsform dieses Verfahrens unter Verwendung einer Spezialwaage in unmittelbarer Verbindung mit der Bestimmung des Erweichungsverhaltens wird an anderer Stelle (vgl. S. 190) berichtet.

Backkohlen, die einen minderwertigen Koks ergeben, zeigen bereits vor dem Beginn des Erweichens eine stärkere Vorentgasung, so daß in diesen Fällen die Entgasung zweckmäßig in schmalen Kammeröfen mit verhältnismäßig hoher Verkokungsgeschwindigkeit durchgeführt wird, um die Vorentgasung möglichst weitgehend herabzusetzen. Eine besonders starke Entgasung in dem Erweichungsbereich deutet auf ein Blähen der Kohle hin; während der Nachentgasung führt sie zu Rissigkeit des gebildeten Schwelkokses. Bei gut verkokungsfähigen Kohlen soll die Entgasung möglichst gleichmäßig erfolgen.

---

[1]) Ztschr. Oberschl. Berg- u. Hüttenmänn. Ver. **66** (1927), S. 258; Glückauf **61** (1937), S. 1339.
[2]) Glückauf **68** (1932), S. 405.

7. Blähvermögen.

Bei dem Übergang backender Steinkohlen in den plastischen Zustand während der Verkokung im Temperaturgebiet von rd. 350 bis 450° beginnt gleichzeitig infolge von Zersetzungsreaktionen zwischen den einzelnen Kohlebestandteilen eine stärkere Abspaltung von Gasen und Dämpfen. Während bei den jungen, nicht backenden Steinkohlen das geschmolzene Bitumen nach einer Depolymerisation der Bitumenbildner sich sofort zersetzt, erfolgt bei den Backkohlen zunächst eine Solvatisierung der Mizellen unter Quellung, die dem Erweichen der Kohle vorausgeht.

Die in dem plastischen Zustand der Kohle durch Verdampfung, durch thermische Zersetzung einzelner Bestandteile oder durch Zersetzung miteinander reagierender Anteile freiwerdenden Gase und Dämpfe können nur insoweit entweichen, als sie an der Oberfläche der einzelnen Kohleteilchen entbunden werden. Die im Innern der letzteren entwickelten Gase bilden Blasen, die von der plastischen Masse zunächst umschlossen sind. Bei einem nur teilweisen Übergehen der Kohle in den erweichten Zustand gelingt es den eingeschlossenen Blasen noch zum größten Teil, zur Oberfläche der Kohleteilchen zu gelangen. Bei einem Teigigwerden der Kohle zu einer ziemlich niedrigviskosen Masse bleiben sie dagegen eingeschlossen, die Kohle bläht auf. Dieses Blähen kann bei starker Entgasung der Kohle während des plastischen Zustandes zu einer Volumenausdehnung auf das Mehrfache des Ausgangsvolumens führen. Voraussetzung hierfür ist jedoch, daß dem Blähen der Kohle kein äußerer Widerstand entgegensteht. Dadurch gelingt es den Gasblasen, sich einen Weg nach einer freien Oberfläche zu bahnen, ohne daß ein merklicher Druck auf die Umfassungswände ausgeübt wird. Dieses Blähen führt während der Verkokung im Kammerofen zu einer geringen Verdichtung des Einsatzes in der Mitte desselben, insbesondere bei einem stärkeren Schwinden des Kokses, ferner zu der Ausbildung einer schaumigen Teernaht von nur geringer Festigkeit und im Kopf des Ofens zu schaumigem Koks.

Das Verfahren zur Bestimmung des Blähgrades von backenden Steinkohlen wird allgemein ziemlich einheitlich durchgeführt. Der Blähgrad ergibt sich hierbei durch Vergleich des Volumens des gebildeten Kokses mit dem der Kohlenprobe bei freier Ausdehnungsmöglichkeit und wird als Verhältniszahl wie folgt ausgedrückt:

$$\text{Blähgrad in } \% = \frac{\text{Koksvolumen} \cdot 100}{\text{Kohlevolumen}} - 100.$$

Für die experimentelle Durchführung des Versuchs wird eine abgewogene Kohlenmenge in einem Ofen unter festgelegten Bedingungen verkokt und die Ausdehnung des sich bildenden Kokskuchens mittels

eines auf dem letzteren aufliegenden Stempels über eine Hebelübersetzung auf einer Schreibtrommel in Abhängigkeit von der Zeit und
damit von der Aufheiztemperatur aufgezeichnet. Dabei ist durch entsprechenden Gewichtsausgleich darauf zu achten, daß der Stempel einen
nur sehr geringen Druck auf die verkokende Kohleprobe ausübt.

Richtungweisend für die spätere Entwicklung derartiger Meßanord-
nungen wurde die von F. Korten[1] ausgebildete Versuchseinrichtung.
Diese besteht im wesentlichen aus einem dickwandigen Eisenzylinder,
der 100 g Kohle aufzunehmen vermag. Ein durchlochter, auf der Kohlefüllung ruhender Stempel überträgt die beim Erhitzen der Kohle durch
Volumenänderung auftretende Bewegung auf einen unbelasteten Hebel,
der mit einer Schreibvorrichtung versehen ist und es gestattet, in ver-
größertem Maßstab den Verlauf des Blähens in Abhängigkeit von der
Zeit und damit von der Anheiztemperatur aufzuzeichnen.

Eine zweite Ausführungsform des Verfahrens bei gleichzeitiger Bestimmung des Erweichungsverhaltens und des Entgasungsverlaufs ist
an anderer Stelle beschrieben (vgl. S. 189).

8. Treibdruck und Quelldruck.

a) Allgemeines.

Bei der Untersuchung der Eignung von backenden Steinkohlen für
die Verkokung kommt ihrem Treibverhalten eine besondere Bedeutung
zu. Als das Treiben wird der Druck bezeichnet, den eine in den Entgasungsraum eingesetzte Kohle auf die Kammerwandungen ausübt. Ein
geringes Treiben der Kohle, begleitet von einem genügenden Schwinden
des Kokses, ist vorteilhaft, da es infolge der leichten Pressung der Kohle
im Erweichungszustand zur Bildung eines dichteren Kokses führt[2].
Ein stärkeres Treiben, das zu Beschädigungen der Kammerwandungen
zu führen vermag, tritt zumeist nur bei älteren Kokskohlen mit einem
geringen Gehalt an flüchtigen Bestandteilen (18 bis 24%) auf, die an
sich während der Nachentgasung des Schwelkokses nur wenig schwinden,
so daß es schwierig ist, den Koks aus dem Entgasungsraum zu entfernen.
Besonders gefährlich für den Ofenbetrieb ist daneben ein vorübergehendes
Treiben in den ersten Garungsstunden. Dieses tritt dann auf, wenn
während des Fortschreitens der Entgasung der Kohle nach der Kammermitte hin der Treibdruck das Schwinden des bereits gebildeten Kokses
überschreitet und durch den Druck des harten und stückigen Kokses
die Kammerwände gefährdet werden. Wenn in diesem Fall der Koks
bei der folgenden Nachentgasung in so starkem Maße schwindet, daß
er ohne Mühe gestoßen werden kann, bleibt die Warnung durch den sog.
schweren Ofengang aus.

---

[1] Stahl u. Eisen **40** (1920), S. 1105; Glückauf **56** (1920), S. 652.
[2] P. Damm, Glückauf **64** (1928), S. 1105.

Die Ursache für das Treiben bildet nach H. Hock und E. Fritz[1]) der Druck der in der Teernaht abgespaltenen Gase. Nach einer von G. Agde und R. Hubertus[2]) entwickelten Theorie über die Grundlagen des Verkokungsvorganges liegen dem Treibdruck Quellungsvorgänge zugrunde, die bereits vor dem Erweichen auf einer Solvatisierung der durch das verflüssigte Bitumen beeinflußten Restkohle beruhen. Die letztere Auffassung wird durch Untersuchungen von K. Bunte und H. Imhof[3]) sowie von H. Brückner[4]) gestützt. Die Depolymerisation der Steinkohle, für die von dem letztgenannten Verfasser die Bezeichnung »Quelldruck« vorgeschlagen wurde, dürfte eine der wichtigsten Grundlagen für das Treiben einzelner, insbesondere älterer Kokskohlen bilden. Die Messung des Quelldruckes wird später eingehend behandelt werden.

Der Treibdruck einer Kohle im praktischen Entgasungsbetrieb stellt im Gegensatz zum Quelldruck nicht eine dieser eigentümliche und unveränderliche Größe dar, sondern er wird durch das Zusammenwirken verschiedener Einflüsse mitbestimmt. Als grundlegend haben zunächst der Quelldruck und der Plastizitätszustand der Kohle sowie das Schwinden des Kokses zu gelten. Deren Größen werden jedoch wiederum beeinflußt vom Schüttgewicht der Kohle, das vom Ofensystem und dem Wassergehalt der Kohle mitbestimmt wird, von der Anheizungsgeschwindigkeit der Kohle, die vor allem von der Kammerbreite der Entgasungsöfen abhängig ist und anderen Einflüssen des Entgasungsbetriebes.

Da bei den Laboratoriumsprüfverfahren eine Angleichung an die betrieblichen Verhältnisse nur in bedingtem Umfang möglich ist, geht das Bestreben zum Teil auch dahin, durch geeignete Versuchsanordnungen den Treibdruck unmittelbar im praktischen Betrieb zu messen.

b) Treibdruckmessung im Betrieb.

ᴀ) *Verfahren von H. Koppers und A. Jenkner.*

Da die laboratoriumsmäßigen Methoden zur Bestimmung des Treibdruckes nur Anhaltszahlen ergeben, haben H. Koppers und A. Jenkner[5]) erstmalig Messungen über das Treibverhalten im Betrieb selbst durchgeführt. Zu diesem Zweck dient in einer Großversuchsanlage eine Verkokungskammer von 4,5 m Höhe und 2 m Länge, deren Heizwände beweglich angeordnet sind. Der auf die eine der beiden Ofenwände ausgeübte Druck wird auf den Zylinder einer hydraulischen Meßvorrichtung

---

[1]) Glückauf 68 (1932), S. 1005; H. Hock, Gas- u. Wasserfach 84 (1941), S. 145; vgl. hierzu ferner W. A. Frey, Öl u. Kohle 37 (1941), S. 637.
[2]) Brennstoffchem. 17 (1936), S. 149.
[3]) Gas u. Wasserfach 82 (1939), S. 805.
[4]) Angew. Chem. 52 (1939), S. 671.
[5]) Glückauf 67 (1931), S. 353; DRP. 542046.

übertragen, die den Druck an einem Manometer unmittelbar in kg/cm² abzulesen gestattet.

Ein Vergleich der mittels dieses technischen Meßverfahrens erhaltenen Meßwerte mit denen im Laboratoriumsmaßstab ergab, daß die letzteren wesentlich zu hoch liegen, daß vielmehr bereits vorübergehende Drücke von 0,1 kg/cm² Beschädigungen der Kammerwandungen herbeiführen können. Ferner lassen die Messungen im Laboratorium das Treibverhalten nicht in so abgestuftem Maße für die einzelnen Kohlen erhalten, wie dies für den praktischen Betrieb wünschenswert ist.

β) Verfahren von F. Ulrich und F. Dubenhorst.

Für die betriebsmäßige unmittelbare Messung des Treibdruckes in Entgasungsöfen haben in Weiterführung des Vorschlages von H. Koppers und A. Jenkner (s. o.) F. Ulrich und F. Dubenhorst[1]) ein besonderes Gerät entwickelt. Dieses ermöglicht es, den während der Verkokung der Kohle im Ofen auftretenden Treibdruck und gleichzeitig den Temperaturverlauf in der Umgebung der Meßstelle über nahezu den gesamten Zeitabschnitt des Verkokungsvorganges messend zu verfolgen, zumindest aber bis zum Auftreten des Höchstdruckes, der etwa gegen Mitte der Garungszeit erreicht wird.

Als Meßgerät dient eine wassergekühlte Vorrichtung, bei der der Druck von einer beweglich gelagerten Druckplatte aufgenommen und durch ein mechanisches Getriebe auf eine Meßdose übertragen wird. Einzelheiten über die Bauart des Gerätes zeigt die Abb. 68. In ein aus hitzebeständigem Werkstoff hergestelltes und unten erweitertes Schutzrohr a, das gleichzeitig als Wassermantel dient, ist eine hydraulische Meßdose eingebaut. Diese besteht aus dem elastischen Federungskörper b, dem Manometer c und der beide Teile verbindenden Rohrleitung d. Alle Teile sind luftfrei mit einer Flüssigkeit gefüllt. Unter dem Federungskörper b ist in der Erweiterung des Schutzrohres a ein zweiarmiger Hebel e in f drehbar gelagert, der sich oben gegen den Federungskörper b stützt und unten eine runde Druckplatte g trägt. Diese ragt mit gringem Spiel in eine Öffnung der Rohrwandung. Ein von der treibenden

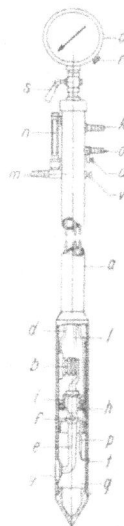

Abb. 68. Gerät zur Messung des Treibdruckes im Kammerofen nach F. Ulrich und F. Dubenhorst

Kohle auf die Druckplatte ausgeübter Druck wird also durch den Hebel e auf den Federungskörper b übertragen und von dem Manometer c angezeigt. Anstatt durch einen Hebel kann die Übertragung des Druckes von der Druckplatte auf den Federungskörper auch durch ein anderes geeignetes kinematisches Mittel, z. B. durch ein Zug- oder Druckorgan,

[1]) DRP. 692194; Hersteller Fa. Dreyer, Rosenkranz und Droop, Hannover.

erfolgen. Zwischen dem Federungskörper *b* und dem Lager *f* des Hebels *e* ist eine Scheidewand *h* vorgesehen, durch die der obere Arm des Hebels *e* unter Verwendung eines elastischen Dichtungskörpers *i* wasserdicht hindurchgeführt ist.

Das Kühlwasser wird durch den Schlauchnippel *k* und ein Rohr *l*, das bis zum Federungskörper *b* reicht, eingeführt und fließt durch den Nippel *m* ab. Der Zufluß des Wassers wird so geregelt, daß die Temperatur des abfließenden Wassers, die an dem Thermometer *n* abgelesen werden kann, während der Dauer der Untersuchung unverändert bleibt.

Während der Untersuchung und besonders am Ende der Garungszeit besteht die Gefahr, daß die verflüssigten Teile der Kohle durch den Spalt zwischen Druckplatte *g* und Rohrwandung in das Innere des Schutzrohres *a* eintreten und eine Verschmutzung des Übertragungsgetriebes hervorrufen, die dann zu Meßfehlern führen kann. Um dies zu verhindern, wird durch den Schlauchnippel *o* und Rohr *p* ein gleichmäßiger Strom von Stickstoff in den Raum *g* eingeführt, der durch den Spalt zwischen *g* und *a* entweicht und die flüssigen Teile zurückdrängt.

Der durch das ausströmende Gas auf die Druckplatte *g* ausgeübte Druck kann, ebenso wie der vom Kühlwasser auf den Federungskörper ausgeübte Druck zu kleinen Nullpunktsverlagerungen des Manometerzeigers führen. Zur Berichtigung ist eine durch den Knopf *r* zu bedienende Fehlerausgleichsvorrichtung vorgesehen. Durch den Abschlußhahn *s* kann die Verbindung zwischen Federungskörper und Manometer unterbrochen werden, um dieses auf dem Transport und beim Einbau in die Kokskammern vor Beschädigung durch Überdruck zu schützen.

Die Temperaturmessung erfolgt durch ein Eisen-Konstantan-Thermoelement, dessen Konstantandraht einerseits mit dem Schutzrohr *a* durch Schweißung verbunden ist und andererseits isoliert durch das Gaszuführungsrohr *p* zur Anschlußklemme *u* führt. Den anderen Pol bildet das Schutzrohr *a* mit der Anschlußklemme *v*. Die Klemmen *u* und *v* dienen zum Anschluß des Thermoelements an das Zeigergalvanometer.

Untersuchungen von F. Ulrich[1]) ergaben, daß mit diesem Gerät für jede Kohle der Treibdruck als eine eigentümliche Größe erhalten wird. Die Kenntnis dieser den Treibdruck kennzeichnenden Anhaltszahl berechtigt jedoch noch zu keiner Voraussage über das wirkliche Treibverhalten einer Kohle unter verschiedenen Betriebsbedingungen, wie sie im praktischen Betrieb vorliegen können (vgl. S. 196).

Bei Horizontalkammeröfen wird das Meßgerät durch die Ofentür in rd. 1,50 m Höhe über der Ofensohle so tief eingeführt, daß die Meßstelle sich ungefähr 1 m tief in der Kohle befindet. Die Druckplatte soll

---

[1]) Glückauf **75** (1939), S. 128.

parallel zu den Heizwänden stehen. Dabei ist zu beachten, daß sich die Meßstelle möglichst genau in der Kammermitte befindet, da sich andernfalls Abweichungen in dem zeitlichen Verlauf der Treibdruck-linien ergeben können. Ferner müssen die Messungen in gleichmäßig beheizten Kammern vorgenommen werden, um vergleichbare und über-einstimmende Werte zu erhalten. Unter Beobachtung dieser Einzel-heiten werden mit dem Meßgerät nach F. Ulrich Ergebnisse über den Treibverlauf der Kohlen erhalten, die für die Erfordernisse der Praxis durchaus ausreichend sind.

Einzelheiten über die Art des Kurvenverlaufs für vier verschiedene Kohlen zeigt die Abb. 69. Einen hohen Treibdruck weist die Kohle *a* auf, schwach treibend sind die Koh-len *b* und *c*, von denen nur die letz-tere genügend schwindet, keinen merklichen Treibdruck weist die Kohle *d* auf.

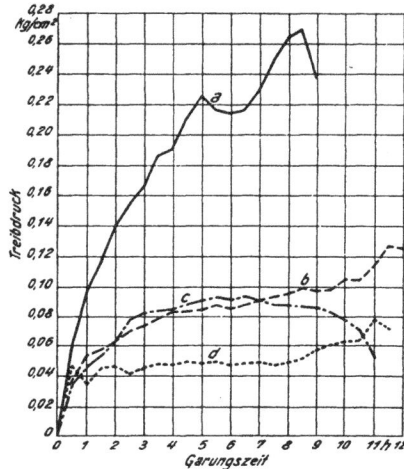
Abb. 69. Treibdrucklinien von vier verschie-denen Kokskohlen.

γ) *Waldenburger Muffelprobe.*

Zur behelfsmäßigen Prüfung von Kohlen auf ihr Treibverhalten genügt im allgemeinen die Durchführung der »Waldenburger Muffel-probe«, die von H. Krueger und Arnfeld[1]) erstmalig angewendet worden ist.

Für die Ausführung der Probe die-nen geschweißte Kästchen aus 1 mm starkem Schwarzblech, die bei 160 mm Länge und 45 mm Breite 135 mm hoch sind. In diese wird die Versuchskohle (Kör-nung 0 bis 10 mm) mit rd. 10% Wasser-gehalt gleichmäßig fest eingestampft. Das dabei einzuhaltende Schüttgewicht ist je nach der Art der Ausgangskohle etwas ver-schieden zu bemessen, bei Kohlen gleicher Art jedoch möglichst gleich zu wählen. Die so vorbereiteten Proben werden ent-weder in einem auf 900° durch Silitstäbe elektrisch (vgl. Abb. 70) oder mit Gas

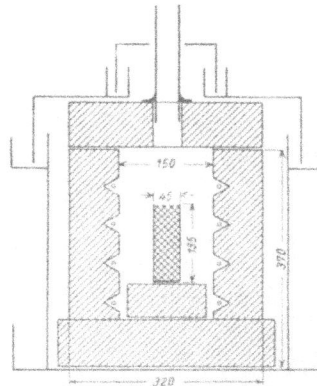
Abb. 70. Schnitt durch den Silitstab-ofen für die Waldenburger Muffelprobe.

¹) Vgl. B. Hofmeister, Glückauf **66** (1930), S. 325; vgl. ferner A. Thau, Gas- u. Wasserfach **83** (1940), S. 205.

I II III

I II III

Abb. 71. Muffelproben von stark treibenden Kokskohlen.

aufgeheizten Muffelofen oder durch Einstellen in einen Heizkanal der Gaserzeugungsanlage, in dem etwa die gleiche Temperatur herrscht, 1 h lang verkokt und daraufhin mit Wasser abgelöscht.

Die Beurteilung der verkokten Proben erfordert gewisse Erfahrungen, deren Aneignung jedoch nicht schwierig ist. Sie erfolgt nach der Art der Formänderung der Kästen und der Art der Ausfüllung des Kästchens durch den Koks. Dabei ist zu beachten, daß bereits das leere oder das mit Sand gefüllte Kästchen infolge von Spannungserscheinungen gewissen Formänderungen unterliegt.

Der Koksrückstand nichtbackender Kohlen weist eine sandige oder gesinterte Beschaffenheit auf, bei Backkohlen ist er dagegen durchgeschmolzen. Die Stärke des Treibdruckes ergibt sich aus der Größe der Ausbuchtung des Kästchens. So zeigt die Abb. 71 den Ausfall von drei Muffelproben stark treibender niederschlesischer Kokskohlen. Dabei ist noch folgendes zu beachten. Das Treiben der Kohlen (vgl. oben) kann entweder bleibend (linke Probe auf dem Bild) oder auch nur vorübergehend sein (rechte Probe auf dem Bild). Das erstere wird im Entgasungsbetrieb bereits an dem starken Hängenbleiben des Kokses erkannt. Wesentlich gefährlicher ist das vorübergehende Treiben, das ebenfalls zu einer Zerstörung der Kammerwandungen führt, worauf der Koks infolge genügenden Schwindens jedoch ohne Schwierigkeiten ausgestoßen werden kann.

Die Beurteilung der Muffelprobe läßt ferner noch weitere Feststellungen zu. So zeigt die Abb. 72 die Verkokungsergebnisse der Muffelproben von drei Ruhrkokskohlen. Der untere Bildteil zeigt deutlich, daß die Kohle I neben dem gefährlichen Treiben noch eine starke Neigung zum Blähen aufweist, der im Entgasungsbetrieb erwünscht ist. Die mittlere Kohle II mit ihrem niedrigen Gehalt an flüchtigen Bestandteilen und geringer Backfähigkeit treibt nur, ohne gleichzeitig zu blähen. Die Probe III bläht lediglich, ihr Treibdruck ist sehr gering.

Schließlich läßt bei einer längeren Dauer der Durchführung diese Probe noch weitere Schlüsse auf die zu erwartenden Kokseigenschaften zu, insbesondere über die Farbe des Kokses und seine Stükkigkeit.

Die Methode eignet sich ferner recht gut zur Prüfung des Einflusses des Schüttgewichtes sowie des Wassergehaltes einer Kohle auf den zu erwartenden Treibdruck und zur Feststellung des erforderlichen Mischungsverhältnisses stark treibender Kohlen mit jüngeren Gaskohlen, Gasflammkohlen oder Koksstaub zur Unschädlichmachung ihrer treibenden Eigenschaften.

c) Bestimmung des Treibdruckes durch Laboratoriumsverfahren.

Die Untersuchungsgeräte, die bisher für die laboratoriumsmäßige

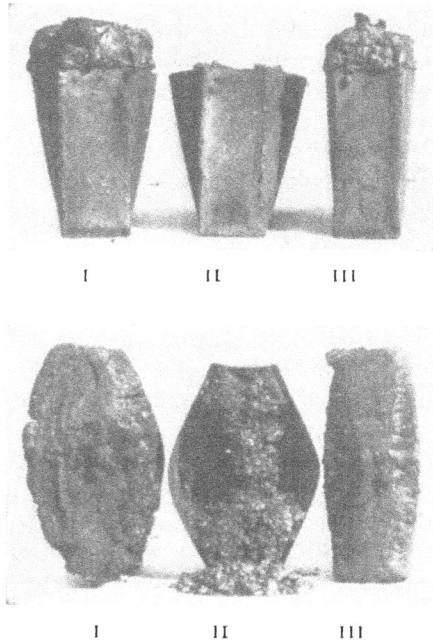

Abb. 72. Muffelproben von Steinkohlen mit verschiedenartigem Verkokungsverhalten.

Bestimmung der beim Erhitzen von backenden Steinkohlen auftretenden Drücke vorgeschlagen wurden, sind den Verhältnissen der Praxis möglichst angepaßt und die Versuchskohle wird dabei in einer verhältnismäßig dicken Schicht angewendet. Infolge der geringen Wärmeleitfähigkeit der Kohle bildet sich dadurch ein Temperaturgefälle aus, in dem sich die verschiedensten Einflüsse, insbesondere der Quelldruck der Kohle und das Schwinden des Schwelkokses überlagern.

Nach diesen Verfahren werden unter Einhaltung gleicher Versuchsbedingungen zahlenmäßige Anhaltswerte über den Treibdruck erhalten, die auf Grund von Erfahrungszahlen einen Hinweis über das Treibverhalten einer Kohle ergeben. Mit ihrer Hilfe ist es ferner möglich, die Veränderung des Treibdruckes einer Kohle durch Zumischung einer Gaskohle, von Koksgrus und anderen Magerungsmitteln, ferner die Abhängigkeit des Treibdruckes vom Wassergehalt, dem Schüttgewicht und anderen Verkokungsbedingungen zu erkennen. Die hierbei ermittelten Beziehungen haben jedoch keinen absoluten, sondern nur vergleichenden Wert. Ferner ist es auf diese Weise noch nicht möglich, den Zeitabschnitt des Garungsvorganges zu erkennen, in dem der Treibdruck in dem Kammerofen seinen Höchstwert erreicht.

Bei der erheblichen Anzahl verschiedener Meßverfahren[1]) zur Bestimmung des Treibdruckes ist es schwer zu beurteilen, welcher Versuchsanordnung der Vorzug zu geben ist, zumal diese zum Teil nur geringe grundsätzliche Unterschiede aufweisen. Auf diesem Gebiet von mindestens gleicher Bedeutung ist eine genaue Beherrschung des jeweiligen Meßverfahrens durch den Sachbearbeiter, damit vergleichbare Ergebnisse erzielt werden, worauf diese auf Grund entsprechend langer Erfahrungen mit großer Annäherung auf die Betriebsverhältnisse übertragen werden können.

∧) *Verfahren von F. Korten nebst Verbesserungsvorschlägen.*

Richtungweisend für die neueren Meßverfahren war das von F. Korten[2]) entwickelte Gerät zur Messung des Bläh- und Treibvermögens. Dieses besteht im wesentlichen aus einem dickwandigen Eisenzylinder mit einem Fassungsvermögen von 100 g Kohle. Ein mehrfach durchlochter, auf der Kohlenfüllung ruhender Stempel überträgt die beim Erhitzen der Kohle durch Volumenänderung auftretende Bewegung auf einen Hebel, der mit einer Aufschreibevorrichtung versehen ist und es ermöglicht, bei unbelastetem Hebel den Verlauf des Blähens, bei Belastung den des Treibens aufzuzeichnen.

Von P. Damm[3]) wurde das Belastungsgewicht durch eine Zugfeder ersetzt. Mit dieser wird durch entsprechendes Anspannen dem Treibdruck der Kohle entgegengewirkt und das Volumen der Kohle annähernd gleichgehalten. Da die Veränderung der Federkraft jedoch unveränderlich ist, sind mehrere Versuche erforderlich, bis der erforderliche höchste Gegendruck ermittelt worden ist. Das Schwinden des Kokses wird anschließend aus der Schichthöhe des gebildeten Kokses errechnet.

Eine weitere grundsätzliche Verbesserung dieses Gerätes wurde von B. Hofmeister[4]) angegeben. Dieser ergänzte den Dammschen Federkraftmesser durch eine Schraubenspindel. Auf diese Weise ist es möglich, während des Versuchs den Treibdruck laufend durch Erhöhung der Federkraft auszugleichen, so daß auf der Schreibtrommel die Nullinie ständig eingehalten wird. Nach Überschreitung des Höchstwertes des Treibdruckes muß die Zugfeder daraufhin wieder entlastet werden. Am Zugkraftmesser wird der Treibdruck unmittelbar in kg abgelesen und unter Berücksichtigung der Kohlenoberfläche und der Hebellänge in kg/cm² umgerechnet.

Von K. Baum und P. Heuser[5]) wurde vor allem die Beheizung des Gerätes verbessert. Ferner wurden die Belastungsfedern weiterhin ver-

[1]) Vgl. hierzu W. Gröbner, Feuerungstechn. **30** (1942), S. 4.
[2]) Stahl u. Eisen **40** (1920), S. 1105; Glückauf **56** (1920), S. 652.
[3]) Glückauf **64** (1928), S. 1073, 1105; Brennstoffchem. 9 (1928), S. 65.
[4]) Glückauf **66** (1930), S. 325, 365.
[5]) Glückauf **66** (1930), S. 1497, 1538.

stärkt. Ebenso wurde erstmalig die bereits von P. Damm (s. o.) aufgestellte Forderung, das Volumen der Kohle während des Versuchs wirklich gleichbleibend zu halten, mit verhältnismäßig einfachen Mitteln und mit befriedigender Genauigkeit verwirklicht, wenn das Gerät aufmerksam bedient und gewartet wird.

Die von K. Baum und P. Heuser (s. o.) entwickelte Ausführungsform der Versuchsanordnung[1]) ist in der Abb. 73 dargestellt. Sie entspricht im wesentlichen der Versuchsanordnung von P. Damm und von

Abb. 73. Gerät zur Treibdruckbestimmung nach K. Baum und P. Heuser.

B. Hofmeister. Durch geringe Abänderungen im inneren Aufbau des Ofens, der mit Silitstäben als Heizelementen ausgerüstet ist, wird erreicht, daß der Verkokungsfortschritt genau parallel zur Bodenfläche des Tiegels in der Bewegungsrichtung des Kolbens erfolgt, so daß der gesamte Druck gleichmäßig auf den Kolben wirkt. Der Tiegel hat einen Durchmesser von 60 mm und eine Höhe von 100 mm. Er wird nach Auskleidung mit einem Asbestmantel von 45 mm Höhe mit 80 g Kohle beschickt und diese mittels einer Stampfvorrichtung bis zu der dem gewünschten Raumgewicht entsprechenden Höhe verdichtet. Darauf wird eine Asbestscheibe aufgelegt, der überstehende Asbestmantel umgeschlagen und der Kolben eingesetzt. Der so vorbereitete Tiegel wird in den auf 400° vorgewärmten Ofen eingesetzt, die Spannvorrichtung angeschlossen und die Schreibfedern werden auf die Nullinie des Diagrammstreifens eingestellt. Da ferner die von B. Hofmeister gewählte Anordnung einer einzigen Belastungsfeder häufig bei stärker treibenden Kohlen nicht ausreicht, können nunmehr bis zu drei Federn eingesetzt werden, die auf den Tiegelquerschnitt insgesamt einen Druck von

---

[1]) Hergestellt von der Fa. Laboratoriumsbedarfsges. Dr. Reininghaus. Essen, Herkulesstr.

3 kg/cm² erreichen lassen. Eine wesentliche Vervollkommnung der Versuchsanordnung besteht darin, daß der jeweilige Treibdruck in kg/cm² in Verbindung mit der Null- bzw. Fehlerkurve auf einem Schreibgerät selbsttätig aufgezeichnet wird.

Die Beheizung des Ofens wird derart bemessen, daß unterhalb des Tiegelbodens möglichst schnell eine Temperatur von 950 bis 1000° erreicht wird, die über die gesamte Versuchsdauer von 3 h beibehalten wird. Bei Beobachtung des Schreibgerätes wird das Auftreten von Treibdruck sofort aus dem Ansteigen der Fehlerkurve über die Nullinie erkannt und durch Anspannung der Belastungsfedern die Kohle daraufhin so weit belastet, daß die Fehlerkurve wieder genau auf die Nullinie zurückgeht. Nach der Überschreitung des Höchstwertes hat die Fehlerkurve infolge des Schwindens des Kokses das Bestreben, unter die Nullinie abzusinken; die Belastung muß daher stufenweise vermindert werden, bis die Nullinie wieder erreicht ist. Für den Rest der Versuchszeit kann das Gerät sich selbst überlassen bleiben. Der Quotient aus Koks- und Kohlevolumen ergibt einen Anhaltswert über das Maß des Schwindens.

β) *Verfahren von K. Gieseler.*

Einen grundsätzlich neuen Weg bei der Entwicklung einer Meßeinrichtung für das Treibverhalten hat K. Gieseler[1]) beschritten. Zwecks möglichst weitgehender Angleichung der Laboratoriumsanordnung an die Betriebsverhältnisse wird eine Kohlenschicht von der Länge der halben oder ganzen Kammerbreite mit der der betrieblichen Verkokung gleichen Anheizgeschwindigkeit erhitzt, wodurch vor allem das Vor-

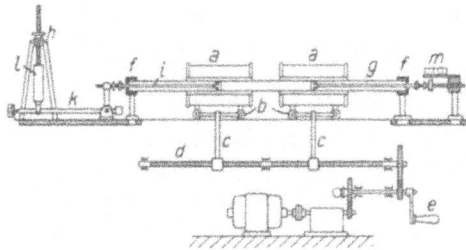

Abb. 74. Versuchsanordnung zur Bestimmung des Treibdruckes nach K. Gieseler.

rücken der plastischen Zone nachgeahmt wird. Gleichzeitig werden die an den beiden Enden der Kohlenschicht auftretenden Erscheinungen, wie die Ausdehnung, der Druck sowie die Schrumpfung messend verfolgt.

Das Gerät (Abb. 74) besteht aus einem 1300 mm langen kräftigen Unterbau, auf dem in der Mitte im Abstande von 120 mm zwei 650 mm lange Gleitschienen befestigt sind. Auf diesen Schienen sind zwei elek-

---

[1]) Glückauf 77 (1941). S. 309, 328; Bericht Nr. 83 des Kokereiausschusses des Ver. Dtsch. Eisenhüttenleute (1941).

trisch beheizte Rundöfen *a* waagerecht beweglich angeordnet, die auf je einem vierrädrigen Wagen *b* laufen. Die Wagen werden mit Hilfe von Wandermutter und Mitnehmer *c* von der Spindel *d* bewegt, die, mit Links- und Rechtsgewinde versehen, im Unterbau angebracht ist. Diese gutgelagerte Spindel kann mit der Handkurbel *e* und Zahnradübertragung nach beiden Richtungen und durch einen Motor (1400 Umdrehungen) mit veränderlicher Drehzahl und Vorgelege (1600:1) nach nur einer Richtung bewegt werden. Man kann so den Vorschub der Öfen von 10 bis 30 mm/h von den Seiten nach der Mitte zu mit dem Motor regeln und nach dem Ausklinken die Öfen mit der Kurbel wieder schnell auseinanderschieben. Außerhalb der beiden Öfen sind dann auf jeder Seite in Schlitzen verschieb- und feststellbar die Haltevorrichtungen *f* angebracht, in denen das genau 1000 mm lange Porzellanrohr *g* von 25 mm lichter Weite befestigt wird, nachdem es durch die Öfen geschoben worden ist. Auf einer Seite des Rohres befindet sich die Vorrichtung *h* zur Messung der an einer Kohlenseite auftretenden Drücke. Mit Hilfe des Quarzstempels *i* wird der Druck auf den rechtwinkligen ungleicharmigen Hebel *k* übertragen, der durch die Zugfeder *l* in seiner Ausgangslage gehalten werden kann. Dieser Teil der Einrichtung läßt sich auch durch die von H. Nedelmann[1]) empfohlene hydraulische Druckübertragung ersetzen. Die an einem kräftigen Gestell senkrecht angebrachte Zugfeder wird mit Spindel und Mutter jeweils von Hand angezogen. Die Zugfedern sind leicht auswechselbar, damit verschieden starke Federn während des Versuchs benutzt werden können. Die Hebelarme sind 230 und 85 mm lang. Auf der anderen Seite des Porzellanrohres befindet sich die verstellbare Mikrometerschraube *m*, mit der man die Längenänderung, ebenfalls durch einen Quarzstab übertragen, während der Verkokung genau verfolgen kann.

In das Porzellanrohr wird eine Schicht feuchter Kohle eingefüllt, deren größte Länge bis zu 330 mm betragen kann, so daß die Schicht genau mitten zwischen die auseinandergeschobenen Öfen paßt. Nach dem Einsetzen des Rohres und der Quarzstäbe sowie nach dem Anheizen der Öfen wird die Kohlenschicht zwischen den Öfen ständig mit feuchten Lappen gekühlt. Die Öfen werden an den Seiten mit passenden Asbestplatten vor Ausstrahlung geschützt, nach Erreichen einer bestimmten Temperatur von beiden Seiten aus in Gang gesetzt und beim Zusammentreffen angehalten, damit der Koks ausgaren kann. Die auftretenden Drücke gleicht man durch Anziehen der Zugfeder aus, so daß der Zeiger am Hebel in der Nullstellung verbleibt. Die Längenänderungen der Kohle-Koksschicht werden mit dem Mikrometer verfolgt. Die Zeit des Versuchs richtet sich nach der gewählten Länge der Kohlenschicht und dem Vorschub der Öfen.

---

[1]) Brennstoffchem. **12** (1931), S. 42.

Die Anheizgeschwindigkeit ist durch die Temperaturcharakteristik der Öfen und ihren Vorschub gegeben. Die von K. Gieseler verwendeten Öfen haben eine Länge von 26 cm mit einer lichten Rohrweite von 35 mm. Ihre Wicklung aus Chromnickeldraht ist so gelegt, daß der Temperaturabfall an den inneren Seiten nach der Mitte der Versuchsanordnung zu möglichst steil ist. Bei einem Vorschub der Öfen von 10 bis 20 mm/h liegen die Anheiz- und Verkokungsgeschwindigkeiten in dem Bereich, der auch bei der betrieblichen Verkokung eingehalten wird.

Das Einfüllen bzw. Einstampfen der Kohle in das Versuchsrohr muß zonenweise mit großer Sorgfalt vorgenommen werden, damit ein gleichmäßiges Raumgewicht erreicht wird. Bei dem Einsatz von betriebsmäßigen Körnungen (Feinkohle) ist folgendes zu beachten. Je gröber die Kohle ist, desto größer werden die Schwankungen der Ergebnisse, so daß es sich empfiehlt, nebenher Versuche mit einer Körnung unter 1 oder 0,5 mm durchzuführen. Die Kohlenschicht befindet sich in der Mitte des Porzellanrohres, das, mit dem Quarzstempel versehen, durch die kalten Öfen hindurchgeschoben wird. Erst nach dem Anheizen der Öfen spannt man das Rohr fest ein, und die Öfen werden an die außen bezeichneten Enden der Kohlenschicht geschoben. Dann kann der Versuch mit dem Vorschieben der Öfen beginnen, nachdem die Quarzstempel sorgfältig angelegt sind, die Druckmeßeinrichtung eingespielt und die Längenmeßeinrichtung so gestellt ist, daß Ausdehnung und Schrumpfung gemessen werden können. Der Druckstempel wird als feststehende Wand betrachtet und bei einer Schrumpfung nicht nachgestellt, es sei denn, man will absichtlich die beim Zusammentreffen der beiden plastischen Zonen auftretenden Drücke messen. Der Längenmaßstab wird entweder lose den Längenveränderungen der Schicht nachgeführt oder er bleibt feststehend und wird nur zeitweise zur Messung der Schrumpfung benutzt.

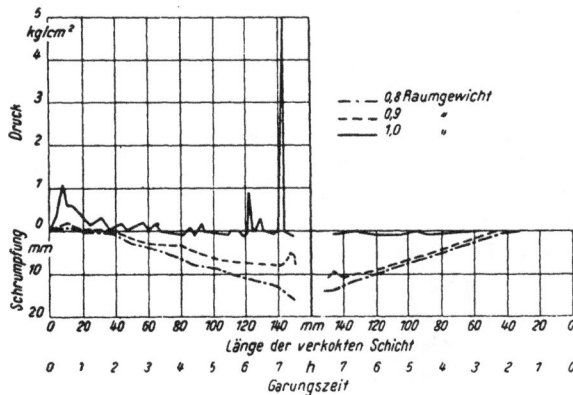

Abb. 75. Druck und Schrumpfung auf der Koksseite bei doppelseitiger Verkokung.

Die Versuchsergebnisse für eine Kokskohle mit einem Raumgewicht von 0,8, 0,9 und 1,0 kg/dm² zeigt die Abb. 75, die bei gleicher Körnung den Einfluß einer ansteigenden Verdichtung auf den Treibdruck erkennen läßt.

Mangels größerer Erfahrungen kann über die Bewährung dieser neuen Meßeinrichtung noch kein abschließendes Urteil abgegeben werden. Es ist jedoch zu erwarten, daß in Hinsicht auf die weitgehende Angleichung an die Betriebsverhältnisse nach diesem Verfahren wertvolle Aufschlüsse über das Treibverhalten der einzelnen Kohlen erhalten werden.

γ) Verfahren von H. R. Asbach.

Eine grundsätzliche Verbesserung der Korten-Dammschen Versuchsanordnung, die einen Abschluß dieser Entwicklung bedeuten dürfte, ist im Laboratorium der Fried. Krupp A. G. von H. R. Asbach[1] geschaffen worden. Hierbei wurde die bisher erforderliche Handbedienung der Versuchsanordnung sowohl für das Anheizen der Kohlenprobe als auch für das Einhalten eines gleichbleibenden Kohlevolumens durch selbsttätige Zusatzeinrichtungen ersetzt. Dadurch ergibt sich neben einem betriebssicheren Arbeiten gleichzeitig eine hohe Empfindlichkeit der Messungen.

Den Aufbau der Versuchsanordnung[2] zeigt die Abb. 76. In einen elektrisch beheizten Muffelofen 1 wird ein Verkokungstiegel 2 eingesetzt. Als Heizelement dient Widerstandsdraht, der bei einer Stromaufnahme von 4,5 A eine Temperatur von 1000° zu erreichen gestattet. Für den

Abb. 76. Selbsttätige Versuchseinrichtung zur Bestimmung des Treibdruckes nach H. R. Asbach (DRP. angem.).

[1] Techn. Mitt. Krupp, Forschungsber. 4 (1941), S. 162.
[2] Hersteller Fa. W. Feddeler, Essen.

Verkokungstiegel wurden die Maße der bisherigen Versuchsanordnungen beibehalten, damit diese Tiegel weiterhin verwendet werden können. Die Beschickung des Tiegels ist aus der Abb. 77 ersichtlich. Auf die durchlöcherte Bodenplatte *1* wird eine Asbestpapierscheibe *2* von 59 mm Dmr. und 0,45 mm Dicke gelegt. An diese anschließend wird der Tiegel mit einer Asbestpapiermanschette *3* von 0,3 mm Dicke, 192 mm Länge und 48 mm Höhe ausgekleidet. Nach Einfüllung der Versuchskohle (80 g lufttrockene Kohle mit einer Körnung unter 1 mm) wird der auf ein genaues Schüttgewicht eingestellte Kohlekuchen mit einer zentral und radial durchbohrten Asbestpapierscheibe *4* von gleichfalls 59 mm Dmr. und 0,45 mm Dicke abgedeckt. Die Asbestpapierscheibe muß ohne Ausübung eines Druckes auf die eingestellte Kohle aufgelegt werden, da sonst Veränderungen des Schüttgewichtes unvermeidbar sind. Über die letztgenannte Abschlußscheibe wird durch vorsichtiges Befeuchten mit einem weichen Pinsel die Papiermanschette *3* gebördelt. Den Abschluß des Ganzen bildet eine durchlöcherte, mit Gaskanälen versehene Platte aus Schieferasbest *5* von gleichfalls 59 mm Dmr. und 5 mm Dicke. Auf die letztere wird der Stempel *6*, der gleichfalls mit Abgaskanälen versehen ist, unmittelbar aufgesetzt. Auch bei diesem Vorgang ist vorsichtig zu verfahren, um das eingestellte Schüttgewicht durch einen

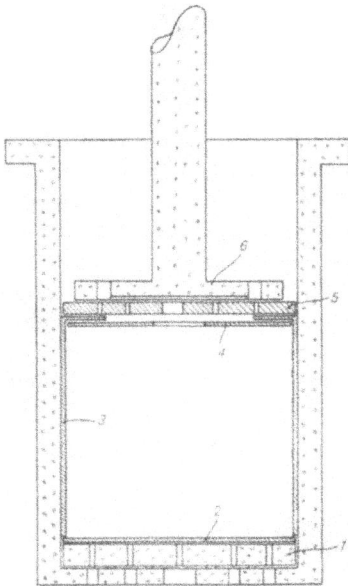

Abb. 77. Verkokungstiegel für die Treibdruckbestimmung nach H. R. Asbach.

zusätzlichen Druck auf die Kohle nicht zu verändern. Eine Verkleidung der Stempelachse mit Asbestplatten muß nach dem im vorhergehend Gesagten unbedingt vermieden werden, da diese Verkleidung völlig zwecklos ist und den freien Abzug der Gase beeinträchtigen würde.

Der auf dem Kohlekuchen von bekanntem Schüttgewicht (vgl. Abb. 76) ruhende Stempel *3* arbeitet auf den Hebel *4*, der in einem Kugellagergelenk *16* drehbar angeordnet ist. Die Hebelübersetzung ist so gewählt, daß einer Anspannung der Feder *5* um 1 kg ein Druck von genau 0,1 kg/cm² auf dem Kohlekuchen entspricht. Für die selbsttätige Steuerung trägt der Hebelarm *4* an seinem Ende eine Kontaktschiene *12*, die zwischen einstellbaren Kontaktspitzen *13* und *14* spielt. Die Entfernung der Kontaktplatte *12* von den Kontaktspitzen beträgt etwa 0,1 mm. Beginnt die in den Verkokungstiegel eingesetzte Kohle unter Einwirkung der Temperatur zu treiben, so übt sie einen Druck gegen den Stempel aus. Dieser Druck überträgt sich auf den Hebelarm *4*, wodurch die Kontaktplatte *12* mit dem Kontaktstift *13* in Berührung kommt. Hierdurch wird ein Hilfsstromkreis geschlossen, der zwei Relais zum Ansprechen bringt. Dadurch wird durch einen Motor *8* über ein Getriebe *7* die Zahnstange *6* so lange nach unten bewegt, bis die durch die Spannung der Feder erzeugte Kraft der von der Kohle auf den Stempel ausgeübten entgegengesetzt wirkenden Kraft das Gleichgewicht hält. Daraufhin wird der Hilfsstromkreis wieder unterbrochen und der Motor kommt zum Stillstand. Sobald der Treibdruck der eingesetzten Kohle infolge des Fortschreitens der Temperatursteigerung weiterhin ansteigt, wiederholt sich dies, bis der Höchstwert überschritten ist. Von diesem Zeitpunkt an kommt die Kontaktschiene *12* mit der Kontaktschiene *14*

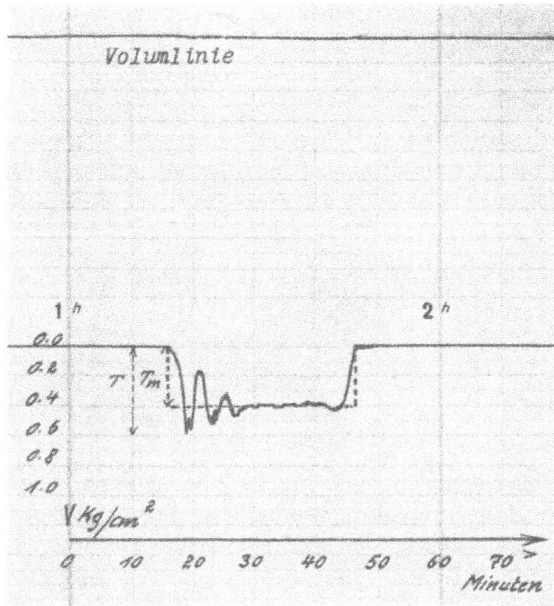

Abb. 78. Treibdruckkurve für eine Kokskohle und deren Auswertung zur Ermittlung des mittleren Treibdruckes.

in Berührung, wodurch ein zweiter Hilfsstromkreis geschlossen wird. Über weitere Relais erhält der Motor *8* nunmehr mit vertauschten Phasen Spannung, sodaß seine Drehrichtung sich umkehrt, die Zahnstange *6* über das Getriebe *7* nach oben bewegt und die Feder *5* so lange entspannt wird, bis wieder Gleichgewicht zwischen der Stempel- und der Feder- kraft hergestellt ist. Bei Beendigung des Treibvorganges hat gleichzeitig auch die Schreibfeder *9* ihre Ausgangsstellung wieder erreicht.

Zur Steigerung der Empfindlichkeit des Gerätes gegenüber den bis- herigen Ausführungsformen werden Präzisionsfedern verwendet, die so bemessen sind, daß jeder Meßbereich (0 bis 1,2 kg/cm², 0 bis 2,4 kg/cm², 0 bis 3,6 kg/cm²) nur von einer einzigen Feder bestrichen wird.

Für die genaue Einhaltung einer gleichbleibenden Verkokungsgeschwindigkeit dient ein Programmregler der Fa. Ruhstrat, Göttingen, der den zeitlichen Verlauf des Temperaturanstieges im Verkokungsofen über ein Thermoelement mittels eines vorgeschnittenen Programmstreifens steuert.

In der Abb. 78 ist als Beispiel die Treibdruckkurve einer Kokskohle wiedergegeben, wie sie mit der oben beschriebenen Versuchsanordnung erhalten wird. Daraus ist ersichtlich, daß die Angabe des höchsten Treibdruckes T dem gesamten Treibverhalten nur unvollkommen gerecht wird. An dessen Stelle[1]) wird der mittlere Treibdruck T_m eingeführt, dessen Größe aus der Zeitdauer des Treibens und dem Treibverlauf zusammengesetzt ist und durch mechanische Integration der Versuchskurve erhalten wird. Daneben ist noch die Zeitdauer des Treibens zu berücksichtigen.

Auf Grund zahlreicher Betriebserfahrungen haben die Verfasser folgende Bewertungsreihe für die Beurteilung einer Kohle hinsichtlich ihres mechanischen Verhaltens im Kammerofen aufgestellt:

Mittlerer Treibdruck T_m in kg/cm²	Bezeichnung	Verhalten in der Kammer
0 bis 0,3	schwach bis mittel treibend	ungefährlich
0,3 bis 0,5	stark treibend	je nach Zustand und Dimension der Kammern ungefährlich bis bedenklich
über 0,5	sehr stark treibend	gefährlich

Die im obigen besprochene Versuchseinrichtung ermöglicht es ferner, mittels eines Zusatzgerätes nach weiterer Steigerung der Kokstemperatur auf 900° und Abschaltung des Federkraftmessers das Schwinden des erhaltenen Kokses zu ermitteln.

Bei einem Vergleich der Versuchswerte mit den praktischen Betriebsergebnissen ergaben sich weitere wichtige Zusammenhänge. Es zeigte sich, daß je niedriger die Temperatur des Beginns des Treibens einer Kohle oder einer Kohlenmischung ist, um so günstiger ist die in Form der Ilseder Wertzahl (vgl. S. 43) ausgedrückte Beschaffenheit des Betriebskokses. Weiter wurde festgestellt, daß der in dem Versuchsgerät erzeugte Koks einen um so größeren Hohlraum (Lunker) aufweist, je hochwertiger der Koks in seiner Ilseder Wertzahl und seiner Trommelfestigkeit ist. Auf diese Weise ergibt sich die Möglichkeit, bei genügender

---

[1]) A. Adelsberger u. H. R. Asbach, Techn. Mitt. Krupp, Forschungsber. 4 (1941), S. 172.

Übung aus dem Treibverhalten die Ilseder Zahl mit einer Genauigkeit von ±5 Einheiten vorauszusagen.

d) Quelldruck.

Infolge von Depolymerisationserscheinungen findet im Temperaturbereich von rd. 150 bis 400°, d. h. unterhalb des Erweichungsbereiches, bei sämtlichen Backkohlen eine meßbare Volumenzunahme statt, die als Quelldruck (vgl. S. 196) eine der Ursachen für das Treibverhalten der Kohlen im praktischen Entgasungsbetrieb bilden dürfte. Dieses Quellen zeigen nicht nur die treibverdächtigen und treibenden, sondern sämtliche backenden Kohlen. Die Ermittlung des Quelldruckes hat daher zumindest wissenschaftliches Interesse, wenn auch seine Auswertungsmöglichkeit für den Betrieb noch offen steht.

Die für die Bestimmung des Quelldruckes von H. Imhof[1]) entwickelte Versuchsanordnung lehnt sich an die Geräte zur Treibdruckbestimmung an und ist in ihrem Aufbau in Abb. 79 dargestellt. Im Gegensatz zu

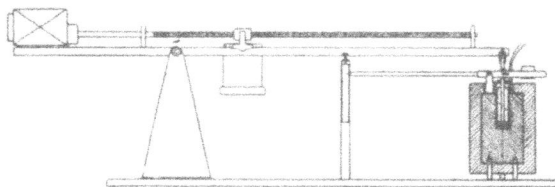

Abb. 79. Versuchsanordnung zur Bestimmung des Quelldruckes nach Backkohlen von H. Imhof.

den letzteren wird jedoch nur eine sehr dünne Kohleschicht verwendet, um die Vorgänge in den einzelnen Temperaturstufen ohne Überlagerung messen zu können.

Eine Stahlhülse, in welche die Kohle in einer Schichthöhe von etwa 8 mm eingetragen wird, hat einen Durchmesser von 35,7 mm, so daß ihre Grundfläche im Innern genau 10 cm² beträgt. Von der Kohle werden genau 5 g eingefüllt, durch längeres Klopfen zusammengerüttelt, ein Asbestplättchen wird aufgelegt und der für die Abführung der Gase und Dämpfe vielfach durchbohrte Kolben aufgesetzt. Dieser Kolben wird belastet durch einen Hebel, auf dem ein Laufgewicht durch einen Elektromotor mittels einer Schraubwelle verschoben werden kann; der Schwerpunkt des Laufgewichtes wird durch einen Zeiger auf dem Waagebalken angegeben. Mittels dieses Laufgewichtes wird während der Treibdruckversuche die auftretende Volumenvermehrung durch entsprechende Belastung verhindert. Um die einsetzende Volumenvermehrung der dünnen Schicht sehr genau beobachten zu können, ist ein zweiter Hebel angebracht, der die Bewegung des Stempels mit einer Übersetzung

---

[1]) Dissertation Karlsruhe 1939; Gas- u. Wasserfach **82** (1939), S. 805.

auf das Zehnfache auf einer in mm geteilten Skala anzeigt. Die Belastung
wird vermehrt oder vermindert, wenn der Zeiger auf der Skala eine
Abweichung von der Soll-Stellung um 0,25 mm aufweist, was einer
Veränderung der Schichtdicke der Kohle um 0,025 mm entspricht. Die
Soll-Stellung für jede Temperatur wird als Nullinie im Leerversuch ermittelt, um die durch Wärmeausdehnungen bedingten Zeigerbewegungen
auszuschalten.

Der Stahlzylinder wird in einen Kupferblock eingesetzt (hohe Wärmeleitfähigkeit, gleichmäßige Wärmeverteilung), der elektrisch beheizt
wird. Die Temperatur in der Mitte der Kohle weicht nach vielen Messungen äußersten Falles um 5⁰ von der Temperatur dieses Heizblockes ab.
In der Kohle selbst sind also die Temperaturunterschiede noch weit
geringer. Die Anheizgeschwindigkeit wurde zu 3⁰/min gewählt, die bei
der Entgasung im Kammerofen als durchschnittlicher Temperaturfort-
schritt in der erweichenden Kohle angenommen werden kann.

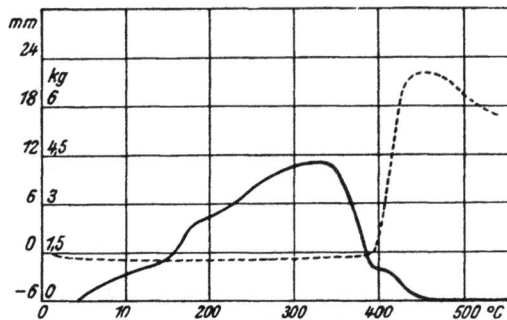

Abb. 80. Quelldruck und Blähgrad einer Backkohle.
———— Quelldruck   - - - - - Blähgrad

Bei diesen Untersuchungen hat sich die Feststellung ergeben, daß
bei allen backenden Kohlen im Temperaturbereich zwischen etwa 150
und 400⁰ mit einem Höchstwert bei etwa 250 bis 350⁰ eine starke Druck-
wirkung auftritt, die beim Erweichungsbeginn der Kohle auf Null zurückgeht.

Durch völlige Entlastung des Stempels, der auf der Kohle ruht, ist
es ferner möglich, mittels der gleichen Versuchsanordnung ohne weitere
Veränderungen das Blähen der Kohlen (vgl. S. 194) zu ermitteln. So
zeigt die vorstehende Abb. 80 nebeneinander den Verlauf des Quellens
und des Blähens einer jüngeren Kokskohle.

Inwieweit der Quelldruck mitbestimmend für das Treibverhalten
einer Backkohle ist, kann noch nicht endgültig beurteilt werden, da dieses
von weiteren Vorgängen, insbesondere von dem Druck der in der Erweichungszone abgespaltenen Gase und Dämpfe, von dem Grad der Er-

weichung der Kohle, von der Schwindung des gebildeten Kokses sowie von der Schüttdichte der eingesetzten Kohle mitbestimmt wird.

e) Blähkraftmessung nach H. Koppers und A. Jenkner.

In enger Beziehung zu den Geräten zur Treibdruckbestimmung steht eine von H. Koppers und A. Jenkner[1]) entwickelte Versuchseinrichtung. Bei der letzteren wird die Einsatzkohle während der Verkokung mit einem gleichbleibenden Gewicht von 1 kg/cm² belastet, so daß hierbei weder eine eigentliche Treibdruck- noch eine Blähgradmessung erfolgt. Die Versuchswerte stellen vielmehr eine Zwischenlösung dar, so daß das Gerät in Übereinstimmung mit einem Vorschlag von H. R. Asbach zweckmäßig als »Blähkraftmesser« bezeichnet werden kann.

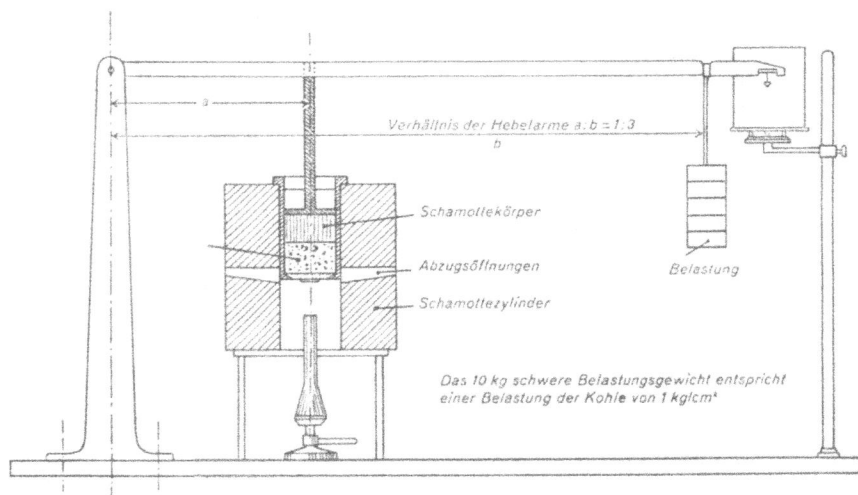

Abb. 81. Versuchseinrichtung für die Treibdruckbestimmung nach H. Koppers und A. Jenkner.

Der Aufbau der Versuchseinrichtung ist in der Abb. 81 grundsätzlich dargestellt.

In einen gasbeheizten Schamottehohlzylinder, der mit vier seitlichen Abzugsöffnungen für die Destillations- und Abgase ausgestattet ist, wird ein zylindrischer Stahltiegel von 115 mm Höhe und 60 mm lichter Weite eingesetzt. Der Stahlzylinder ist am Boden durch einen auswechselbaren durchlöcherten Boden abgeschlossen, auf den zwei ausgeschnittene Blatt Asbestpapier aufgelegt werden, um ein Durchfallen der eingesetzten Versuchskohle auszuschließen. Die Kohle wird nach oben und an den Seitenwandungen ebenfalls durch Asbestpapier abgedeckt und darauf eine kreisrunde Sillimanitplatte aufgelegt, die etwa 1 mm von der

---

[1]) Koppers Mitt. **12** (1930), S. 1; Glückauf **67** (1931), S. 353.

Tiegelwandung absteht. Auf dem Sillimanitkörper ruht ein Stahlstempel, beide sind zwecks Ableitung, der Destillationsgase mit vier
Rillen versehen. Die Stange des Stahlstempels trägt oben eine Rollen-
führung, in die der Hebelarm eingelegt wird, an den wiederum in einem
bestimmten Abstand ein Belastungsgewicht von 10 kg angehängt wird.
Am Ende des Hebelarmes befindet sich eine Schreibfeder, die auf einer
langsam umlaufenden Trommel mit Diagrammstreifen die Veränderung
der Höhe der Koksschicht während der Versuchsdauer aufzeichnet.

Für die Durchführung einer Bestimmung wird die Innenwandung
des Stahlzylinders mit Asbestpapier ausgekleidet, 80 g der auf < 1 mm
zerkleinerten Versuchskohle werden eingefüllt und eingerüttelt, bis die
Höhe der Kohleschicht genau 37 mm beträgt (Schüttgewicht 0,750 kg/l).
In besonders gelagerten Fällen kann die Schüttdichte auch auf einen
beliebigen anderen Wert eingestellt werden. Der aus der Kohle heraus-
ragende Rand der Asbestpapierauskleidung wird über die Kohle geschlagen, die Sillimanitplatte und schließlich der Stahlstempel eingesetzt,
der sich reibungslos in dem Stahltiegel bewegen lassen soll. Nach Auflegen des Hebelarmes wird nachgeprüft, daß die Abstände von seinem
Drehpunkt bis zum Auflagepunkt des Stempels und bis zum Aufhänge-
punkt des Belastungsgewichtes genau im Verhältnis 1:3 stehen, und daraufhin wird das Belastungsgewicht von 10 kg angehängt. Bei einem
Übersetzungsverhältnis von 1:3 beträgt der auf 1 cm² der Kohleoberfläche ausgeübte Druck genau 1 kg. Damit in Einzelfällen eine geringere
Belastung verwendet werden kann, ist das Gewicht in fünf gleiche
Einzelgewichte von 2 kg unterteilt.

Zur Beheizung des Ofens dient ein Teclubrenner, der Druck des
Gases soll 35 mm, sein Heizwert rd. 4200 kcal/Nm³ betragen, ferner
ist darauf zu achten, daß der Abstand zwischen der Brenneröffnung
und dem Tiegelboden 6 bis 7 cm, die freie Flammenhöhe etwa 22 cm
beträgt und die innere Kegelspitze der entleuchteten Flamme sich 1 cm
unterhalb des Tiegelbodens befindet. Der Stahltiegel soll im Schamottezylinder so ruhen, daß die Flamme nur gegen dessen Boden und nicht
gegen die Seitenwände schlägt. Ein Teil der Verbrennungsgase zieht
durch die vier seitlichen Abzugsöffnungen im Schamottezylinder, die
unterhalb des Tiegelbodens angebracht sind, ab, der restliche Anteil
streicht durch den zwischen Tiegelwand und Sillimanitkörper befindlichen freien Raum und gelangt durch die Rillen des Stahlstempels ins
Freie.

Die Schreibfeder des Hebelarmes auf dem Diagrammstreifen wird
auf die Nullinie eingestellt und der Gasdruck und die Flammenabmessun-
gen werden genau nachgeprüft. Die Versuchsdauer beträgt genau 4 h.

Die Veränderung der auf der Schreibtrommel aufgezeichneten
Kurve gegenüber der Nullinie gibt zunächst die Volumenveränderung
des Kohleeinsatzes bei einem festgelegten Gegendruck an, im weiteren

wird der Verlauf des Schwindens aufgezeichnet. Die Ergebnisse sind somit qualitativ, die Höhe des auftretenden Druckes kann nicht ermittelt werden. Andererseits ist es das erste Gerät, mit dem das Schwinden des Kokses selbsttätig aufgezeichnet wird. Wenn das letztere ausbleibt, besteht die große Wahrscheinlichkeit, daß eine stark treibende Kohle mit mangelndem Schwinden vorliegt, die neben der Treibdruckwirkung gleichzeitig zu einem schweren »Ofengang« führt.

Allgemein erfolgt die Beurteilung, ob Kohlen als treibverdächtig anzusprechen sind, mit Vergleichskurven, die auf Grund praktischer

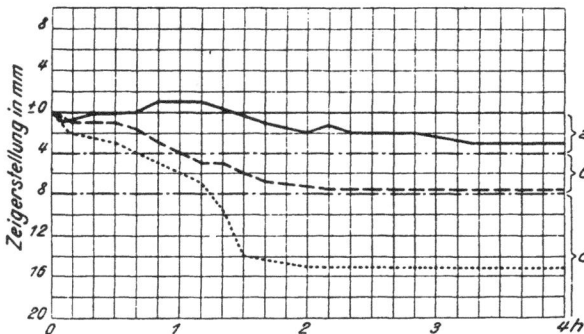

Abb. 82. Erfahrungswerte für die Beurteilung des Treibverhaltens nach dem Verfahren von H. Koppers und A. Jenkner.

Erfahrungen aufgestellt worden sind. Einzelheiten hierfür zeigt die Abb. 82. Kohlen, deren Blähkraftkurve über die Nullinie ansteigt, sind bei einem Auslaufen der Kurve im Bereich *a* in bezug auf ihr Treibverhalten als sehr gefährlich, im Bereich *b* als gefährlich, im Bereich *c* als vielleicht gefährlich (vorübergehend treibend) zu beurteilen. Kohlen, deren Kurven nicht über die Nullinie ansteigen, sind beim Auslaufen der Kurve im Bereich *a* als sehr gefährlich, im Bereich *b* als vielleicht gefährlich, im Bereich *c* als harmlos zu bezeichnen.

I. Verbrennungs- und vergasungstechnische Prüfverfahren.

1. Zündtemperatur von Kohle.

a) Allgemeines.

Die Zündtemperatur der Kohle hat Bedeutung für die Beurteilung ihrer Brenneigenschaften. Sie ergibt ferner Unterlagen über die Selbstentzündlichkeit der Kohlen bei ihrer Lagerung sowie darüber, ob eine Kohle in frisch gefördertem oder durch Lagern verwittertem Zustand vorliegt.

Vorweg muß darauf hingewiesen werden, daß es nicht möglich ist, eine Methode zur Bestimmung absoluter Werte für die Zündtemperatur von Kohle auszuarbeiten. Jede derselben wird vielmehr gerätlichen Einflüssen unterliegen. Als erste haben M. Dennstedt und R. Buenz[1]) Untersuchungen über das Zündverhalten von Steinkohlen durchgeführt, um Unterlagen für die Ermittlung der Neigung einer Kohle zur Selbstentzündung zu schaffen. Die Kohlen werden in einem mit Petroleum gefüllten Rückflußthermostaten bei Temperaturen von 135 und 150° auf ihr Verhalten gegenüber reinem Sauerstoff geprüft. Die Geschwindigkeit der Temperatursteigerung oder deren Ausbleiben ergeben einen Anhalt für die Neigung der Kohle zur Selbstentzündlichkeit. Nach dem Verhalten bei dieser Behandlung unterschieden diese Verfasser vier Gruppen von Kohlen:

1. Kohlen, die weder bei 135 noch bei 150° eine Temperaturerhöhung erfahren. Diese Kohlen können bei ihrer Lagerung als vollkommen sicher gelten.

2. Kohlen, die sich zwar denen von Gruppe 1 ähnlich verhalten, die aber Temperaturerhöhung zeigen oder gar zur Entzündung kommen können, wenn sie nach zweistündiger Behandlung bei 135° auf 150° erwärmt werden. Von Anfang an bei 150° behandelt, kommen diese Kohlen nicht zur Entzündung.

3. Kohlen, die bei 135 oder 150° nur geringe Temperaturzunahme zeigen, im lebhaften Sauerstoffstrom sich aber schließlich entzünden. Diese Kohlen sind für den Transport und die Lagerung bereits als gefährlich anzusehen.

4. Kohlen, die schon bei 135° wesentliche und schnelle Temperaturzunahme zeigen und dann meist in der ersten, sicher aber in der zweiten Stunde zur Entzündung kommen. Kohlen dieser Art sind als gefährlich anzusehen und sollten von der Lagerung ausgeschlossen werden.

Den neueren Methoden zur Bestimmung der Zündtemperatur nach D. J. W. Kreulen[2]) und H. Jentzsch[3]) liegt die Arbeitsweise zugrunde, eine Kohlenprobe bestimmter Körnung im Sauerstoffstrom so weit zu erhitzen, bis sie zur Verbrennung gelangt, wobei die Wärmeabgabe der zündenden Probe eine plötzliche Temperaturerhöhung bewirkt. Eine Nachprüfung dieser Verfahren im Gasinstitut durch K. Bunte, H. Brückner und W. Bender[4]) ergab, daß sie noch einzelne Mängel aufweisen, die bei der von den Verfassern entwickelten und im nachfolgenden beschriebenen Methode ausgeschlossen werden konnten.

---

[1]) Ztschr. f. angew. Chem. **23** (1908), S. 1825.
[2]) Brennstoffchem. **11** (1930), S. 261; **12** (1931), S. 107.
[3]) Ztschr. VDI **68** (1924), S. 1; **69** (1925), S. 1353.
[4]) Gas- u. Wasserfach **81** (1938), S. 178, 200, daselbst weitere Schrifttumsangaben.

b) Verfahren des Gasinstituts.

Das Verfahren beruht darauf, daß eine Probe der Kohle im Sauerstoffstrom unter genau festgelegten Bedingungen erhitzt wird, bis sie
von selbst zur Verbrennung gelangt. Das Reaktionsrohr (Abb. 83) besteht aus einem 200 mm langen Jenaer Glasrohr von 30 mm Dmr., das
im unteren Teil eine eingeschmolzene Glasfritte enthält. Unten ver-
engt sich das Glasrohr, um an ein Sauerstoffzuführungsrohr anzu-
schließen, das in sieben Windungen das
Reaktionsrohr nach oben umläuft. Die
Kohlenprobe wird auf die Fritte eingefüllt und gelangt auf ihr zur Entzündung,
wobei der Sauerstoffstrom von unten her
eintritt und die Kohle gleichmäßig durch-
strömt. Durch die spiralenförmige Führung der Sauerstoffeinleitung wird der
Sauerstoff auf die gegebene Versuchstem-
peratur vorgewärmt. Das Rohr ist oben
mit einem Gummistopfen abgeschlossen,
durch den ein Thermoelement sowie das
Gasableitungsrohr durchgeführt wird. Das
Gerät hängt in einem mit Kieselgur isolierten Thermostaten (vgl. Abb. 84), in
dem zur Wärmeübertragung dienendes
Trikresylphosphat mittels eines elektrischen Tauchsieders von ≈ 1000 W erhitzt
wird. Die elektrische Aufheizung gestattet
eine genaue Temperatursteigerung. Das
als Wärmeüberträger benutzte Trikresyl-

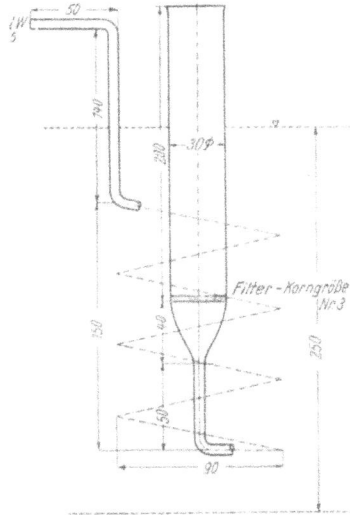

Abb. 83. Reaktionsrohr zur Bestimmung der Zündtemperatur von Kohle.

phosphat hat den Vorteil, daß es nicht brennbar und schwerer als
Wasser ist und einen hohen Siedepunkt von 426⁰ besitzt, jedoch auch
den Nachteil, daß es sich bei hohen Temperaturen allmählich langsam
zersetzt, Ölkohle bildet und Kresoldämpfe entwickelt, die durch eine
Wasserstrahlpumpe abgesaugt werden müssen.

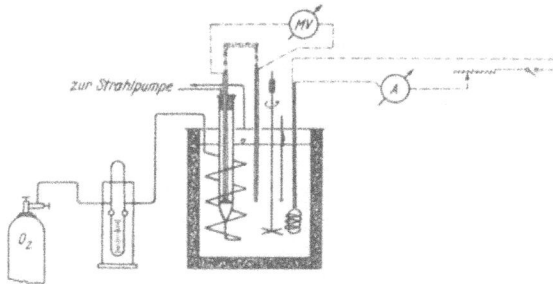

Abb. 84. Grundsätzliche Darstellung des Geräts zur Bestimmung der Zündtemperatur von Kohle.

Zur gleichmäßigen Wärmeübertragung wird das Bad mit einem Rührer in Strömung gebracht. Die Temperatur des Bades wird unmittelbar an einem in das Bad ragenden Quecksilberthermometer abgelesen. Als Meßgerät dient ein Differentialelement aus Silber-Konstantandraht mit je vier hintereinander geschalteten Lötstellen. Gemessen wird mit diesem Elementenpaar der Temperaturunterschied zwischen der Kohleprobe und dem Bad. Der Sauerstoff wird einer Stahlflasche mit Feinregulierventil entnommen und mittels eines Kapillar-Strömungsmessers auf eine bestimmte Versuchs-Strömungsgeschwindigkeit eingestellt.

Die Versuchswerte, die mittels dieser Einrichtung festgestellt werden, sind ausnahmslos genau wiederholbar. Die durchschnittliche Meßgenauigkeit liegt etwa bei $\pm 1^\circ$ C.

Im einzelnen gestaltet sich die Versuchsdurchführung wie folgt: 2 g der zu untersuchenden Kohle von der Korngröße $< 0,088$ mm, also eine Kohle, die vollständig durch das Prüfsieb Nr. 70 (4900 Maschen/ cm²) durchfällt, werden auf die Glasfritte eingefüllt und das Thermoelement eingesetzt, so daß die Lötstellen gerade in der Kohlenprobe verschwinden. Mit der Einführung des Elementes wird das Gerät durch den Gummistopfen abgeschlossen und gleichzeitig das Gegenelement in das Trikresylphosphatbad gebracht. Die Aufheizgeschwindigkeit beträgt bis zu einer Temperatur von rd. 100° 3° in der min. Erst nach Erreichen von 110° wird der Sauerstoffstrom auf eine Geschwindigkeit von 5 l je h eingestellt, um eine allzu große Voroxydation zu vermeiden. Oberhalb 140° wird die Badtemperatur nur noch um 1° je min gesteigert und jede volle Minute die Temperatur des Bades sowie der Galvanometerausschlag, d. h. der Temperaturunterschied zwischen Kohle und Bad abgelesen. Auf Grund dieser Werte wird die Zeit-Temperatur-Kurve der zu untersuchenden Kohle ermittelt. Wie beispielsweise die Abb. 85 zeigt, verläuft die Temperaturkurve A des Bades naturgemäß gleichförmig bei einer Aufheizgeschwindigkeit von 1° je min. Die Kurve B der Temperatur der Kohle liegt zunächst unterhalb der des Bades bis zu dem Kurvenschnittpunkt a, d. h. dem Punkt, in dem sich die Kohletemperaturkurve B mit der Badtemperatur A schneidet, der gleichzeitig den Zündpunkt der Kohle darstellt. Während dem Bad weiterhin gleichmäßig Wärme zugeführt wird bis zum Endpunkt b, entwickelt die Kohle vom Zündpunkt a an von selbst immer mehr Wärme, bis sie bald daraufhin unter Verpuffung zur Verbren-

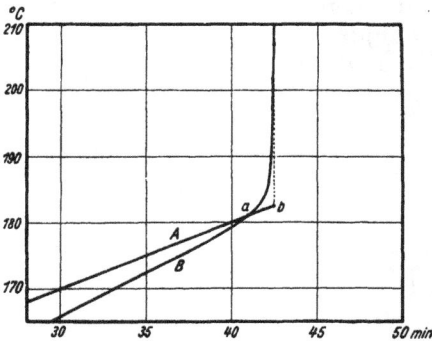

Abb. 85. Bestimmung der Zündtemperatur einer Kohle durch Aufnahme der Zeit-Temperaturkurve.

nung gelangt. Der Zeiger des Galvanometers wechselt während des Temperaturanstieges von der negativen zur positiven Seite und zeigt im Zündpunkt selbst keinen Ausschlag.

Während bisher als Zünd- oder Entzündungstemperatur die Temperatur betrachtet wurde, bei der die Kohle unter Flammerscheinung, zum mindesten aber unter starker Rauchentwicklung zur Verbrennung gelangt, wird durch das vorliegende Verfahren ein anderer etwas niedrigerer Temperaturpunkt als ausschlaggebend für die Zündung nachgewiesen, nämlich der, in dem die Kohletemperatur die des Bades überschreitet. Als Verpuffungstemperatur ist dann der Punkt festgelegt, bei dem die Kohle zu brennen beginnt oder verpufft, d. h. die Verbrennung schnell vonstatten geht.

Bei der Untersuchung zahlreicher Kohlen nach diesem Verfahren zeigte sich eindeutig eine nahezu gradlinige Abhängigkeit der Zünd- bzw. Verpuffungstemperatur vom Gehalt dieser Kohlen an flüchtigen Bestandteilen. Im einzelnen betragen die Zündtemperaturen von Braunkohlen etwa 150 bis 160°, von Gasflamm- und Gaskohlen rd. 170 bis 190°, von Kokskohlen 190 bis 210°, von Anthrazit mehr als 220°. Ferner liegen bei gealterten Kohlen die Zündtemperaturen wesentlich, d. h. um bis zu 10° höher als bei frischen Kohlen.

c) Verfahren von Moore und Wollers[1]).

Das Verfahren beruht darauf, daß Proben des feingepulverten Brennstoffs in Sauerstoff- oder Luftatmosphäre in ein auf ansteigende Temperaturen erhitztes Metallgefäß eingestäubt werden, bis die Brennstoffprobe im Verlauf von spätestens 1 min zur Zündung gelangt.

Das Untersuchungsgerät (vgl. Abb. 86) besteht aus einem elektrisch beheizten Stahlblock mit einer konusförmigen Bohrung, durch die vorgewärmter Sauerstoff oder Luft mit einer Geschwindigkeit von 200 cm³/min seitlich zugeleitet wird. Durch den Stahlblock bis in die Nähe der Konusspitze ist ferner eine Bohrung zur Aufnahme eines Thermometers eingeführt. Die Anheizgeschwindigkeit des Metallblockes soll 10°/min betragen. Nach Einstellen des Gasstromes werden etwa 0,1 g der auf <0,088 mm gepulverten Brennstoffprobe durch den Zündblockdeckel in den Konus eingestäubt und in einem darüber befindlichen Spiegel wird beobachtet, ob im

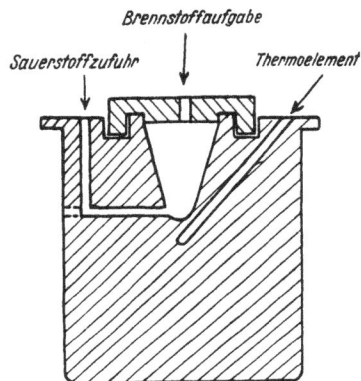

Abb. 86. Gerät zur Bestimmung der Zündtemperatur von festen Brennstoffen nach Moore und Wolters.

[1]) Techn. Mitt. Krupp 1920.

Verlauf einer Minute der Brennstoff aufglüht und verbrennt. Solange dies nicht erfolgt, wird die Brennstoffprobe mittels eines Gummiballes durch einen verstärkten Luftstrom wieder ausgeblåsen. Dies wird so lange fortgesetzt, bis der Zündpunkt erreicht ist, worauf sofort die Temperatur am Millivoltmeter abgelesen wird. Von der letzteren werden zum Ausgleich des Temperaturunterschiedes zwischen dem Metallblock und dem konischen Zündraum 10° C abgezogen. Von mindestens drei Vergleichsbestimmungen wird der Mittelwert als Zündpunkt des Brennstoffes angegeben, wobei zu vermerken ist, ob die Versuchsdurchführung in Luft oder in Sauerstoffatmosphäre erfolgt ist.

2. Zündtemperatur und Reaktionsfähigkeit von Koks.

a) Allgemeines.

Von den Verbrennungseigenschaften der entgasten Brennstoffe, insbesondere des Steinkohlenhochtemperaturkokses, sind neben dem Heizwert diejenigen von Bedeutung, die die Geschwindigkeit ihrer Umsetzung bei den Verbrennungs- und Vergasungsvorgängen bestimmen. Dies sind vor allem die Zündtemperatur (Zündpunkt) und der als Reaktionsfähigkeit bezeichnete Einfluß des Brennstoffs auf die Geschwindigkeit der Gleichgewichtseinstellung bei der Vergasung mit Luftsauerstoff, Kohlendioxyd oder Wasserdampf.

Die Zündung des Kokses setzt nicht als eine plötzliche Reaktion augenblicklich ein, sondern wie sämtliche Molekularreaktionen als eine Zeitreaktion allmählich. Als Zündtemperatur wird hierbei die Temperatur bezeichnet, bei der die positive Wärmetönung der Reaktion den gleichzeitigen Wärmeverlust durch Strahlung und Leitung zu übertreffen beginnt und dadurch eine weitere Temperaturerhöhung des Systems Koks—Gas bis zur lebhaften Verbrennung bewirkt. Naturgemäß ist diese Zündtemperatur gewissen versuchsbedingten Abhängigkeiten unterworfen. Unter genormten Arbeitsbedingungen werden jedoch vergleichbare Kennzahlen für die Brennstoffe erhalten.

Zündtemperatur und Reaktionsfähigkeit sind zunächst abhängig von Größe und Zugänglichkeit der den Reaktionsgasen dargebotenen Oberflächen und von der »Aktivität« der zugänglichen Kohlenstoffatome. Diese gleichartigen inneren Ursachen für die Zündtemperatur und Reaktionsfähigkeit des Kokses unterwerfen beide dem Einfluß der Ausgangskohlen und der Herstellungsbedingungen des betreffenden Kokses (Erhitzungsgeschwindigkeit und Entgasungstemperatur).

Die Aktivität des Kokses liegt in seiner Beschaffenheit, im wesentlichen des Kohlenstoffs und dessen »Graphitierungsgrad«, begründet, der mit steigender Verkokungstemperatur und Garungsdauer ansteigt.

Die Reaktionsfähigkeit des Kokses hat zudem ihre Ursache in seinem Feinbau. Dieser kennzeichnet sich nicht durch die Porosität als Verhältnis des wahren zum scheinbaren Raumgewicht, sondern durch das Verhältnis Oberfläche zu Masse. Dieses wird bestimmt durch die Art der Kohlenmischung, die Zähigkeit des erweichten Bitumens und die Geschwindigkeit der Gasentbindung; letztere unterliegt außerdem dem Einfluß der Verkokungsbedingungen.

Beeinflußt wird ferner namentlich die Reaktionsfähigkeit gegenüber Kohlendioxyd und Wasserdampf durch Mineralbestandteile, sofern diese in nahezu molekularer Verteilung als Störsubstanz im Kohlenstoffskelett eingelagert sind und katalytisch die Reaktion zu befördern oder zu verzögern vermögen.

Der erzielbare Umsetzungsgrad ist des weiteren von Arbeitsbedingungen abhängig, wie der Kokskörnung, der Strömungsgeschwindigkeit bzw. der Verweilzeit des Ausgangsgases in der Brennstoffschicht, der Reaktionstemperatur und der Gleichgewichtslage der Reaktion bei dieser Temperatur.

Gemeinsam ist der Verbrennung und der Vergasung mit Kohlendioxyd oder Wasserdampf, daß ein reaktionsfähiger Koks bei niedriger Temperatur zu gleicher Umsetzung in der Zeiteinheit führt wie ein träge reagierender erst bei höherer Temperatur.

Zur Bestimmung der Reaktionsfähigkeit sind zahlreiche Meßverfahren vorgeschlagen worden; aber keines hat sich bisher als Standardverfahren durchgesetzt. Auf die einzelnen Verfahren wird weiter unten näher eingegangen.

Die Gleichartigkeit der inneren Ursachen für die Reaktionsfähigkeit eines Brennstoffes gegen Sauerstoff (Zündtemperatur) und gegen Kohlendioxyd und Wasserdampf führte zu dem Vorschlag, die Zündtemperatur unmittelbar als Maßstab für die Reaktionsfähigkeit auch gegen Kohlendioxyd und Wasserdampf anzuwenden. Zusammenhänge zwischen diesen beiden Erscheinungen sind bereits mehrfach nachgewiesen worden[1]. Dies gilt zunächst für die verschiedenen Gruppen von Verkokungserzeugnissen, vom leichtentzündlichen Schwelkoks und der Holzkohle bis zum schwerentzündlichen Zechenkoks aus breiten Entgasungskammeröfen bei verhältnismäßig hohen Entgasungstemperaturen. Bei Temperaturen über 1000°[2] steigt jedoch die Reaktionsfähigkeit allgemein so stark an, daß bei 1500° und den praktisch in Frage kommenden Berührungszeiten das Generatorgas- und Wassergasgleichgewicht sich unabhängig von der Beschaffenheit des Kokses in jedem Fall nahezu vollständig einstellen. Bei den praktischen Feuerungs- und Vergasungstemperaturen sind dagegen zwischen der Zündtemperatur und der Reaktionsfähigkeit gegen

[1] K. Bunte und Mitarbeiter, Gas- u. Wasserfach 65 (1922), S. 593; 69 (1926), S 217; 73 (1930), S. 241; P. Schläpfer und A. Rösli, Monatsbull. Schweiz. Ver. Gas- u. Wasserfachm. 4 (1924), S. 201, 233, 289, 331; W. Melzer, Arch. f. Eisenhüttenwesen 6 (1932), S. 89.

[2] H. Broche u. H. Nedelmann, Stahl u. Eisen 53 (1933). S. 144.

Luft, Kohlendioxyd und Wasserdampf verschiedentlich erhebliche Unterschiede beobachtet worden. Dies hat seine Ursache vor allem darin, daß die Reaktionsfähigkeit nicht nur von der Beschaffenheit der eigentlichen Kokssubstanz, sondern daneben auch katalytisch von dem Aschegehalt des Kokses beeinflußt wird, wobei vor allem Eisenoxyd begünstigend auf die Einstellung des Generatorgas- und Wassergasgleichgewichtes einwirkt.

b) Bestimmung der Zündtemperatur.

Für die Bestimmung der Zündtemperatur sind im Schrifttum zahlreiche thermometrische, gasanalytische und optische Verfahren vorgeschlagen worden, von denen die thermometrischen die größte Bedeutung erlangt haben.

Bei dem Verfahren von K. Bunte und C. Windorfer[1]) dient als Reaktionsrohr ein Quarzglasrohr von 20 mm lichter Weite und 600 mm Länge, in das in der Mitte eine Quarzfritte eingeschmolzen ist (vgl. Abb. 87). Dicht unterhalb und oberhalb dieser Fritte befinden sich zwei Platin-Thermoelemente zur Bestimmung der Ofen- und Kokstemperatur. Das Reaktionsrohr wird in einem elektrischen Ofen mit einer Temperatursteigerung von 10°/min aufgeheizt. Ein Umschalter am Millivoltmeter gestattet es, die Temperaturen der beiden Thermoelemente abwechselnd abzulesen. Zum Einsatz gelangen 1 g der auf 0,5 bis 1 mm zerkleinerten Koksprobe, so daß die Schichthöhe rd. 6 mm beträgt und das obere Thermoelement in die Mitte der Probe hineinragt. Durch das Reaktionsrohr wird während des Versuchs Sauerstoff mit einer Strömungsgeschwindigkeit von 12 l/h durchgeleitet. Die gesamte Versuchsanordnung in grundsätzlicher Darstellung zeigt die Abb. 88.

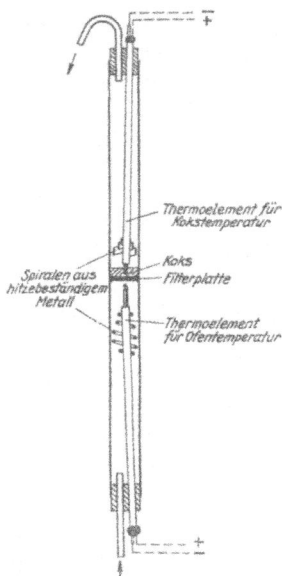

Abb. 87. Reaktionsrohr zur Zündtemperaturbestimmung nach K. Bunte und C. Windorfer.

Während des Anheizens bleibt die Temperatur des Kokses innerhalb der Meßfehlergrenzen zunächst gleich der Ofentemperatur bis zu einem Punkt, an dem sie sich langsam darüber erhebt, um kurz darauf einen Höchstwert in der Geschwindigkeit ihres Anstiegs zu erreichen. Der Zündvorgang verläuft nicht sprunghaft, sondern in einem allmählichen Anlauf. Die Zündtemperatur ergibt sich als der Schnittpunkt der Verlängerung des nahezu senkrechten Temperaturanstieges nach erfolgter Zündung auf die Gerade des Anstieges der Ofentemperatur (vgl. Abb. 89).

[1]) Gas- u. Wasserfach 78 (1935), S. 697.

Wenn bei einzelnen Proben vor dem eigentlichen Eintritt der Zündung ein allmähliches Abheben der Kokstemperatur über die Ofentemperatur festgestellt wird, so ist dies noch nicht als Zündvorgang zu werten. Diese Erscheinung beruht vielmehr auf einer heterogenen Zusammensetzung des Kokses, indem dieser einzelne Teilchen von niedrig-

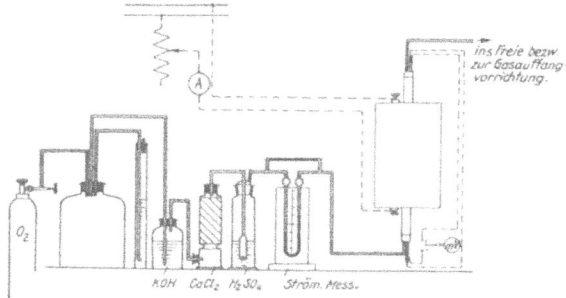

Abb. 88. Versuchsanordnung zur Bestimmung der Zündtemperatur nach K. Bunte und C. Windorfer.

erer Zündtemperatur, insbesondere von Faserkohle enthält, ohne daß diese Vorverbrennung den eigentlichen Zündvorgang zu bestimmen vermag.

Dieses von K. Bunte und C. Windorfer angegebene Prüfverfahren lehnt sich eng an die früher vorgeschlagenen Verfahren an, wobei jeweils die Vorteile der einzelnen derselben übernommen worden sind. So ist das thermometrische Verfahren dem gasometrischen vorzuziehen. Die Bildung von Kohlendioxyd, die durch Einleiten des Reaktionsgases in Barytlauge beobachtet wird, setzt infolge einer »stillen« Vorverbrennung bereits bei einer erheblich tieferen als der eigentlichen Zündtemperatur ein. Ebenso wird durch die Anwendung von zwei Thermoelementen das Meßverfahren erheblich verfeinert. Das gleiche gilt für die Anwendung von Sauerstoff an Stelle von Luft als Verbrennungsmedium, da bei der letzteren sich der Zündvorgang erheblich schleppender vollzieht, so daß sich für die Festlegung eines Temperaturpunktes größere Streuungen ergeben.

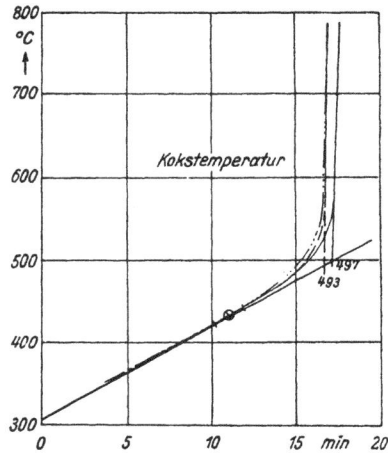

Abb. 89. Ermittlung der Zündtemperatur nach dem Verfahren von K. Bunte und C. Windorfer.

Die Zündtemperaturen der einzelnen entgasten Brennstoffe bei Verbrennung mit Sauerstoff liegen in folgenden Bereichen:

Holzkohle, weich . . . . 200 bis 250⁰
Holzkohle, hart . . . . 250 » 350⁰
Braunkohlen- und Steinkohlenschwelkoks . . . . 280 » 420⁰
Steinkohlenhochtemperaturkoks, reaktionsfähig . 450 » 550⁰
Steinkohlenhochtemperaturkoks, reaktionsträge . 520 » 650⁰
Graphit . . . . 700 » 750⁰.

Bei Verbrennung in Luft liegen diese Zündbereiche um etwa 30 bis 50⁰ höher.

c) Bestimmung der Reaktionsfähigkeit.

Als Reaktionsfähigkeit des Kokses im engeren Sinne wird seine Fähigkeit bezeichnet, bei der Vergasung Kohlendioxyd bzw. Wasserdampf nach den Reaktionsgleichungen

$$C + CO_2 \; \rightleftharpoons \; 2\,CO \quad bzw.$$
$$C + H_2O \; \rightleftharpoons \; CO + H_2$$

zu reduzieren. Laboratoriumsmäßig wird fast ausschließlich die erstere der beiden Reaktionen untersucht.

Die Geschwindigkeit der Reaktion

$$C + CO_2 = 2\,CO$$

ist

$$k = k_1 \cdot (CO_2) -- k_2 \cdot (CO)^2,$$

worin k_1 den Geschwindigkeitskoeffizienten in Richtung vom Kohlendioxyd zum Kohlenoxyd und k_2 den in der umgekehrten Richtung darstellt und (CO_2) und (CO) die Konzentration dieser Gase bedeutet. k nimmt mit zunehmender Konzentration des Kohlenoxyds ab. Deshalb erzeugt ein Koks, der an sich doppelt so reaktionsfähig ist wie ein beliebiger zweiter, bei der gleichen Strömungsgeschwindigkeit weniger als die doppelte Kohlenoxydmenge; der Vergleich verschiedener Kokse bei gleicher Berührungsdauer zeigt einen zahlenmäßig unterdrückten Maßstab. Vergleicht man hingegen bei gleicher Endgaszusammensetzung, so liefert ein Koks, dessen Oberfläche doppelt so reaktionsfähig ist, zweimal soviel Endgas der gleichen Beschaffenheit.

Für die Gestaltung des Verfahrens der Messung der Reaktionsfähigkeit[1] können folgende Vorbilder unterschieden werden:

gewichtsanalytische und gasanalytische Verfahren,
Verfahren mit fortlaufender und solche mit einmaliger Messung,
Verfahren, die bei gleichbleibender, und solche, die bei abschnittsweise geänderter Temperatur durchgeführt werden.

Ferner ergeben sich Unterschiede in der Körnung des Brennstoffs.

---

[1] Zusammenfassung des Schrifttums: G. Agde u. H. Schmitt, Kohle, Koks, Teer, Bd. 18, Knapp, Halle 1928; K. Bunte u. C. Windorfer, Gas- u. Wasserfach **78** (1935), S. 722.

Nach einer eingehenden Prüfung sämtlicher dieser Einflußgrößen hat C. Windorfer nach einem Vorschlag des Verfassers die Durchführung des Verfahrens wie folgt vorgeschlagen (vgl. Abb. 90), das sich weitgehend an das von H. Koppers[1]) anschließt, diesem gegenüber jedoch mehrere Vorteile aufweist.

Kohlendioxyd wird aus einer Stahlflasche *a* mit einem zur Vermeidung von Schneebildung elektrisch heizbaren Reduzierventil in den Windkessel *b* eingelassen. Der Druck hierin wird gleichbleibend gehalten, indem stets ein geringer Überschuß von Kohlendioxyd durch das Über-

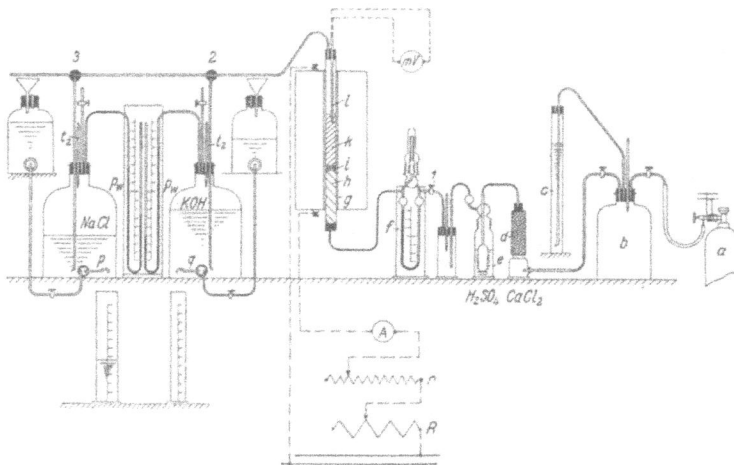

Abb. 90. Versuchsanordnung zur Bestimmung der Reaktionsfähigkeit nach C. Windorfer.

druckventil *c* entweicht. Vom Windkessel gelangt das Kohlendioxyd durch die Trocknungseinrichtungen *d*, *e* und den Regulierhahn *1* zum Strömungsmesser *f*, dessen Kapillare auswechselbar[2]) ist, und von hier ins Reaktionsrohr *g* aus Quarzglas. Hier wärmt das Gas sich zwischen den Schamottekörnern *h* vor und gelangt durch den Asbestpropfen *i* zur Probe *k*, die aus 34 cm³ Koks der Körnung 0,5 bis 1 mm besteht. Ein gegen Zutritt der Reaktionsgase geschütztes Thermoelement *l* aus Platin-Platinrhodium gestattet es, am Millivoltmeter mV die Temperatur der Probe abzulesen, die mit Hilfe der Widerstände *R* und *r* im Ofenheizstromkreis und des Ampèremeters *A* auf ± 2° gleichbleibend gehalten werden kann. Die aus dem Reaktionsrohr entweichenden Abgase können mit Hilfe der Dreiweghähne *2* und *3* in einer der mit Kalilauge bzw. gesättigter Kochsalzlösung gefüllten Meßflaschen über Kali-

---

[1]) Koppers-Mitteilungen 1923, S. 37.
[2]) Hersteller Fa. W. Feddeler, Essen.

lauge 1:3 oder gesättigter Kochsalzlösung aufgefangen oder auch ins Freie gelassen werden.

Der Ofen wird auf 950° vorgeheizt, das mit der Probe beschickte Reaktionsrohr eingebracht und mit den Schlauchanschlüssen verbunden. Nach etwa 12 min beträgt die Temperatur der Probe 950° und wird so gehalten. Zur Ausspülung der im kalten Zustand vom Koks adsorbierten, nun noch im Rohr befindlichen Gase und der Luft wird 10 min lang Kohlendioxyd mit einer Geschwindigkeit von 180 cm³/min übergeleitet. Die Abgase entweichen dabei ins Freie. Dann wird durch Umstellen des Hahnes *3* das Einleiten in der Meßflasche »NaCl« begonnen und anschließend in den beiden Meßflaschen durch Umstellen des Hahnes *2* in festgelegten Zeitabschnitten gewechselt, während die Strömungsgeschwindigkeit gleichmäßig gehalten wird. Die Gleichheit der Strömungsgeschwindigkeit für die Aufsammlungen in beiden Flaschen wird durch Heben und Senken der Ausläufe *p* und *q* erreicht, während für die Einstellung der Hahn *1* dient. Nach jedem Auffangen der Gasprobe sind die ausgelaufene Flüssigkeitsmenge sowie Druck und Temperatur des Gases in der Meßflasche festzustellen.

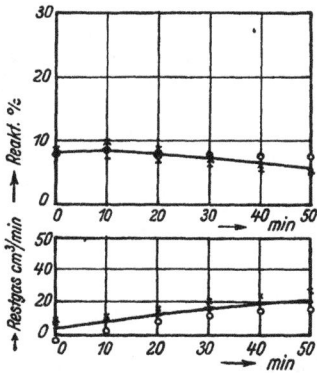

Abb. 91. Veränderung der Reaktionsfähigkeit während der Versuchsdauer.

Die gesamte Versuchsdauer nach dem Aufheizen des Reaktionsrohres beträgt etwa 60 min. Eine nur einmalige Messung der Gasmengen oder des Verhältnisses Kohlenoxyd zu Kohlendioxyd genügt nicht, weil die Reaktionsfähigkeit sich mit dem Fortschritt der Vergasung innerhalb gewisser Grenzen verändert, wie dies das Beispiel in der Abb. 91 zeigt.

Nach Einstellen des Kohlendioxydstromes auf 180 m³/min wird zunächst 10 min gewartet, worauf in Abständen von je 5 min nacheinander abwechselnd je fünfmal die gesamte erzeugte Gasmenge in der NaCl-Meßflasche und die Menge an Kohlenoxyd + Restgas in der KOH-Meßflasche ermittelt werden. Von diesen Einzelablesungen werden die Mittelwerte gebildet und der nachfolgenden Rechnung zugrunde gelegt.

Der Unterschied der über der Kochsalzlösung und der über der Kalilauge erhaltenen Gasmengen stellt die von der Kalilauge absorbierte Kohlendioxydmenge, also diejenige Menge dar, die bei der Reaktion unverändert blieb. Wird diese von der im gleichen Zeitabschnitt zugeleiteten, im Strömungsmesser gemessenen Kohlendioxydmenge abgezogen, so ist der Unterschied diejenige Menge, die durch Vergasung von Kokskohlenstoff zu Kohlenoxyd umgewandelt wurde und die, mit 2 multipliziert, die daraus gewonnene Kohlenoxydmenge darstellt, im folgenden der Kürze halber Vergasungskohlenoxyd oder $(CO)_v$ genannt. Sie ist nicht gleich der aufgefangenen Gasmenge ΔQ_{KOH} in der Kalilaugeflasche; der Unterschied

$$\Delta Q_{KOH} - (CO)_v = \text{Rest}$$

ist das Restgas, das neben der Vergasung des Kokskohlenstoffs aus dem Wasserstoff-, Stickstoff- und Sauerstoffgehalt des Kokses zusätzlich gebildet wird.

Zur Ermittlung der Reaktionsfähigkeit R wird das in der Zeiteinheit gebildete Kohlenoxyd $(CO)_v$ durch zwei geteilt und dieser Wert zu der in der gleichen Zeit eingeleiteten Menge Kohlendioxyd ins Verhältnis gesetzt und dieser Ausdruck als prozentmäßige Reaktionsfähigkeit bezeichnet:

$$R\ \% = \frac{100 \cdot \dfrac{(CO)_v}{2}}{(CO_2)\ \text{eingeleitet}}$$

An Stelle der beiden Meßflaschen ist es auch möglich, vom Reaktionsgas einmalig oder in Zeitabständen Proben zu entnehmen und auf ihre Zusammensetzung zu untersuchen. Dabei entfällt jedoch die Möglichkeit, die Restgasmenge, die bei nicht vollständig ausgegarten Brennstoffen beträchtlich ist, zu erfassen, so daß sich die Versuchsergebnisse gegenüber dem genauen Wert etwas verschieben. Zudem ist der Zeitaufwand für die analytische Untersuchung der Proben erheblich größer.

In Sonderfällen kann es zweckmäßig sein, die Reaktionsfähigkeit eines Kokses bei einer geringeren Strömungsgeschwindigkeit des Kohlendioxyds zu bestimmen.

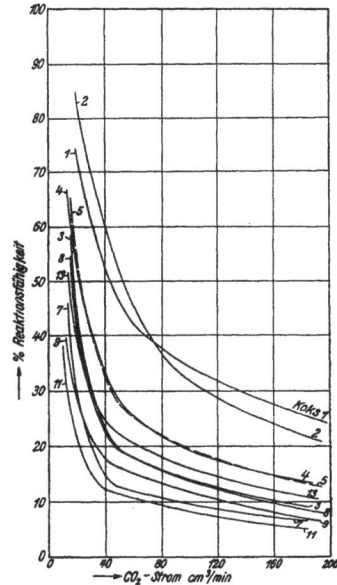

Abb. 92. Reaktionsfähigkeit verschiedener Kokse bei 950° und veränderter Geschwindigkeit des Kohlendioxydstromes.

Dabei steigt, wie die Abb. 92 zeigt, in der die Reaktionsfähigkeit von 11 verschiedenen Koksen in Abhängigkeit von der Strömungsgeschwindigkeit des Kohlendioxyds dargestellt ist, erwartungsgemäß die Reaktionsfähigkeit erheblich an, so daß die Unterschiede zwischen den einzelnen Koksen erheblich größer werden. Es ist daher ohne weiteres auch möglich, die Strömungsgeschwindigkeit des Kohlendioxyds z. B. auf 100 cm³/min zu verringern.

Die Reaktionstemperatur von 950° ist der praktischen Vergasungstemperatur angeglichen. Bei der Untersuchung der Reaktionsfähigkeit von Holzkohle oder von Schwelkoks kann es erforderlich werden, diese

15*

bei tieferen Temperaturen zu bestimmen, wobei gleichzeitig die Geschwindigkeit des Gasstromes zu verringern ist, um genügénd unterschiedliche Ergebnisse zu erhalten.

Bei der Bestimmung der Reaktionsfähigkeit von Koksen beliebiger Herkunft werden in jedem Fall nur Vergleichszahlen erhalten. Erstrebenswert wäre die Möglichkeit einer Auswertung derselben für die Reaktionsfähigkeit des Brennstoffs in Form einer echten physikalisch-chemischen Größe, d. h. bestehend aus einem Zahlenwert und einer Dimension (z. B. kg/m²s), die daraufhin nur noch von der Temperatur und der Zusammensetzung der Atmosphäre unmittelbar am Brennstoff abhängig ist.

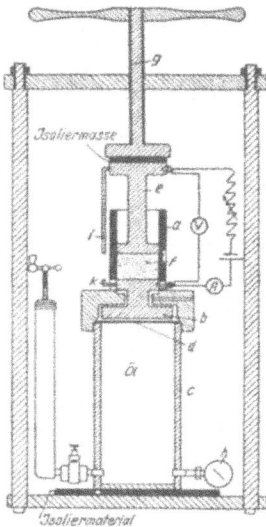

Abb. 93. Versuchsgerät zur Messung des elektrischen Leitvermögens von Koks.

a) Isoliermantel,
b) Druckübertragungsstempel,
c) Druckaufnahmegefäß,
d) Membrane,
e) Druckstempel,
f) Kokspulver,
g) Presse,
h) Druckmesser,
i—k) Höhenmeßvorrichtung.

d) Elektrische Leitfähigkeit.

Für die Verwendung von Steinkohlenhochtemperaturkoks als Kohlenstoffträger bei der Elektrodenherstellung ist die Kenntnis seiner elektrischen Leitfähigkeit erforderlich. Während Kohle eine sehr geringe elektrische Leitfähigkeit aufweist, ist diese bei Koks recht gut. Sie beruht auf dem graphitischen Aufbau des Kokskohlenstoffs. Die Graphitierung während des Verkokungsvorganges beginnt bereits im plastischen Zustand zwischen 400 und 500⁰, sie ist jedoch erst bei Temperaturen oberhalb 800⁰ infolge des daraufhin schnelleren Wachsens der Graphitkriställchen von einem die elektrische Leitfähigkeit erhöhenden und die Reaktionsfähigkeit herabsetzenden Einfluß. Es bestehen daher enge Zusammenhänge zwischen der elektrischen Leitfähigkeit und der Reaktionsfähigkeit von Koks. Die Gleichsinnigkeit der Ergebnisse wird jedoch häufig überdeckt vom katalytischen Einfluß der Aschebestandteile auf die Reaktionsfähigkeit.

Ein Koks ist um so stärker graphitiert, bei je höherer Temperatur die Kohle entgast worden ist, je höher der Kohlenstoffgehalt (Inkohlungsgrad) der Ausgangskohle war und je langsamer die Verkokung durchgeführt worden ist[1].

Die unmittelbare Bestimmung der elektrischen Leitfähigkeit von Koksstücken ist nur in den Ausnahmefällen durchführbar, wenn Gewähr dafür besteht, daß die Struktur des Kokses völlig gleichmäßig ist und daß in dem Probstück sich keine inneren Risse oder Klüftungen befinden.

---

[1] W. J. Müller u. E. Jandl, Brennstoffchem. 19 (1938), S. 29.

Um derartige Fehlermöglichkeiten auszuschließen, wird im allgemeinen die Leitfähigkeit von feingepulvertem Koks (4900- bis 10000-
Maschensieb) durchgeführt. Hierfür hat das Verfahren von H. Koppers
und A. Jenkner[1]) weitgehend Eingang gefunden. Dieses Versuchsgerät
(vgl. Abb. 93) besteht aus einer Druckpresse, in der die feingepulverte
Koksprobe in einem nichtleitenden Zylinder aus Porzellan unter einem
festgelegten Druck von 150 at (zuweilen auch 300 oder 600 at) zusammengepreßt wird. Darauf wird die Leitfähigkeit aus der Spannungs-
und Stromstärkemessung eines durch die gepreßte Probe fließenden und
durch einen Widerstand regelbaren Stromes bestimmt. Der Widerstand
der Probe wird in Ω/mm^2 m ausgedrückt.

Aschegehalte unter 20% stören die Meßergebnisse nicht unter der
Voraussetzung, daß die Asche gleichmäßig im Koks verteilt ist.

3. Verwitterungsbeständigkeit von Kohle.

a) Allgemeines.

Bei der Lagerung von Kohle tritt allmählich infolge der Einwirkung
von Luftsauerstoff eine Verwitterung ein. Neben der Umwandlung von
Schwefelkies zu Sulfat wird vor allem die eigentliche Kohlesubstanz
oxydiert. Hierdurch vermindert sich der Heizwert des Brennstoffs;
ebenso werden bei Backkohlen vor allem die koksbildenden Eigenschaften
verändert. Die Koksausbeute bleibt zwar nahezu gleich, die Festigkeit
des Kokses verringert sich dagegen in beträchtlichem Ausmaß, ebenso
die Benzol- und Teerausbeute.

Die Oxydationsbeständigkeit der Kohlen ist sehr verschieden. Sie
ist abhängig von ihrer Körnung und von ihrer Feinstruktur. Gekörnte
Kohle ist infolge ihrer geringeren Oberfläche widerstandsfähiger als
Feinkohle; für eine Dauerlagerung sind daher pyritarme, harte und
gegen Verwitterung beständige Sorten in gröberer Körnung besonders
geeignet. Einzelheiten über die zweckmäßige Lagerung von Kohle sind
in den Richtlinien des Reichsausschusses für wirtschaftliche Fertigung[2])
festgelegt.

b) Prüfung während der Lagerung.

In das Brennstofflager werden in Abständen von etwa 3 bis 4 m
unten geschlossene einzöllige Eisenrohre bis auf den Boden eingesetzt.
In wöchentlichen Abständen wird zur Temperaturmessung des Lagers
in die Rohre ein Maximalthermometer eingesenkt. Wenn die Temperatur der Kohle an einzelnen Stellen 40° überschreitet, sind die Messungen
täglich zu wiederholen und auch an anderen Stellen des Lagers vorzunehmen. Bei Temperatursteigerung über 60 bis 70° oder auch bei der

---

[1]) Arch. f. Eisenhüttenwesen 5 (1932), S. 543.
[2]) Betriebsblatt AWF 45, Beuth-Verlag, Berlin 1940.

Entwicklung weißlicher Dämpfe sind die heißen Nester freizulegen und abzulöschen und die benachbarte Kohle ist umzulagern.

c) Laboratoriumsprüfverfahren[1]).

Die Verwitterung von backender Steinkohle ist zunächst erkennbar durch einen Rückgang des Backvermögens, des Treibdruckes und des Heizwertes.

Daneben kann die Aufnahmefähigkeit von Sauerstoff durch Steinkohle auch unmittelbar gemessen werden. Zu diesem Zweck werden 20 g der Brennstoffprobe sofort nach Zerkleinerung auf <0,09 mm (4900-Maschensieb) auf dem flachen Boden eines 1-l-Erlenmeyerkolbens gleichmäßig in flacher Schicht ausgebreitet und der Kolben wird mit einem Gummistopfen verschlossen, durch den ein mit Quecksilber gefülltes Manometer, ein Gaszuführungsrohr mit Absperrhahn und ein

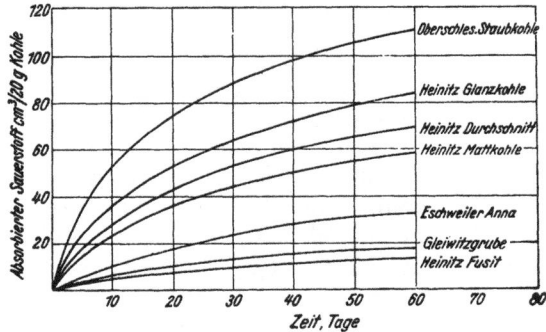

Abb. 94. Sauerstoffaufnahme verschiedener Steinkohlen in Abhängigkeit von der Zeit.

Thermometer geführt sind. Der Kolben wird in einen Raum von möglichst gleichbleibender Temperatur unter Vermeidung der unmittelbaren Einwirkung von Sonnenlicht gestellt und die Sauerstoffaufnahme der Kohle zunächst täglich, darauf in größeren Zeitabständen, aus dem Druckabfall unter Berücksichtigung der jeweiligen Temperatur und des Barometerstandes berechnet. Die Messung wird über einen Zeitraum von 30 bis 60 Tagen durchgeführt. Die Sauerstoffaufnahme verschiedener Kohleproben ist in der Abb. 94 wiedergegeben. Das Verhalten der einzelnen Kohlen ist sehr unterschiedlich. Dabei ist zu beachten, daß zumeist die Kohlen nicht unmittelbar nach der Förderung, sondern erst nach ihrer Anlieferung zur Untersuchung gelangen können. Im letzteren Fall empfiehlt es sich, den Versand der Probe, sofern es sich nicht um sehr oxydationsbeständige Stück- oder gröbere Nußkohle handelt, unter Stickstoff in einer fest verschlossenen Büchse vorzunehmen, um eine Voroxydation weitgehend auszuschließen.

---

[1]) K. Bunte u. H. Brückner, Angew. Chem. 47 (1934), S. 84.

Die Oxydationsbeständigkeit der Steinkohlen kann unter Anwendung des oben beschriebenen Prüfverfahrens bei einer Versuchsdauer von 30 Tagen wie folgt beurteilt werden:

Sauerstoffaufnahme cm³ O₂/20 g Kohle	Oxydationsbeständigkeit
bis 20 cm³	sehr gut beständig
25 » 50 »	gut beständig
50 » 75 »	mäßig beständig
mehr als 75 cm³	starke Neigung zur Verwitterung.

Bei gelagerten Kohlen oder bei Feinkohlen nach längerer Transportzeit ist das Verfahren nur beschränkt anwendungsfähig.

J. Extraktion von Brennstoffen.

1. Extraktion von Steinkohle.

a) Allgemeines.

Durch Extraktion bei gewöhnlichem Druck mit den allgemein gebräuchlichen organischen Lösungsmitteln, wie mit Benzol, Benzin, Äther, chlorierten Kohlenwasserstoffen u. a. können aus Steinkohle nur weniger als 1% Bitumina in Lösung gebracht werden. Dieses Verfahren hat daher weder technisches noch wissenschaftliches Interesse.

Erst durch Anwendung von Pyridin oder durch Extraktion mit Benzol unter Druck wenig unterhalb seiner kritischen Temperatur ist es möglich, das infolge von Inkohlungsvorgängen stark polymerisierte Bitumen in den gelösten Zustand überzuführen und von der unlöslichen Restkohle abzutrennen. Das Bitumen bildet hierbei ein Organosol, das aus einer öligen und einer dispersen (Mizell-)Phase besteht. Der ultramikroskopisch sichtbare Mizellanteil läßt sich in lyophile (Schutzstoffe) und in lyophobe Stoffe weiter zerlegen.

Diese Extraktion der Steinkohle mit Benzol unter Druck oder mit Pyridin hatte bis vor einiger Zeit nur wenig Beachtung gefunden, wenn sich auch aus der Menge und Beschaffenheit der Extraktstoffe einige Schlüsse auf das Verkokungsverhalten der Kohle ziehen lassen. Die Entwicklung von Laboratoriumsverfahren zur unmittelbaren Bestimmung der Verkokungseigenschaften haben jedoch die Anwendung von Extraktionsverfahren auf diesem Gebiet wieder sehr stark eingeschränkt. Andererseits hat die Entwicklung der Steinkohledruckextraktion nach dem Verfahren von A. Pott und H. Broche[1]) diesem Gebiet nunmehr wieder vermehrte Bedeutung zuerkannt.

---

[1]) A. Pott, H. Broche, H. Nedelmann, H. Schmitz u. W. Scheer, Glückauf **69** (1933), S. 903.

Analytische Verfahren zur Extraktion von Steinkohle sind ausgearbeitet worden von F. Fischer und Mitarbeitern[1]) mit Benzol unter
erhöhtem Druck sowie von C. Cockram und R. V. Wheeler[2]) mit
Pyridin als Lösungsmittel bei nachfolgender Trennung des Pyridinlös-
lichen mit Chloroform, Äther und Petroläther.

b) Trennungsverfahren von F. Fischer.

Das Extraktionsverfahren von F. Fischer und Mitarbeitern wird
wie folgt durchgeführt:

Zerlegung der Steinkohle nach F. Fischer.

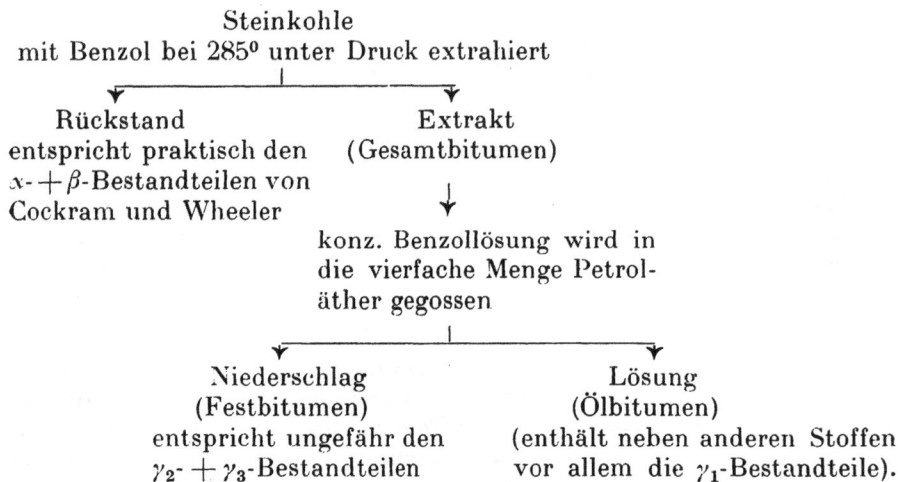

Steinkohle
mit Benzol bei 285⁰ unter Druck extrahiert

Rückstand	Extrakt
entspricht praktisch den	(Gesamtbitumen)
x- $+\beta$-Bestandteilen von	
Cockram und Wheeler	

konz. Benzollösung wird in
die vierfache Menge Petroläther gegossen

Niederschlag	Lösung
(Festbitumen)	(Ölbitumen)
entspricht ungefähr den	(enthält neben anderen Stoffen
γ_2- $+ \gamma_3$-Bestandteilen	vor allem die γ_1-Bestandteile).

Zur Durchführung der Extraktion[3]) wird die auf Erbsgröße zerkleinerte Kohle in einem Autoklaven mit so viel Benzol übergossen, daß
die Kohle völlig vom Lösungsmittel überdeckt ist. Der Autoklav wird
in eine Schüttelvorrichtung eingesetzt, in dieser im Verlauf einer Stunde
auf 285⁰ aufgeheizt und eine weitere Stunde bei dieser Temperatur belassen. Nach Erkalten wird die Kohle von der benzolischen Lösung
abfiltriert und mit Benzol nachgewaschen. Diese Extraktion muß
mehrere Male (im Mittel 4- bis 5mal) wiederholt werden, bis die Kohle
nur noch geringe Mengen (0,2 bis 0,4%) Extrakt abgibt.

Aus den vereinigten tiefdunkelbraunen und undurchsichtigen Ex-
traktlösungen wird das Benzol abdestilliert und der Rückstand auf dem
Wasserbad erwärmt, bis das Benzol völlig vertrieben ist.

---

[1]) F. Fischer, H. Broche u. J. Strauch, Brennstoffchem. 5 (1924), S. 299,
6 (1925), S. 33, 349.

[2]) Journ. chem. Soc. (London) 1927, S. 700.

[3]) F. Fischer, H. Broche u. J. Strauch, Brennstoffchem. 6 (1925), S. 33.

Die Extraktmenge beträgt je nach der Art der Kohle 2 bis 10%. Bei nichtbackenden Gasflamm- und Flammkohlen ist der Extrakt springhart, von pechähnlichem Glanz und muscheligem Bruch, bei Backkohlen weich und plastisch.

Zur Trennung des Benzoldruckextraktes in Fest- und Ölbitumen werden 2 bis 5 g desselben in etwa 10 bis 15 cm³ Benzol gelöst und die Lösung wird in einem dünnen Strahl unter beständigem Rühren in 30 bis 40 cm³ Petroläther eingegossen. Das Festbitumen scheidet sich hierbei in Form brauner Flocken aus. Zur Prüfung, ob die Fällung vollständig ist, werden weitere 10 cm³, erforderlichenfalls noch mehr Petroläther zugegeben. Das so erhaltene Festbitumen wird abfiltriert, getrocknet und gewogen. Die Lösung wird ebenfalls eingedampft; das Ölbitumen bildet ein braunschwarzes zähflüssiges Öl.

Nach den Untersuchungen von F. Fischer und seinen Mitarbeitern (s. o.) ist das Ölbitumen der Träger des Backvermögens. Wenn es in genügender Menge in der Kohle enthalten ist, wird es im Temperaturbereich von etwa 350 bis 450⁰ mit der unlöslichen Restkohle in einen plastischen Zustand übergeführt, der die Voraussetzung für die Ausbildung von stückigem Koks bildet. Das Festbitumen dagegen ist der Träger des Treibvermögens. Wenn sein Zersetzungspunkt im Erweichungsbereich der Kohle liegt, bewirkt es das Treiben der Kohle.

c) Trennungsverfahren von C. Cockram und R. V. Wheeler[1].

Dieser Trennungsgang wird wie folgt durchgeführt:

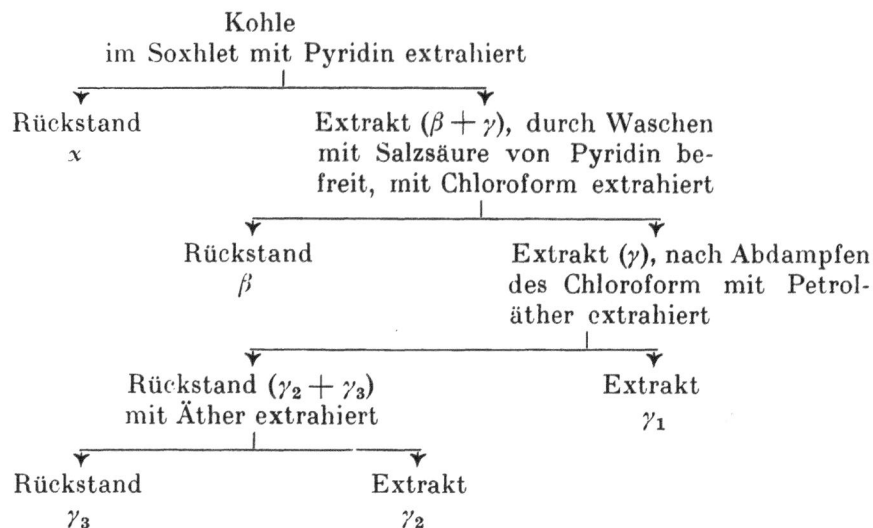

Kohle
im Soxhlet mit Pyridin extrahiert

Rückstand
x

Extrakt ($\beta + \gamma$), durch Waschen mit Salzsäure von Pyridin befreit, mit Chloroform extrahiert

Rückstand
β

Extrakt (γ), nach Abdampfen des Chloroform mit Petroläther extrahiert

Rückstand ($\gamma_2 + \gamma_3$)
mit Äther extrahiert

Extrakt
γ_1

Rückstand
γ_3

Extrakt
γ_2

---

[1] Zusammenfassung des Schrifttums siehe P. Schläpfer u. A. R. Morcom, Monatsbull. Schweiz. Ver. Gas- u. Wasserfachm. **12** (1932), S. 374.

Die α- und β-Bestandteile stellen nach Untersuchungen von C. Cockram und R. V. Wheeler (s. o.) im wesentlichen Humine dar, die γ_1-Bestandteile bilden Kohlenwasserstoffe, die im Vakuum unzersetzt destillierbar sind, die γ_2- und γ_3-Bestandteile sind vorwiegend Harze oder harzähnliche Stoffe.

Die gesamte Extraktmenge beträgt bei Steinkohlen je nach ihrem Inkohlungsgrad 2 bis 25%. Über die Zusammenhänge zwischen dem Verkokungsvorgang einer Kohle und ihrem Gehalt an den einzelnen Bitumina besteht noch keine eindeutige Klarheit. Vorarbeit hierfür haben P. Schläpfer und A. R. Morcom (s. o.), K. Bunte[1]) sowie H. Brückner und W. Ludewig[2]) geleistet.

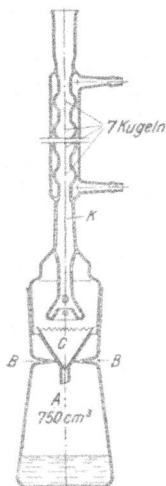

Abb. 95. Extraktionsgerät zur Bestimmung des Pechgehaltes in Steinkohlenbriketts.

2. Bestimmung des Pechgehaltes in Steinkohlenbriketts.

Für die Betriebsüberwachung von Steinkohlenbrikettfabriken sowie für die laboratoriumsmäßige Beurteilung von Briketts ist die Bestimmung ihres Pechgehaltes sehr wichtig. Ein hierfür geeignetes Schnellverfahren, das sich in der Praxis bewährt hat, ist von W. Demann[3]) entwickelt und von K. Scheeben[4]) weiter verbessert worden. Es beruht auf einer Extraktion des Peches aus der Brikettprobe mit Schwefelkohlenstoff und wird zweckmäßig wie folgt durchgeführt.

Eine Teilmenge von 10 g der auf <0,1 mm gekörnten Probe wird in einem Wägegläschen eine Stunde bei 75° getrocknet, 30 min lang im Exsikkator stehen gelassen und bei geschlossenem Deckel des Gläschens gewogen. Durch Teilung des Gewichtsverlustes durch 2 ergibt sich der Wassergehalt in g je 5 g Brikettprobe.

Zur Extraktion des Peches dient ein Untersuchungsgerät der in der Abb. 95 wiedergegebenen Bauweise. Dieses besteht aus einem 750 cm³ fassenden Erlenmeyerkolben A, auf dem mittels eines Schliffs verbunden ein Rückflußkugelkühler K sitzt. Im oberen Drittel des Erlenmeyerkolbens sind auf den Umfang gleichmäßig verteilt vier Spitzen B nach innen eingelassen, die als Haltevorrichtung für den Glastrichter C von 50 mm Dmr. dienen. Das Kühlrohr des Kugelkühlers ist nach unten trichterförmig erweitert und am unteren Ende nach innen umgebördelt, so daß der Bördelrand als eine Rinne D wirkt. In der

---

[1]) Ztschr. Österr. Ver. Gas- u. Wasserfachm. 71 (1931), Sonderheft S. 25.
[2]) Brennstoffchem. 12 (1931), S. 465.
[3]) Techn. Mitteilungen Krupp 2 (1934), S. 81.
[4]) Techn. Mitteilungen Krupp 4 (1936), S. 153.

letzteren befinden sich vier seitliche Öffnungen. Das Innere der trichter-artigen Erweiterung ist offen.

Die Durchführung der Extraktion geschieht wie folgt. In einem bei 105° getrockneten und gewogenen Faltenfilter von 12,5 cm Dmr. werden 5 g originalfeuchte Brikettprobe abgewogen und das Filter mit-samt dem Extraktionsgut in den Trichter C gelegt, der lose auf den Spit-zen B ruht. Im Kolben A befinden sich etwa 200 cm³ Schwefelkohlen-stoff. Der Erlenmeyerkolben wird mit dem Rückflußkühler verbunden und mit kleiner Flamme erhitzt. Die leichtflüchtigen Schwefelkohlenstoff-dämpfe umgeben das Filter, steigen nach oben und kondensieren sich im Kühler. Der kondensierte Schwefelkohlenstoff fließt an der Erwei-terung des Kühlrohres nach unten, sammelt sich in der Rinne und be-rieselt durch die Austrittsöffnungen am Bördelrand gleichmäßig verteilt das Extraktionsgut im Filter. Auch aus der Mitte des Kühlrohres tröpfelt das Extraktionsmittel. Wenn der Schwefelkohlenstoff aus dem Trichter farblos abläuft, ist die Extraktion beendet. Dies ist nach 15 bis 30 min geschehen. Das Filter mit dem extrahierten Rückstand wird herausgenommen, 15 min bei 60° vor- und darauf 2 h bei 105° nach-getrocknet. Nach dem Erkalten wird das Filter mit dem Rückstand im geschlossenen Wägegläschen zurückgewogen, nachdem es vorher trocken in dem gleichen Wägegläschen gewogen war.

Die Errechnung des Pechgehaltes geschieht unter Berücksichtigung des Wassergehaltes der Brikettprobe wie folgt:

$$\text{Pechgehalt im Brikett in } \% = \frac{(c - a - e) \cdot 20 \cdot 100}{100 - b}$$

Darin bedeuten:

  a Rückstand auf dem Faltenfilter nach Extraktion und Trocknung in g,
  c Einwaage der Brikettprobe; gemäß Arbeitsvorschrift 5,000 g,
  e Wassergehalt in g je 5,000 g der Brikettprobe,
  b Gehalt des verwendeten Brikettpeches an freiem Kohlenstoff (Unlöslichem in Schwefelkohlenstoff) in %; im Mittel kann b zu 16% angenommen werden.

3. Extraktion von Braunkohle.

Braunkohle enthält je nach ihrer Beschaffenheit mehr oder minder große Anteile an Montanwachs und Montanharz. Diese beiden Bitu-mina bestimmen bei der Braunkohlenschwelung im wesentlichen die Ausbeute an Teer, wobei das Wachs vor allem paraffinische Kohlen-wasserstoffe einschließlich festem Paraffin ergibt, während bei der thermischen Zersetzung des Harzes erhebliche Mengen an Phenolen entstehen. Daneben wird wachsreiches Bitumen in großtechnischem Maße aus Braunkohle extrahiert.

Die laboratoriumsmäßige Bestimmung des Bitumengehaltes der Braunkohle erfolgt entweder in einem Soxhletgerät üblicher Bauart oder in einem Gerät von E. Graefe, mit dem die Extraktion wesentlich schneller verläuft. Das letztere (vgl. Abb. 96) besteht aus einem weithalsigen Erlenmeyerkolben von 500 cm³ Inhalt, der mit einem dicht schließenden, mit Stanniolpapier umkleideten Korkpfropfen oder mit einem eingeschliffenen Glasstopfen verschlossen wird. An die Unterseite des Stopfens wird mit einigen Häkchen ein Korb aus Kupfer- oder Messingdrahtnetz angehängt, der die Extraktionshülse aufnimmt. Durch den Stopfen wird ein Rückflußkühler geführt, aus dem das Extraktionsmittel unmittelbar in die Hülse abtropft. Die Verkürzung der Extraktionsdauer gegenüber dem Soxhletgerät beruht darauf, daß die Hülse ständig von dem heißen Dampf des Extraktionsmittels umspült wird.

Zur Untersuchung gelangen je nach dem Bitumengehalt 10 bis 50 g feingepulverte Braunkohle, die entweder lufttrocken oder bei 105⁰ getrocknet eingesetzt werden. Um ein Überspülen von Kohle zu verhindern, wird die Kohle in der Hülse mit Watte abgedeckt.

Als Extraktionsmittel dient zumeist Benzol, in selteneren Fällen wird zur Verminderung von Feuergefahr Tetrachlorkohlenstoff oder auch Chloroform verwendet. Die Extraktion ist beendet, wenn die Lösung aus der Hülse farblos abtropft; dies ist nach etwa 30—60 min der Fall. Zur Bestimmung der Extraktmenge wird entweder die gesamte Lösung oder eine abgemessene Teilmenge in einer Porzellanschale auf einem Wasserbad eingedampft und anschließend auf 120 bis 150⁰ erhitzt, bis das Gewicht nicht mehr abnimmt.

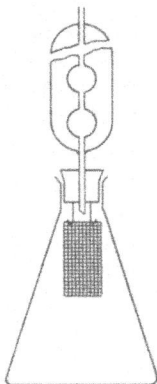

Abb. 96. Gerät zur Extraktion von Braunkohle.

Bei der Angabe des Versuchsergebnisses ist zu vermerken, mit welchem Trocknungsgrad die Kohle zur Verwendung gelangt ist, da bei lufttrockener Braunkohle mit etwa 10 bis 15% Wassergehalt die Ausbeute an Bitumen etwas höher ist als bei getrockneter Kohle.

Die Untersuchung des Braunkohlenbitumens kann je nach dem Verwendungszweck etwas verschieden durchgeführt werden. Zumeist werden bestimmt der Schmelzpunkt, der Aschegehalt, das Benzolunlösliche (mitgerissene extrahierte Kohle), das Ätherlösliche (Montanharz), die Säure-, Ester- und die Verseifungszahl.

K. Inkohlungsgrad von Kohle.

Der mit zunehmendem geologischem Alter ansteigende Inkohlungsgrad der Kohlen, der insbesondere durch Druck- und Temperatureinflüsse begünstigt wird, beruht auf Polymerisationsvorgängen innerhalb

:r die Kohlen aufbauenden kolloiden Makromoleküle. Die Inkohlung
ührt nach Arbeiten von W. Francis[1]) zunächst zu einer Kondensation
von Huminsäuremolekülen zu Huminen, die unter Abspaltung von
Methan, Wasser und Kohlendioxyd verläuft, worauf die Humine allmählich in immer reaktionsträgere Stufen umgewandelt werden, deren
Endzustand schließlich der Graphit bildet. Dieser Vorgang läßt sich
durch Oxydation bei erhöhter Temperatur gleichsam umkehren. Aus
den Huminen werden zum Teil Huminsäuren zurückgebildet, wobei die
»Aktivität« der Kohle im Sinne dieser Reaktion als Maß für die Molekül-
größe der Humine und damit für ihren Inkohlungsgrad ausgewertet
werden kann.

Durch Bestimmung ihrer Oxydierbarkeit mit Permanganat ist es
möglich, den Inkohlungsgrad der Kohlen und damit ihren »chemischen
Alterungszustand« zu beurteilen. Je höher die Permanganatzahl ist,
desto geringer ist ihr Inkohlungsgrad. Die Bestimmung des Inkohlungsgrades durch Permanganatoxydation nach dem von W. Francis (s. o.)
vorgeschlagenen Verfahren in der Ausführungsart von H. L. Olin[2])
wird wie folgt durchgeführt.

10 g der feingepulverten Kohlenprobe (< 900-Maschensieb) werden
in einem Extraktionsgerät 8 h lang mit Pyridin ausgezogen. Die von
ihrem Bitumengehalt befreite Restkohle wird mit Azeton nachgewaschen
und anschließend im Vakuumexsikkator getrocknet. 0,5 g der so vorbereiteten Probe werden in einen Erlenmeyerkolben, der 50 cm³ siedende
1-n-Natronlauge enthält, eingefüllt, die Aufschlämmung wird 5 min lang
geschüttelt und daraufhin gibt man 200 cm³ siedende 1-n-Kaliumperman-
ganatlösung zu. Das Gemisch wird weitere 60 min lang unter Rückflußkühlung auf einer Heizplatte zum Sieden erhitzt, durch Zugabe von
200 g Eisstückchen abgekühlt, durch ein Asbestfilter filtriert und der
Rückstand mit Wasser nachgewaschen. Das Filtrat wird auf 1000 cm³
aufgefüllt und eine Teilprobe mit 0,1-n-Oxalsäurelösung auf Entfärbung
titriert. Die Permanganatzahl ergibt sich bei dieser Arbeitsweise als
die durch 0,5 g Kohle reduzierten cm³ 1-n Kaliumpermanganatlösung.
Die Methode ist anwendbar für sämtliche Kohlen, d. h. von Braunkohlen bis zu Anthrazit.

Gute Kokskohlen ergeben nach W. Francis (s. o.) eine Permanganatzahl von 35 bis 65. Wenn Kohlenmischungen zur Verkokung gelangen,
so soll die Permanganatzahl in den gleichen Grenzen liegen. Es dürfte
in Zukunft daher möglich sein, daß die Permanganatzahl die Backfähigkeitszahl ablöst.

---

[1]) Fuel 11 (1932), S. 171; J. D. Kreulen, Chem. Weekblad 36 (1939), S. 870;
vgl. ferner Glückauf 76 (1940), S. 494.
[2]) Ind. Engng. Chem. 28 (1936), S. 1024; desgl. Analyt. Edition 11 (1939),
S. 489.

Als weiteres Anwendungsbeispiel der Permanganatzahl hat Heathcoat[1]) auf die Bestimmung des Zersetzungspunktes der Kohl hingewiesen. Der Zersetzungspunkt gibt sich durch eine deutlich er kennbare Veränderung der Oxydierbarkeit der Kohle zu erkennen.

K. Drees und G. Kowalski[2]) halten diesen Weg der Beurteilung der Verkokungsfähigkeit von Kohlen durch Bestimmung der Permanganatzahl ebenfalls für sehr wertvoll. Die Feststellung der Permanganatzahl gelingt rasch bei einer sehr genauen Übereinstimmung der Ergebnisse. Die Verfasser benutzten dieses Verfahren zur Vorprüfung von Einzelkohlen sowie von Kohlengemischen auf ihr Verkokungsvermögen und zur Ermittlung der Wärmeempfindlichkeit des Trägers der Backfähigkeit.

L. Petrographische Kohlenuntersuchungsverfahren.

(Bearbeitet von Bergassessor Dr.-Ing. habil. F. L. Kühlwein.)

1. Allgemeines.

Gaswerke haben im Gegensatz zu Zechen- und Hüttenkokereien im allgemeinen eine sehr heterogene Rohstoffgrundlage, die bedingt ist durch die Herkunft der angelieferten Einsatzkohlen aus verschiedenen Kohlenrevieren, teilweise sogar aus dem Ausland und innerhalb eines Bezirkes von zahlreichen Zechen, so daß Kohlen von Gasflamm- bis Fettkohlencharakter vertreten sind, wozu die Verschiedenheit der Körnungen und des Aufbereitungsgrades tritt. Diese Bedingungen brauchen aber nicht als ein Nachteil zu gelten, sondern können sich eher vorteilhaft auswirken, wenn die Kohlenvorbereitung richtig und der rohstofflichen Erkenntnis gemäß erfolgt. Verkokungstechnisch liegen gerade bei der Mischung aus vielen Kohlenarten große Möglichkeiten für die Erweiterung der Kokskohlengrundlage, wie sie sich eigentlich nur den Gaswerken bieten, abgesehen von einigen neuzeitlichen Hüttenwerken. Es können gerade auf diese Weise Kohlen der Verkokung nutzbar gemacht werden, die am Gewinnungsort auf sich allein gestellt hierfür ausscheiden müßten, während im Gaswerk ein einwandfreier Mischkoks erzeugt werden kann unter Ausnutzung günstigster Bedingungen auf der Gasseite.

Die richtige Beherrschung sämtlicher technischer Erfordernisse setzt in diesem Zusammenhang jedoch eine sichere Beurteilung der rohstofflichen Eigenart und Eignung der Kohlen voraus, die nicht nur aus der Anwendung chemischer, sondern eigentlich erst unter Heranziehung kohlenpetrographischer Untersuchungsverfahren zu gewinnen ist. Auf diesem Gebiete hat sich in den letzten 20 Jahren eine umfangreiche angewandte Wissenschaft entwickelt, deren Kenntnis auch für den Gaswerksfachmann vorteilhaft ist, um so mehr als bei ihrer praktischen Anwendung

---

[1]) Fuel **12** (1933), S. 4.
[2]) Gas- u. Wasserfach **76** (1933), S. 653.

häufig die Güte der Gaswerkserzeugnisse gesteigert werden kann. Die für die Kohlenpetrographie entwickelten Untersuchungsverfahren können deshalb im Rahmen dieses Handbuches nicht unberücksichtigt bleiben. Vor der Behandlung der mikroskopischen Arbeitsverfahren und Analysenverfahren erscheint jedoch ein kurzer Überblick über die Grundlagen der Kohlenpetrographie zweckmäßig.

2. Bezeichnungsweise in der Kohlenpetrographie.

Gleichgeordnet sind in der Kohlengeologie die Kohlenarten, die sich inkohlungsmäßig unterscheiden, wie z. B. Gasflammkohle, Gaskohle, Fettkohle, Eßkohle und Magerkohle. Sie weichen in ihren flüch-

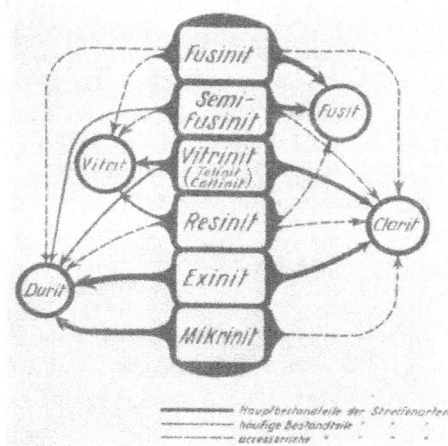

Abb. 97. Schema der Streifenarten und Kohlengefügebestandteile.

tigen Bestandteilen und ihrem Verkokungsverhalten stark voneinander ab. Je nach der Körnung unterscheidet man Kohlensorten, wie z. B. Förderkohle, Stückkohle, Nußkohle und Feinkohle. Diese beiden Begriffe sind nun aber kohlenpetrographisch nichts Einheitliches, sondern sie setzen sich aus den sog. Streifenarten zusammen, die wiederum in die Gefügebestandteile zerlegt werden können, genau wie z. B. das Gestein Granit sich aus den Mineralien Quarz, Feldspat und Glimmer aufbaut.

Der Begriff Streifenarten wurde wegen des mit bloßem Auge makroskopisch deutlich erkennbaren streifigen Gefügeaufbaues geprägt, wonach man ganz grob Glanzkohle, Mattkohle und Faserkohle unterscheiden kann, welche Einteilung aber für die Zwecke der Kohlenpetrographie nicht ausreicht. Infolge der Beteiligung von Forschern aller Herren Länder an der Entwicklung dieser Wissenschaft trat bezüglich der Bezeichnungsweise eine außerordentliche Verwirrung ein, die erst durch den 2. Heerlener Kongreß für Karbonstratigraphie einheitlich geregelt werden konnte. Dies Ergebnis ist in der Abb. 97 veranschaulicht[1]). Im allgemeinen kommt man mit dem Begriff der Streifenarten aus, muß jedoch für weitergehende rohstoffliche Untersuchungen auf die Gefüge-bestandteile zurückgehen. Die vier Streifenarten sind:

Fusit, Vitrit, Clarit und Durit, wobei

Fusit der Faserkohle,
Vitrit der Glanzkohle,
Durit der Mattkohle

entsprechen und der Clarit je nach dem Grad seiner Einlagerungen zwischen den beiden letzteren steht. Die ersten beiden Streifenarten sind ihrer pflanzlichen Substanz nach homogen, die beiden letzten stark heterogen ausgebildet. Zwischen Fusit und Vitrit gibt es zahlreiche Übergänge in Gestalt der mannigfachen Erhaltungszustände der ur-sprünglichen Holzsubstanz, welche in allen Streifenarten die überwiegende Grundmasse darstellt. Im Durit und Clarit sind indessen auch noch Einlagerungen in Gestalt pflanzlicher Bitumenkörper, wie Sporen und Kutikulen, stark beteiligt. Sie unterscheiden sich vor allem durch die Ausbildung der Grundmasse

im Clarit Vitrinit,
im Durit Mikrinit,

ein in seinem Verhalten dem Fusinit verwandter Stoff. Etwas Vitrinit findet sich immer auch im Durit. Bei den Untergruppen des Vitrits handelt es sich um gefügelosen Collinit oder Telinit mit deutlichem Holzzellgefüge. Dies tritt bei Harzeinlagerungen in den Zellräumen (Resiniteinschlüsse) deutlich hervor. Fusit baut sich aus echtem Fusinit, der zum Teil wohl durch Waldbrand entstandenen fossilen Holzkohle, und aus Semifusinit (Halbfusinit) auf, sog. Übergangsstufen, die wohl wechselndem Austrocknungs- und Zersetzungsgrad ihre Entstehung ver-danken.

An der Flözzusammensetzung beteiligt sich in der Regel vorwiegend Vitrit mit 50 bis 60%, Clarit im Durchschnitt mit 20%, Durit im Mittel mit 10 bis 20%, so daß der Fusitanteil selten 5% überschreitet. In manchen Flözen erreicht allerdings der Clarit bis zu 50%, namentlich bei Saar- und Yorkshire-Kohle, während andererseits in Oberschlesien der Durit auf 30 bis 40% ansteigen kann. In Ausnahmefällen reichert sich selbst der Fusit auf 20 bis 30% an.

3. Makroskopische Erscheinungsform der Streifenarten.

Die schon äußerlich erkennbare Wechsellagerung der Streifenarten ist aus Abb. 98[2]) erkenntlich mit durchgehenden schmalen schwarzen Glanz-

---

[1]) E. Hoffmann, Brennstoffchem. 17 (1936), S. 341.
[2]) Kukuk: Geologie des niederrheinisch-westfälischen Steinkohlengebietes. S. 207.

kohlenstreifen, breiteren grauen Mattkohlenlagen und dünnen schwarzen Fusitlinsen. Welche innige Wechsellagerung in der Natur auftritt, zeigt die graphische Darstellung einer Flözprofilausmessung in Abb. 99, wobei noch auf die Beteiligung von aschenreicherem Brandschiefer neben den Kohlenstreifenarten hinzuweisen ist.

Der Fusit tritt in feinen Linsen und Schmitzen verstreut im Flöz auf, die selten stärker anwachsen. Er zeigt tiefschwarze Farbe und seidigen Glanz. Wenn die Holzzellräume nicht mit Mineralien imprägniert sind, was zur Ausbildung von sehr festem Hartfusit führt, neigt der

Abb. 98. Wechsellagerung von Glanz-Matt-Faserkohle (Vitrit-Durit-Fusit) einer Ruhrstreifenkohle (natürliche Größe)

Weichfusit wegen seiner faserig-splittrigen Struktur und seiner zerreiblichen Beschaffenheit zum Zerfall in allerfeinsten Staub von unter 90 Mikron, der stark abfärbt. Durch die Infiltration mit Mineralien wird der Fusit in der Regel zur aschenreichsten Streifenart.

Der Vitrit findet sich fast nur in vielen sehr feinen Streifchen, die selten eine Breite von über 1 cm erreichen. Allgemein sind die Vitritlagen im Flöz am stärksten von Schlechten, Klüften, Rissen und Lösen durchsetzt, die sich zumeist in den ausgesprochenen Mattkohlenlagen nicht fortsetzen. Daher ist Vitrit wesentlich spröder und zerbrechlicher als Mattkohle, so daß er von Natur aus viel stärker zerfällt und in die feineren Körnungen gerät. Er zeigt ausgesprochenen Pech- und Glasglanz. Verunreinigungen treten in Form von Spatmineralien und Schwefelkies innerhalb der Glanzkohlenlagen nur untergeordnet in den Hohlräumen auf, jedoch kaum in der Vitritsubstanz selbst, so daß Vitrit die aschenärmste Streifenart darstellt.

Die Mattkohlenbestandteile Durit und Clarit kommen in stärkeren Bänken bzw. feineren Streifen vor, die im allgemeinen auf längere Er-

streckung aushalten. Infolge der streifigen Einlagerungen von pflanz-
lichen Bitumenkörpern zeigen beide mattes Aussehen und grauschwarze
Färbung. Wegen der dichten zähen Beschaffenheit ist besonders der
Durit sehr fest, so daß er sich schwer zerkleinern läßt und im gröberen
Korn anreichert. Der Bruch ist unregelmäßig körnig oder glatt-eben
ausgebildet, abgesehen vom muschlig-schaligen Bruch der Abarten
Kannel- und Bogheadkohle.

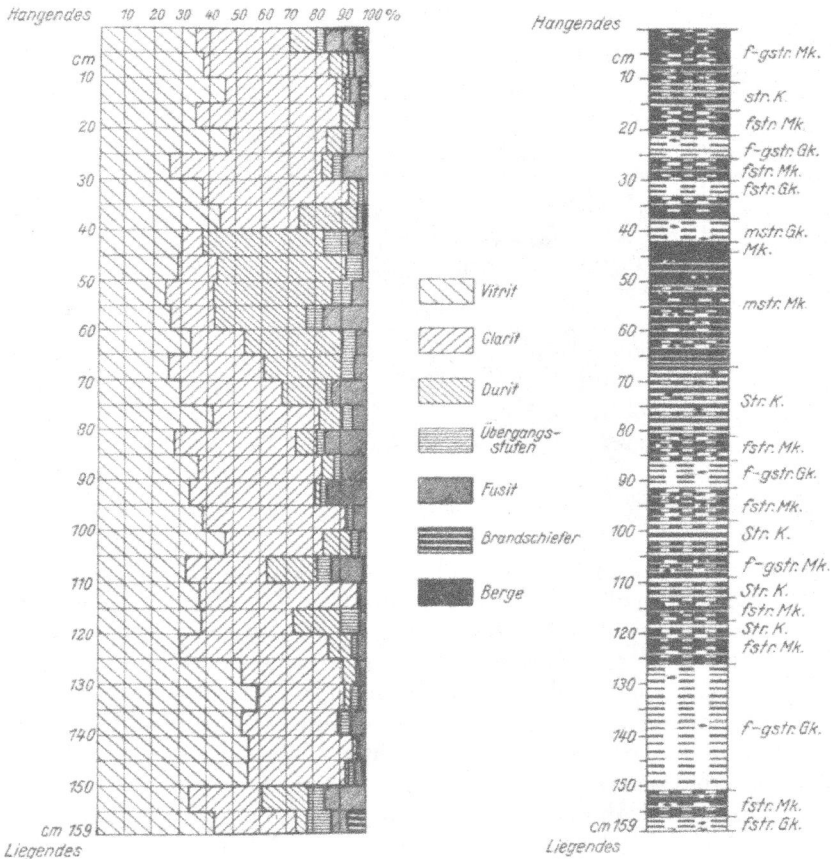

Abb. 99. Graphische Darstellung der Profilausmessung eines Ruhrflammkohlenflözes.

Durch feinverteilte Tonsubstanz ist der gebundene Aschengehalt
dieser beiden Streifenarten, namentlich beim Durit merklich höher als
im Vitrit. Bisweilen treten Übergänge zum Brandschiefer auf, von dem
Durit rein äußerlich oft kaum zu unterscheiden ist.

Eine Aufstellung über die anteilmäßige Gefügezusammensetzung verschiedener Kokskohlen und die Vitritanreicherung im feinen Korn ist in der nachfolgenden Zahlentafel 5 wiedergegeben.

Zahlentafel 5. **Gefügezusammensetzung von Kokskohlen.**

| | Ruhr | | Durham | Saar | | Yorkshire | Oberschlesien | |
	Gesamt-korn %	Feinst-korn %	%	Gesamt-korn %	Feinst-korn %	%	Gesamt-korn %	Feinst-korn %
Vitrit	55,5	63,0	53,4	48,9	67,6	42,2	19,2	51,0
Clarit	10,8	12,2	16,2	19,7	12,8	37,3	23,9	16,3
Durit	21,8	10,3	21,1	18,0	9,6	10,1	17,9	21,0
Übergänge . . .	2,5	1,7	4,0	6,5	2,7	5,7	22,7	2,8
Fusit	2,3	3,1	3,6	3,8	0,9	2,0	5,1	2,3
Berge u. Brand-schiefer	7,1	9,7	1,7	3,1	6,4	2,7	11,2	6,6

4. Mikroskopische Erscheinungsweise der Gefügebestandteile.

Wie die Kohlengefügebestandteile mikroskopisch auftreten, wird zweckmäßig an der Erläuterung von Mikrofotos gezeigt.

Bei geringer Vergrößerung eines Anschliffbildes ist der Streifencharakter noch deutlich ausgeprägt, so in Abb. 100 an der Wechsellagerung Vitrit und Clarit einer Ruhrgasflammkohle, die das Holzzellgefüge im Vitrit (Telinit) noch gut erhalten zeigt. In Abb. 101 treten Fusiteinlagerungen im Durit auf, der dicht von bituminösen Pflanzenmassen durchsetzt ist. Abb. 102 zeigt bei mittlerer Vergrößerung im Trockensystem die unregelmäßigen Trümmer einer Fusitlinse, wobei das Holzzellgefüge noch ausgezeichnet erhalten ist. Im Mikroskop ist der Fusit durch gelb-

Abb. 100. Wechsellagerung zwischen Vitrit- und Claritstreifen einer Ruhrflammkohle (v 7,5 ×).

16*

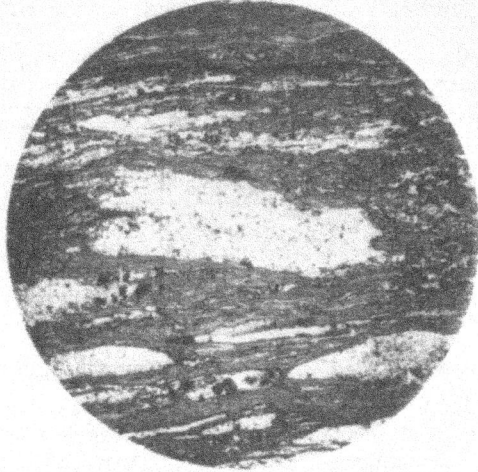

Abb. 101. Dichter Durit mit Fusiteinlagerungen
(v 7,5 ×).

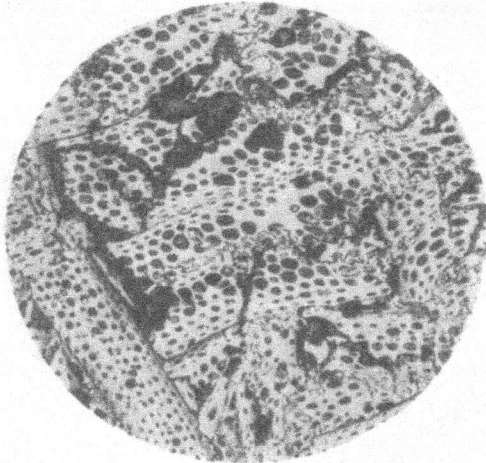

Abb. 102. Fusinit mit wohlerhaltener Holzzellstruktur
(r 75 × Trockensystem).

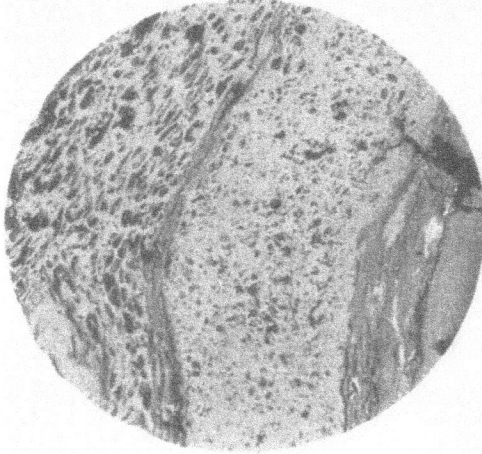

Abb. 103. Semifusinit in wechselndem Erhaltungszustand
(v 75 × Ölimmersion).

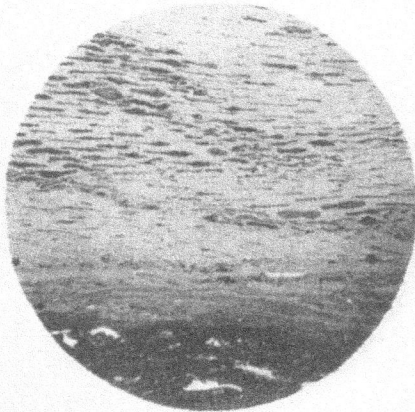

Abb. 104. Vitrit einer Ruhrflammkohle Telinitgefüge mit Harzeinschlüssen
(v 85 × Ölimmersion).

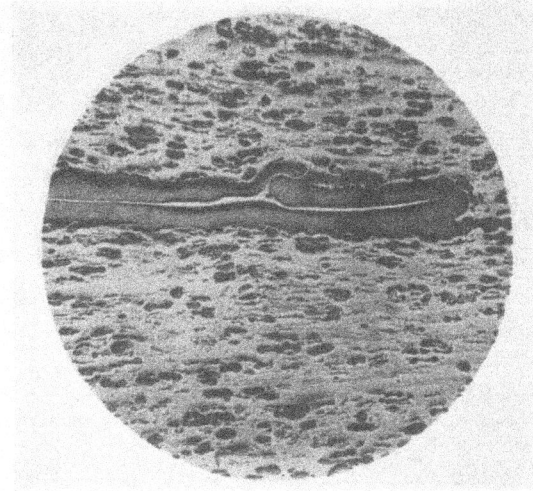

Abb. 105. Oberschlesischer Sporenclarit
(v 105 × Trockensystem).

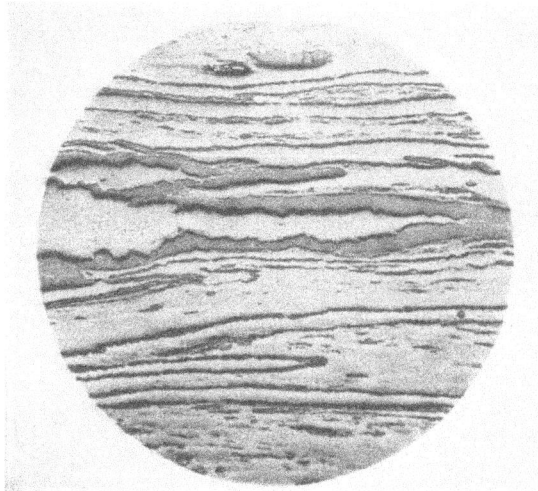

Abb. 106. Kutikulenclarit aus dem Saargebiet
(v 105 × Trockensystem).

Abb. 107. Wechsellagerung von Vitrit- und Duritstreifen einer Saarkohle
(v 180 × Ölimmersion).

Abb. 108. Brandschiefer mit tonigen Einlagerungen und Pyriteinsprengung
(v 135 × Ölimmersion).

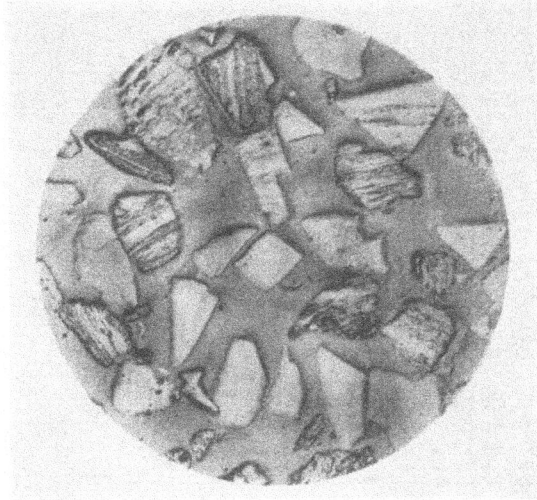

Abb. 109. Feinkornreliefschliff Vitrit-Clarit-Durit
(v 7,5 × Mikrosummar).

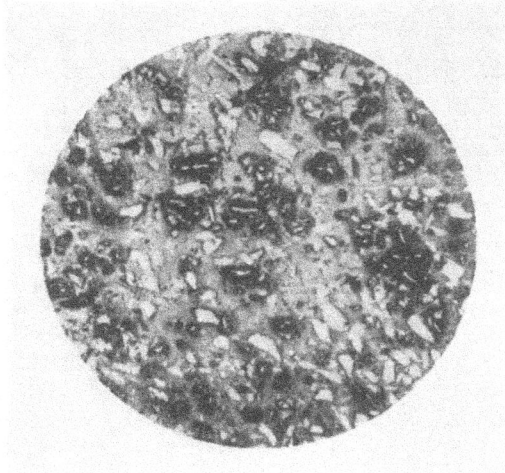

Abb. 110. Fusitanreicherung im Feinstaub unter 60 Mikron
(v 50 × Trockensystem).

lichweißen Farbton, starkes Relief und hohes Reflexionsvermögen gekennzeichnet. In Abb. 103 sind deutlich die mit Semifusinit bezeichneten Übergänge zu erkennen, die unter Ölimmersion grauweiße Farbtönungen zeigen. Abb. 104 bringt einen Vitrit einer ganz gering inkohlten
Kohle mit gut erhaltenem Holzzellgefüge unter Ölimmersion. Häufig
sind diese Zellhohlräume durch die dunkler erscheinende Harzsubstanz
ausgefüllt. Die Abb. 105 und 106 zeigen schwach inkohlte Clarite, und zwar
einen Sporenclarit aus Oberschlesien und einen Kutikulenclarit aus dem
Saargebiet. Die pflanzenanatomischen Einzelheiten sind scharf ausgeprägt. Ganz wesentlich unterscheidet sich vom Clarit das Aussehen des
Durits, wie aus Abb. 107 hervorgeht, in der Duritstreifen neben lichtgrauen
Vitritstreifen wiedergegeben sind. Dagegen hebt sich die weiße mikri-
nitische Grundmasse des Durit scharf ab, in der dunkle Sporenkörper
und Blatthautfetzen eingebettet sind. (180 × Ölimmersion). Abb. 108
zeigt einen Brandschiefer bei v 135 × unter Ölimmersion. Die hellgraue
Vitritsubstanz ist dicht von schwarzen Streifen toniger Einlagerungen
durchsetzt; feinste hellgelbe Pyritpünktchen heben sich heraus. Die
bisherigen Aufnahmen gaben Stückschliffe wieder. Von Kohlenauf-
bereitungserzeugnissen fertigt man dagegen Körnerschliffe an, bei denen
die Kohlenkörner in einer Einbettungsmasse verfestigt sind[1]). Ob bei den
einzelnen Körnern die Gefügebestandteile isoliert oder noch im Streifen-
verband auftreten hängt vom jeweiligen Verwachsungs- und Aufschluß-
grad ab. Abb. 109 läßt im Körnerschliff der Körnung 2 bis 1 mm einer
Ruhrkokskohle neben völlig reinem gefügelosen Vitrit strukturierte
Körner von Clarit und Durit erkennen (v 7,5 ×). Die Reliefunterschiede
werden deutlich. Fusit tritt erst im allerfeinsten Staub nennenswert auf,
z. B. unter 60 Mikron gemäß Abb. 110 (v 50 ×). Neben mattweißen
gröberen Vitritkörnern treten viel hellere, feinste Fusitteilchen punkt-
und nadelförmig mit starkem Reliefschatten in Erscheinung. Wegen
eingehender kohlenpetrographischer Studien sei auf das einschlägige
Schrifttum verwiesen[1]).

5. Untersuchungsverfahren in der Kohlenpetrographie.

a) Qualitative Kohlen- und Koksuntersuchung.

In der Kohlenpetrographie besitzt die Anschliffmikroskopie eine
überragende Bedeutung, da Anschliffe viel schneller als Dünnschliffe
anzufertigen sind und auch von Koks, stärker inkohlten Kohlen mit über
75% C-Gehalt, sowie von Körnungen selbst allerfeinsten Stäuben hergestellt werden können[2]). Durch Vervollkommnung der Anschliffdiagnose

---

[1]) E. Kukuk, Geologie des niederrheinisch-westfälischen Steinkohlenreviers,
Berlin 1938; Abschnitte 6 und 7. — K. Jurasky, Kohle. Naturgeschichte eines
Rohstoffes, Berlin 1940. — E. Stach, Lehrbuch der Kohlenpetrographie, Berlin 1935.

[2]) E. Stach und F. L. Kühlwein, Die mikroskopische Untersuchung feinkörniger
Kohlenaufbereitungsprodukte im Kohlenreliefschliff, Glückauf 64 (1928), S. 841.

wurde die Leistungsfähigkeit des Dünnschliffes erreicht, wenn nicht sogar übertroffen. Neben

1. das einfache Hellfeld unter Anwendung lediglich von Trockenobjektiven, sind hinzugetreten
2. Verwendung der Ölimmersion,
3. Beobachtung im polarisierten Licht,
4. Beobachtung bei Dunkelfeldbeleuchtung,
5. Beobachtung bei ultraviolettem Licht auf Lumineszenzerscheinungen.

Hellfeldbeleuchtung. Bei Anwendung von Trockensystemen können sowohl Untersuchungen auf Glanz und Relief durchgeführt werden, während Unterschiede im Feingefüge, welche die Zuordnung zu den verschiedenen Vitrit- und Fusitarten sowie zu Clarit und Durit ermöglichen, nicht hervortreten. Auch das Auseinanderhalten von Mattkohle und Brandschiefer bereitet häufig große Schwierigkeiten.

Die Ölimmersion in der Kohlenmikroskopie erfordert besondere Objektive, vor allem solche mit nicht zu starker Eigenvergrößerung, damit bei dem verhältnismäßig geringen Reflexionsvermögen der Kohle kein zu starker Lichtverlust eintritt, die Reliefunterschiede sich nicht störend bemerkbar machen und der Gesamtüberblick bei Körnerpräparaten nicht verloren geht. In gewissen Fällen, wenn die Erkennung besonderer Feinheiten im Kohlengefüge erforderlich ist, muß auf Immersionsobjektive mit starker Eigenvergrößerung zurückgegriffen werden. Durch die Anwendung des Immersionsöls werden die Lichtbrechungsunterschiede verringert, so daß die normale Reflexion zugunsten der diffusen zurücktritt, wodurch unterschiedliche Farbtönungen der Grundmassearten und Bitumeneinlagerungen und zahlreiche Gefügemerkmale erkennbar werden. Farbe und Stärke der Reflexion bieten einen Maßstab für den Inkohlungsgrad des Vitrits, wie die Gegenüberstellung von Flamm-, Fett- und Magerkohle im Körnerschliff der Abb. 111 erkennen läßt. Auf diese Weise ist es erst möglich, die einzelnen Gefügebestandteile einwandfrei voneinander zu unterscheiden, vor allem bei etwas stärker inkohlten Kohlen.

Ist der Inkohlungsgrad schon sehr weit fortgeschritten, so wird die Anwendung des polarisierten Lichtes erforderlich, die meist bei Trockenobjektiven erfolgt. Hierdurch treten Einlagerungen fusitischer Gebilde gegenüber Pflanzenresten deutlicher hervor, was besonders für stark inkohlte Kohlen bis zum Anthrazit hin wichtig ist, da sie im gewöhnlichen Hellfeldbild völlig strukturlos erscheinen. Für den Inkohlungsgrad des Vitrits ist die Stärke der Anisotropie-Effekte ein brauchbarer Maßstab. Ganz gering inkohlte Kohlen weisen keine oder nur sehr schwache Anisotropie auf, die bei der Fettkohle immer merkbarer und beim Anthrazit außerordentlich stark wird. Bei Anwendung von Kompensatoren werden kennzeichnende Farbumschläge unter + Nicols erzielt. während sich sonst die Anisotropie-Erscheinungen nur durch Helligkeitsschwankungen bemerkbar machen. Im polarisierten Licht treten unzersetzte pflanzliche Bitumenkörper mit brauner Eigenfarbe auf, ebenso wie bei

Dunkelfeldbeleuchtung, die besondere Beleuchtungsvorrichtung (Ultropak) und Spezialobjektive erfordert. Sie ist besonders geeignet für Untersuchungen ganz gering inkohlter gasreicher Kohlen und zur Erkennung von Resinit (Harzen und Wachsen).

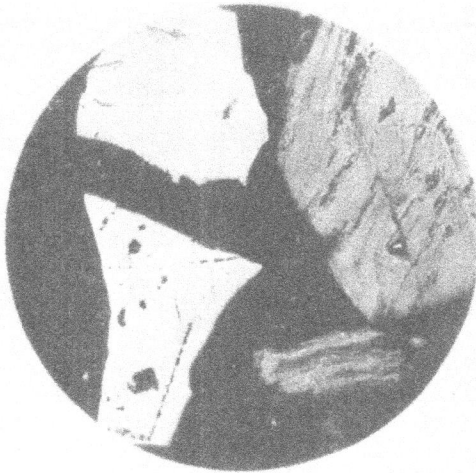

Abb. 111. Verschiedenes Reflexionsvermögen bei
Magerkohle (hellweiß)
Fettkohle (milchig weiß)
Flammkohle (grau) (v 130 × Ölimmersion).

Die gleiche Beleuchtungsart nur mit wesentlich stärkerer Lichtquelle (Bogenlampe) sowie Vorschalten eines entsprechenden Filters ist zur Erzielung von ultraviolettem Licht erforderlich. Im ultravioletten Licht fluoreszieren bitumenreiche Pflanzeneinlagerungen in der Kohle, wie Algen, z. T. Makrosporen und Harzkörper.

Für Koksuntersuchung kommen vorwiegend in Betracht:

1. Hellfeld-Beleuchtung mit langbrennweitigen Mikrosummer-Objektiven zur Sichtbarmachung des Poren- und Zellgefüges.
2. Hellfeld-Beleuchtung mit stärkeren Mikro-Trockenobjektiven zur Prüfung des Reflexionsvermögens.
3. Hellfeld-Beleuchtung mit polarisiertem Licht zur Erkennung des Graphitierungsgrades.

4. Stereoskopische Beobachtung zu diesem Zweck angefertigter Mikroaufnahmen zur Erzielung der Tiefenwirkung des Raumbildes.

b) Quantitative mikroskopische Arbeitsweise[1]).

Flözprofilausmessung.

Sie erfolgt an Hand von über das gesamte Flözprofil vom Hangenden zum Liegenden angefertigten polierten Stückschliffen und dient zur quantitativen Erfassung des Gefügeaufbaues. Die Untersuchung geht bei Hellfeldbeleuchtung unter Benutzung der Ölimmersion vor

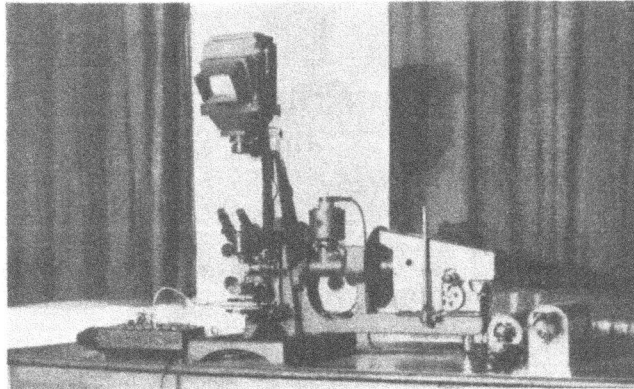

Abb. 112. Fueß-Universalkameramikroskop Orthophot mit Integriervorrichtung Sigma.

sich. Zur Ausmessung benutzte man früher ein Okularmikrometer unter Verwendung eines zur Beobachtung von Stückschliffen besonders eingerichteten Verschiebetisches. Neuerdings arbeitet man jedoch mit der elektrischen Integriervorrichtung Sigma (Abb. 112), die den auf dem Objekttisch des Mikroskops angebrachten Schiebetisch antreibt[2]). Für jeden Kohlengefügebestandteil sind bei dem Apparat einzelne Tasten vorgesehen, die das elektrische Zählwerk betätigen. Automatisch werden so die Messungen für die verschiedenen Gefügebestandteile addiert. In gewissen Abständen werden je nach der Flözausbildung die Summen abgelesen, weshalb nach Abfahren von 1 cm ein Glockensignal ertönt. Zwecks möglichst genauer Flözprofilaufnahme empfehlen sich cm-weise Ablesungen, wenn auch für die graphische Darstellung meist nur die Ablesung aller 5 cm zugrunde gelegt wird. Zur Ausschaltung von Fehlern ist Vor- und Rückwärtsschaltung mög-

---

[1]) F. L. Kühlwein, E. Hoffmann und E. Krüpe, Glückauf 70 (1934), S. 777. F. L. Kühlwein, Techn. Mitt. HDT Essen 1937, Heft 14.
[2]) F. K. Drescher-Kaden: Über eine Integrationseinrichtung mit elektischer Zählung. Fortschr. d. Min. Krist. u. Petr. 20 (1936), S. 37.

Zahlentafel 6.

Berechnungsbeispiel für eine Flözprofilausmessung mit Integriervorrichtung Sigma.

Ablesungen.

	Vitrit	Clarit	Durit	Fusit	Brand-schiefer	Berge	Summe
1 2 3 4 5			für Ablesung je cm				
5	1654	3091	——	78	84	93	5000
10	1958	2859	——	183	—	—	5000
15	2577	1950	73	215	100	85	5000
20	2520	2173	105	202	——	—	5000
25	662	3717	130	471	9	11	5000
30	1687	3133	82	98	—	——	5000
35	1172	3384	57	322	40	25	5000
40	852	3497	87	543	12	9	5000
45	1761	2926	——	308	——	5	5000
50	2298	2527	46	129	——	——	5000
55	2956	1993	16	15	20	——	5000
60	1743	2776	102	332	23	24	5000
	21840	34026	698	2896	288	252	60000

Berechnung der Gesamtanalyse.

	Meßwerte	Dichte	Gewichts-einheiten	Mengenanteile in %
Vitrit	21840 ·	1,3 =	28392	36
Clarit	34026 ·	1,3 =	44234	56,2
Durit	698 ·	1,35 =	942	1,2
Fusit	2896 ·	1,45 =	4199	5,3
Brandschiefer	288 ·	1,55 =	446	0,6
Berge	252 ·	2,1 =	529	0,7
	60000		78742	100,0

Prozentuale Angabe nach 5 cm-Streifen.

	Vitrit %	Clarit %	Durit %	Fusit %	Brand-schiefer %	Berge %	Summe %
5	33,3	61,8	——	1,5	1,6	1,8	100
10	39,1	57,2	——	3,7	——	——	100
15	51,6	39,0	1,4	4,3	2,0	1,7	100
20	50,4	43,4	2,1	4,1	——	—	100
25	13,3	74,3	2,6	9,4	0,2	0,2	100
30	33,7	62,7	1,6	2,0	—	——	100
35	23,4	67,8	1,1	6,4	0,8	0,5	100
40	17,1	69,9	1,7	10,9	0,2	0,2	100
45	35,2	58,5	——	6,2	—	0,1	100
50	45,9	50,6	0,9	2,6	—	——	100
55	59,1	39,9	0,3	0,3	0,4	——	100
60	34,9	55,5	2,0	6,6	0,5	0,5	100

lich. Verschiedene Geschwindigkeitsstufen ermöglichen je nach dem Gefügeaufbau langsameres oder schnelleres Arbeiten. In der vorstehenden Zahlentafel 6 ist das Schema für die Berechnung einer solchen Flözprofilausmessung wiedergegeben, und zwar sowohl für die Gesamtanalyse wie auch für die 5cm-weise Stufendarstellung. Wegen der graphischen Darstellung sei auf die Abb. 99 verwiesen.

Kohlenpetrographische Vollanalyse.

Eine gute Durchschnittsprobe wird auf unter 0,5 mm zerkleinert ohne wesentliche Unterkornbildung. 25 g dieser Kohlenprobe werden in einer aus Tetrachlorkohlenstoff und Bromoform hergestellten Schwerelösung von der Dichte 1,9 abgetrennt, wobei der Gewichtsanteil über 1,9 bestimmt und als Bergematerial angesehen wird.

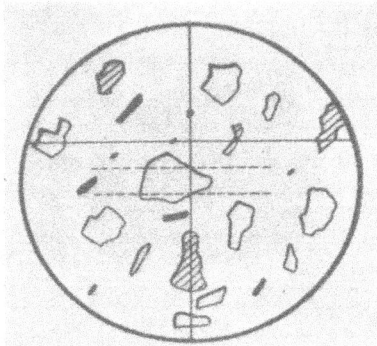

Abb. 113. Schema zur kohlenpetrographischen Vollanalyse mittels Integrationstisch.

Das Gut leichter als 1,9 wird zur Herstellung des Analysenschliffes benutzt, der aus 5 g Schneiderhöhnscher Mischung (3 Teile Dammarharz, 2 Teile ungebleichter Schellack, 1 Teil venezianisches Terpentin) und 3 g Kohlenpulver in quadratischer Form von 20 mm Kantenlänge hergestellt wird. Zu schleifen ist von Hand auf Glasplatten mit Karborundum und Schmirgel (Karborundum Nr. 80 und Nr. 220 sowie 5 - und 200-Minuten-Schmirgel), zu polieren auf einer mit Kammgarn-Billardtuch bespannten Polierscheibe maschinell unter Zugabe von Tonerde Nr. 1 und Wasser. Fertigpolieren geschieht von Hand unter Zugabe von Tonerde Nr. 2 und Wasser. Mit Hilfe eines sechsspindligen Integrationstisches von Leitz mit meßbarer Querverschiebung werden nun die sechs Bestandteile Vitrinit, Clarit, Durit, Semifusinit, Fusinit und Brandschiefer erfaßt. Mittels Leerlaufschraube eines Zusatztisch-

Analysenbeispiel.

Probenbezeichnung	Spindel-Werte a	Spez. Gewicht b	Umgerechnet a · b	Analysenwerte %	bergefrei %
Vitrinit	23,70	1,3	30,8	37,6	39,0
Clarit	15,60	1,3	20,3	24,8	25,7
Durit	9,23	1,35	12,5	15,3	15,8
Semifusinit . . .	5,14	1,35	6,9	8,4	8,7
Fusinit	1,20	1,5	1,8	2,2	2,3
Brandschiefer . .	4,32	1,55	6,7	8,1	8,5
Berge	—	—	—	3,6	—
			79,0	100,0	100,0

chens wird dabei die Harzmasse überbrückt. Nach der in Abb. 113 wiedergegebenen Art erfolgt die Ausmessung, zu der 10 Meßlinien in 2 mm Abstand über den Schliff gelegt werden. Inwiefern diese Integration zu einer
gravimetrischen Analyse führt, hat H. Hock dargelegt[1]). Ein Analysen-

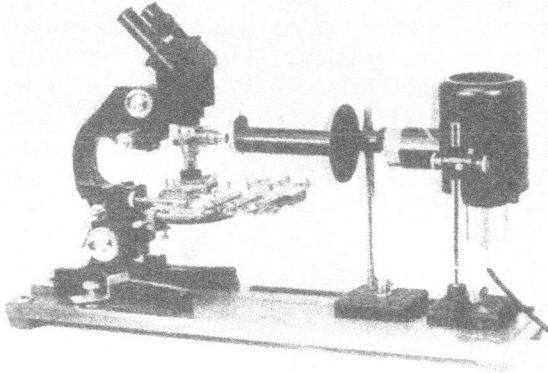

Abb. 114. Kohlenpetrographisches Analyseninstrument mit Binokulartubus, Opakilluminator,
Integrationstisch.

beispiel ist in der vorfolgenden Zahlentafel angegeben. Abb. 114
veranschaulicht ein gebräuchliches Analyseninstrument. Außer für
die Kohlengefügebestandteile läßt sich die Integrationstischanalyse auch
für andere Zwecke, z. B. Ausmessung
nach verschiedenen Kohlenarten, anwenden.

Fusitanalyse. Das gleiche der
Vollanalyse dienende Ausgangsgut wird
auf unter 10000 Maschen/cm² zerkleinert und zu einem Feinkornreliefschliff
verarbeitet. Mittels eines Vergleichs-
mikroskops, bei dem die Tuben in einem
Ramsden-Okular zusammenlaufen (vgl.
Abb. 115), wird der Fusitgehalt unter
Trockenobjektiven ausgeschätzt. Die
hohe Feinkörnigkeit läßt genügend viele
und gleichmäßig feine Körner im Gesichtsfeld erscheinen und einen dem
jeweiligen Fusitgehalt entsprechenden
Bildeindruck zustande kommen, der
von dem dem Fusit eigenen starken

Abb. 115. Vergleichsmikroskop.

---

[1]) Glückauf **77** (1941), S. 66.

Reliefschatten abhängt. Die Ausschätzung geht so vor sich, daß der zu bestimmende Schliff Normenschliffen der entsprechenden Inkohlungsstufe mit bekannten von 5 zu 5% abgestuften Fusitgehalten so lange gegenübergestellt wird, bis ein übereinstimmender Bildeindruck entsteht.

Feingefügeausmessung. Diese Untersuchungen werden durchgeführt, wenn eine Zerlegung der Streifenarten Clarit und Durit in ihre Gefügebestandteile Vitrinit, Exinit und Mikrinit erforderlich ist. Diese weitgehende Unterteilung erfordert Ölimmersionsobjekte mit starken Eigenvergrößerungen, um das Gefügebild einwandfrei zu erkennen. Diese Untersuchungen werden ebenfalls am Vergleichsmikroskop vorgenommen, um in einem Gesichtsfeld das Gefügebild und die Teilung eines Objektmikrometers, die mit der Streifung parallel verläuft und horizontal liegen muß, gegenüberstellen zu können.

Zahlentafel 7. **Beispiel einer Berechnung für Feingefügeausmessung.**

Exinit				Vitrinit		Inertes Gut					Sa.
Makro-sporen	Mikro-sporen	Kuti-kulen	Resinit	Collinit	Telinit	Mikri-nit	Fusi-nit	Semi-fusi-nit	Skle-rotien	Ver-unreinigung	
14	7	3	—	11	4	8	3	—	—	—	50
8	2	—	2	3	9	11	4	8	3	—	50
2	16	1	1	2	7	13	6	—	—	2	50
—	21	—	—	5	11	4	5	3	1	—	50
—	19	—	3	6	9	6	4	2	—	1	50
—	17	4	—	7	7	13	2	—	—	—	50
—	26	2	—	14	—	8	—	—	—	—	50
3	5	—	—	6	4	19	7	3	—	3	50
1	12	—	—	4	3	16	5	6	2	1	50
—	16	7	4	5	5	4	6	2	1	—	50
—	29	—	1	11	6	3	—	—	—	—	50
2	24	3	—	10	3	5	2	—	1	—	50
—	19	2	—	21	—	—	5	2	—	1	50
9	13	1	1	7	7	9	3	—	—	—	50
3	26	—	—	2	12	6	—	—	1	—	50
—	24	3	—	7	11	5	—	—	—	—	50
—	21	7	3	6	10	2	1	—	—	—	50
11	17	1	2	5	9	4	—	1	—	—	50
2	25	3	1	9	4	6	—	—	—	—	50
1	14	2	1	11	9	9	2	—	—	1	50
56	353	39	19	152	130	151	55	27	9	9	1000

Makrosporen . . 56			Mikrinit 151	
Mikrosporen . . 353			Fusinit 55	
Kutikulen . . . 39	Collinit 152		Semifusinit . . . 27	
Resinit 19	Telinit 130		Sklerotien . . . 9	
Exinit 467	Vitrinit . . . 282		Brandschiefer . . 9	
			Inertes Gut . . 251	

$$\text{Exinit} \quad 467 \cdot 1,2 = 560,4 = 43,9\,\%$$
$$\text{Vitrinit} \quad 282 \cdot 1,3 = 366,6 = 28,6\,\%$$
$$\text{Inertes Gut} \quad 251 \cdot 1,4 = 351,4 = 27,5\,\%$$
$$\underline{}$$
$$1278,4 = 100,0\,\%$$

Die vorstehende Zahlentafel 7 zeigt ein Berechnungsbeispiel für die Feingefügeanalyse. Wie unterschiedlich Durite zusammengesetzt sein können, geht aus den Abb. 116 a und b hervor, wozu folgende Untersuchungsergebnisse gehören:

Durit	Flammkohle	Fettkohle
Exinit	52	27
Vitrinit	23	19
Mikrinit	25	54
	100 %	100 %

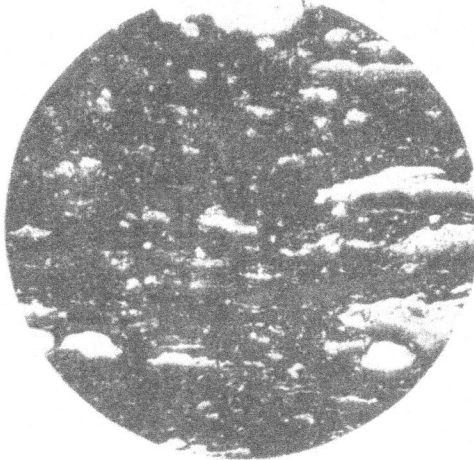

Abb. 116 a und b. Gegenüberstellung von zwei Saarkohlenduriten zum Vergleich des Feingefüges (v 200 × Ölimmersion).

Bezüglich der quantitativen Messung des Inkohlungsgrades auf Grund des Reflexionsvermögens mit Hilfe des Spaltmikrophotometers sei auf das Schrifttum verwiesen[1]).

6. Koksgefügeausmessung.

Die quantitative Kennzeichnung des Koksgefüges erfolgt durch Erfassen der unterschiedlichen Porengrößen und Zellwandstärken, gemessen bei Beobachtung mit Mikrotrockenobjektiv unter Zuhilfenahme einer gleichzeitig mit Fadenkreuz und Mikrometer versehenen Okularstrichplatte. Entlang dem Vertikalfaden werden die Durchmesser der Poren und die Dicke der Zellwände gemessen unter Aufteilung in je fünf verschiedene Gruppen, wie aus der Skizze in Abb. 117 hervorgeht. Es sind zwei Messungen erforderlich, um einmal die 5 Porengrößen der Gesamtheit der Zellwände, dann die 5 Zellwandstärken dem Gesamtporenraum gegenüberzustellen, wofür der sechsspindlige Integrationstisch gerade ausreicht.

Aus dem Gesamtporenraum P_1 (z. B. 47,5%) und der Gesamtheit der Zellwände Z_1 (z. B. 52,7%) ergibt sich dann rechnerisch für den in der Skizze graphisch dargestellten Koks

die Dichtigkeit $D = 1,1$,
die mittlere Porigkeit . . $P = 75,1$,
die mittlere Zelligkeit . $Z = 53,2$,

in welchen Kennziffern das Überwiegen feiner, mittlerer oder grober Poren bzw. Zellwände zum Ausdruck kommt[2]).

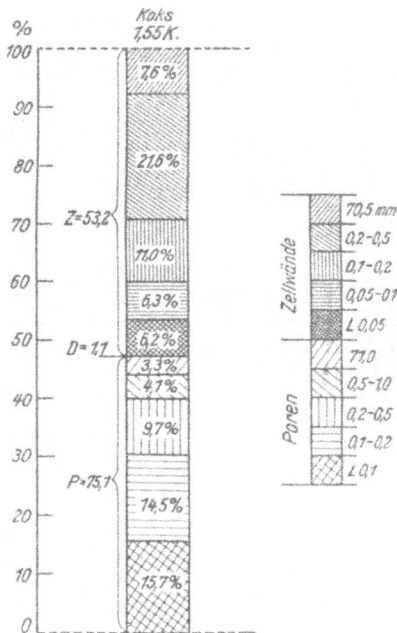

Abb. 117. Graphische Darstellung der quantitativen Koksgefügeausmessung.

7. Praktische Auswertung der rohstofflichen Erkenntnisse.

Während früher im Aufgabenkreis der Gaswerke und Kokereien gewisse Gegensätze vorlagen, hat sich jetzt, bedingt durch die Anpassung der Arbeitsverfahren, immer mehr eine Angleichung vollzogen. Die größeren Schwierigkeiten liegen vielleicht auf der Seite des Gaswerkbetriebes mit seiner oft stark schwankenden Kohlengrundlage. Wenn

---

[1]) E. Hoffmann und A. Jenkner, Glückauf **68** (1932), S. 81.
[2]) F. L. Kühlwein und C. Abramski, Glückauf **75** (1939), S. 865.

trotzdem einwandfreie Erzeugnisse an Koks und Gas gewonnen werden
sollen, ist die Kenntnis der rohstofflichen Eigenschaften der
Kohle geboten, deren verkokungstechnisches Verhalten mit den Kohlenarten und Streifenarten wechselt. Die angelieferten Kohlen müssen ihrem
Inkohlungsgrad nach eingeordnet werden können, von dem die Ver-
kokbarkeit in erster Linie abhängt, aber auch nach ihrem kohlenpetrographischen Gefüge erkannt werden, das bei einer gegebenen Kohlenart
noch starke Abweichungen im Verkokungsverhalten bedingt.

Vor allem ist für das Gaswerk wichtig zu wissen, welche Schwankungen in den flüchtigen Bestandteilen ein und derselben Kohle auftreten
können, die z. B. als Kohlenart gesehen einer Gaskohle mit 32% flüchtigen Bestandteilen entspricht. Darin kann Fusit mit bis 15%, Durit
je nach Ausbildung seines Feingefüges mit 27 bis 45%, Vitrit mit 30
bis 34% und Clarit mit 38 bis 40% flüchtigen Bestandteilen auftreten,
so daß Schwankungen zwischen 15 bis 45% vorkommen. Je nach dem
Vorherrschen der einen oder anderen Streifenart bildet sich ein bestimmter Gasgehalt aus, wobei auch noch die Gasbeschaffenheit verschieden
ist in bezug auf chemische Zusammensetzung und Heizwert. Diese Verhältnisse wirken sich also ganz besonders auf die Gaswertzahl aus,
nach der die Gaswerkskohlen mit ausschlaggebend beurteilt werden.
Besonders hohe Werte liefern die an pflanzlichen Bitumenkörpern reichen
Streifenarten Clarit und Durit. Die hierfür gleichfalls maßgebende Beteiligung verschiedener Kohlenarten läßt sich ohne weiteres auch mikroskopisch feststellen.

Anderseits wird auch großer Wert auf gute Ausbildung des
Gaskokses gelegt, so daß die Kohlen über möglichst gut backende Eigenschaften verfügen sollen, worin sich nicht nur die Inkohlungsstufen,
sondern auch die Streifenarten ganz ausgeprägt unterscheiden. In
dem geeigneten Inkohlungsbereich verkokbarer Kohlen weist der Vitrit
besonders gutes Backvermögen auf ebenso wie der Clarit, dem oft
noch ein stärkeres Blähvermögen eigen ist. Im Durit dagegen wird das
Backverhalten bei überwiegender Mikrinitgrundmasse ausgesprochen
schlecht, während Fusit überhaupt völlig inert ist. Je nach dem Vorherrschen der backenden oder inerten Gefügebestandteile fällt daher die
Koksbeschaffenheit aus, die sich am besten bei einem für jeden Inkohlungsgrad optimalen Mischungsverhältnis gestaltet, das immer anzustreben ist. Dies wird verständlich, wenn man bedenkt, daß sich bei der
Verkokung nicht bloß chemische Vorgänge sondern auch physikalische
Zustandsänderungen abspielen. Deshalb spielt auch die Kornverteilung
eine bedeutsame Rolle, wobei es vor allem wichtig ist, daß die backenden
und inerten Anteile in der günstigsten Körnung vorliegen, die auf Grund
des unterschiedlichen Festigkeitsverhaltens der Streifenarten sich nicht
ohne weiteres von selbst einstellt, so daß eine unzweckmäßige Kornverteilung künstlich beeinflußt werden muß. Ohne inertes Gut würde

17*

leicht ein schaumiger, poröser Koks entstehen, der dicht und fest wird, wenn der richtige Anteil inerter Gefügebestandteile in möglichst feiner Kornverteilung beigemengt ist. Dies trifft wohl für Fusit aber kaum für den Durit zu, der sich in den gröbsten Fraktionen einer Kokskohle anreichert.

An dem sog. Magern der Kokskohle, womit man vielfach auf Zechenkokereien eine wesentliche Koksverbesserung erzielt, haben die Gaswerke weniger Interesse, weil die Gasausbeute möglichst hoch gehalten werden soll. Für sie gilt es daher, dasselbe tunlichst nur unter Einsatz gasreicher Kohlen zu erreichen, die ja in sich in Form der inerten Gefügebestandteile auch magernd wirkende Komponenten besitzen, wobei alle rohstofflich gegebenen Möglichkeiten technisch ausgenutzt werden müssen.

Mehr noch als die Kokereien, denen meist eine einheitlichere Kohlengrundlage zur Verfügung steht, müssen daher Gaswerksbetriebe die Einsatzkohlen zweckmäßig vorbereiten, um so mehr als sie sich diese nicht ohne weiteres auswählen können, sondern abnehmen müssen, was die Marktlage bietet. Daher sind getrenntes Lagern, Mahlen und Mischen Voraussetzung für einen einwandfreien Koks. Hierbei dürfen aber nicht alle Kohlen gleichartig, sondern nur ihrer rohstofflichen Eigenart gemäß behandelt werden.

Längeres Lagern sollte namentlich bei gegen Oxydation empfindlichen Kohlen in möglichst groben Sorten erfolgen. Hält man dieselbe Mahlfeinheit bei verschiedenen Kohlen ein, so kann bei stark inertem Gefüge eine Koksverschlechterung eintreten, weil zu wenig backendes Material das überwiegend inerte mit großer Oberfläche nicht einbinden kann. Bei rein vitritischer Kohle mit gutem Backvermögen entsteht in diesem Fall ein stark schaumiger lockerer Koks, so daß die Körnung vergröbert werden müßte. Bei günstigem Mengenverhältnis beider Anteile kann diese Mahlfeinheit gerade richtig sein. Es empfiehlt sich die Beachtung des Grundsatzes, die inerte Zusatzkohle richtig zu dosieren und sie besonders fein zu zerkleinern, damit die inerten Stoffe wirksam werden können. Backkohle kann besser etwas gröber vorliegen. Dies erreicht man zweckmäßig durch Zwischensiebung etwa bei 3 mm, da sich im Unterkorn die backenden vitritischen Anteile anreichern, so daß sie lediglich durch die Mischmühle gegeben werden müssen, während durithaltiges Überkorn gesondert sehr fein möglichst unter 2 bis 1 mm vermahlen werden sollte. Bei einer solchen den rohstofflichen Erkenntnissen Rechnung tragenden Kohlenvorbereitung macht man sich weitgehend von den Schwankungen im Kohlenbezug unabhängig, die man selbst im Betrieb ausgleichen kann; ferner können mit gutem Erfolg gewisse gasreiche Kohlenarten herangezogen werden, die für sich allein ungünstiges Verkokungsverhalten zeigen, so daß die Kohlengrundlage erweitert werden kann bei gleichzeitiger Verbesserung von Ausbeute und Beschaffenheit des Gases. So gesehen, spielen die claritisch-duritischen Kohlen für die Versorgung der Gaswerke eine bedeutende Rolle. Ihr Bitumenreichtum trägt auch zur Steigerung der Ausbeute an Kohlenwertstoffen bei.

Im Schrifttum ist schon mehrfach auf diese Gesichtspunkte hingewiesen worden[1]), die gleichfalls zu beachten sind, wenn manche Gaswerke noch einmal stärker zur Schwelung übergehen sollten.

Eine zusätzliche Aufbereitung zur Erhöhung der Reinheit der Kohlen vorzunehmen, übersteigt die Aufgaben im Gaswerk. Sie ist gelegentlich in Betracht gezogen worden, um zwecks Frachtersparnis über weite Entfernungen trockene Rohkohle zu beschaffen, und wird noch für Kohlen aus Revieren erörtert, in denen die Aufbereitung vernachlässigt ist. Zu beachten sind die kohlenpetrographischen Veränderungen, die mit der Aufbereitung einhergehen.

Mit den geschilderten Maßnahmen hat man die Beeinflussung der Koksbeschaffenheit jedenfalls weitgehend in der Hand. Dies gilt außer von der Koksfestigkeit auch vom Koksgefüge hinsichtlich der Ausbildung von Poren und Zellwänden. Je nach den Anforderungen kann man den Koks dichter oder leichter machen und damit in seinen Verbrennlichkeitseigenschaften verändern, was für die Brechkoksverwendung im Hausbrand — namentlich im Wettbewerb mit anderen Brennstoffen — wertvoll ist.

Dieser kurze Ausblick soll die Notwendigkeit unterstreichen, die chemischen Untersuchungsmethoden künftig durch die Kohlenmikroskopie zu ergänzen.

[1]) F. L. Kühlwein, Techn. Mitt. HDT Essen, 1937, Heft 14; N. Heßler, Gas- und Wasserfach **76** (1933), S. 881; H. Brückner und W. Ludewig, Gas- und Wasserfach **78** (1935), S. 109; H. Siebel, Gas- und Wasserfach **82** (1939), S. 721.

Sachverzeichnis